トランジスタ技術 SPECIAL

2012 Summer No.119

モータ/LED/スピーカ…どんな負荷もソフトウェアで思いのままに

はじめての
ディジタル・パワー制御

CQ出版社

CONTENTS
トランジスタ技術 SPECIAL

特集　はじめてのディジタル・パワー制御

次世代のパワー制御にチャレンジしよう
Introduction　ディジタル制御電源の幕開け　浜田 智 ……4

第1部　ディジタル・パワー制御の基本と制御ボードの製作・応用

マイコンによるきめ細かい制御で省電力化と高性能化を両立
第1章　今どきのパワー・エレクトロニクス　田本 貞治 ……8
■ ほんの少しの無駄も逃さないきめ細かい制御が「今風」　■ ディジタル・パワー制御のキー・テクノロジ①「PWM制御」　■ ディジタル・パワー制御のキー・テクノロジ②「フィードバック制御」　■ 電子回路に見るPWM制御とフィードバック制御　■ マイコンで電圧を変換するには　■ パワー制御に使えるマイコンのいろいろ　■ マイコンを使ったパワー制御の例
コラム 第1部～第2部の実験内容と試作したパワー・ボードの設定

第1部～第2部の参考文献 ……22

高速処理マイコンとワンチップ・パワー・アンプICで簡単設計
第2章　今どきのパワー制御を体験できる実験ボードを作る　笠原 政史 ……23
■ 実験ボードの仕様　■ キーパーツその1…ワンチップ・マイコン dsPIC33FJ16GS502　■ キーパーツその2…ワンチップ・パワー・アンプIC NJW4800　■ その他のキー・パーツ
コラム Cコンパイラとドキュメントのダウンロード
コラム dsPICの主な技術資料

希望の温度に素早く収束させる制御を体験する
第3章　ヒータと温度センサで水温を上げ下げする実験　笠原 政史 ……36
■ こたつの中の温度が一定になるしくみ　■ 水温制御の実験の準備　■ 実験1…ヒータを1度ON/OFFするだけで対象の性質がわかる　■ 実験2…ヒータをON/OFFして水温をねらいの温度に制御する　■ 実験3…水温がなかなか上がらないと発振したり大きな誤差が出る　■ 実験4…応答の遅れがある対象も発振や誤差なく制御するには
コラム パワー・アンプIC NJW4800のパルス・バイ・パルス方式過電流保護回路

第2部　ディジタル・パワー制御の応用事例集

3色LEDの色合いと輝度をスムーズに変えるテクニック
第4章　マイコン制御のLED電気スタンドを作る　田本 貞治 ……46
■ 色合いと明るさの個別調整が簡単で回路もシンプル　■ LED照明部の設計　■ 実験…LEDを点灯させる　■ 定電流制御を実現するプログラム　■ 輝度調整のプログラム　■ きれいな方形波状の電流で駆動する
コラム 定電圧定電流電源のメリット

電圧と周波数を上手に制御して低速から高速までスムーズに
第5章　マイコンによるモータの回転コントロール　田本 貞治 ……56
■ マイコン制御だからこそできること　■ モータを回す準備　■ 実験1…モータの特性を調べる　■ ソフトウェアの作り方

ディジタル・フィルタリングとPWM生成のテクニック
第6章　音質調整機能付き高効率パワー・アンプの製作　笠原 政史 ……68
■ 信号の流れ　■ PWM信号の生成モードとスイッチング周波数の検討　■ 音楽を再生してみる　■ 周波数特性調整機能「グラフィック・イコライザ」を実現する　■ 信号処理プログラムのポイント　■ 製作したオーディオ・アンプのひずみ率

CONTENTS

2012 Summer
No.119

表紙・扉デザイン　アイドマ・スタジオ(柴田　幸男)

第7章 刻々と変化する発電と充電状態をパソコンに転送＆解析
太陽光パネルによる鉛蓄電池の高効率充電　田本　貞治 ……………… **79**
- 予備実験1…太陽光パネルの発電性能を実測　■ 予備実験2…パワー・ボードの試運転　■ 予備実験3
…鉛蓄電池の充放電　■ 本番の実験…太陽光パネルと鉛蓄電池を組み合わせる　■ プログラムの作り方
- **コラム** 鉛蓄電池の取り扱い方
- **コラム** 晴れても曇ってもパネルが最大電力状態になる制御

Appendix A dsPICマイコンの初期設定　田本　貞治 ……………… **88**
Appendix B 誤差増幅回路をマイコンに作り込む方法　田本　貞治 ……… **91**

第3部　インバータ/ディジタル電源用の定番マイコン dsPIC33Fプログラミング入門

第8章 dsPICマイコンの基本を学んでオリジナル・ソフトウェアを作れるようになろう
マイコンのハードウェアの動きを体感する　笠原　政史 ……………… **94**
- 内部ハードウェアの動き方と動かし方のイメージ　■ 実験①ソフトウェアで出力ポートをL/Hさせて
LEDを点滅させる　■ 実験② CPUを止めてハードウェアだけでLEDを点滅させる
- **コラム** トランジスタ技術ホームページ 特設サイトのご案内

第9章 dsPICマイコンの基本を学んでオリジナル・ソフトウェアを作れるようになろう
クロックとPWMを最高速度・最高分解能に設定する　笠原　政史 …… **102**
- dsPIC33Fのクロックを最高速に設定する　■ 高速PWMの設定　■ PWM出力ピンの設定　■ クロッ
クとPWMを最高値に設定するプログラム
- **コラム** 本書で使うdsPICマイコンはシリーズ中最高速のPWMを生成できる
- **コラム** データシートの用語の不統一で一時混乱状態に…
- **コラム** PWMの分解能とスイッチング・ノイズの深い関係

第10章 dsPICマイコンの基本を学んでオリジナル・ソフトウェアを作れるようになろう
A-Dコンバータの使い方　笠原　政史 ……………… **112**
- dsPICのA-Dコンバータ　■ 割り込みの使い方　■ テンプレート・プログラムを作る

第4部　ソフトウェア制御スイッチング電源の研究

第11章 電源の新たな方向性が見える
ディジタル化のメリットと専用マイコン　田本　貞治 ……………… **119**
- ディジタル制御電源には2種類ある　■ ディジタル化するメリット　■ マイコンに求められる性能

第12章 ボード線図で見るPI制御
ソフトウェア制御のDC-DCコンバータを作る　笠原　政史 ……… **124**
- STEP1…出力電圧を安定化させる　■ STEP2…発振しない電源に仕上げる　■ 実機で周波数特性が最
適化されていることを確認
- **コラム** PWM回路の遅延
- **コラム** PWMのスイッチング周波数とLCフィルタ

第13章 電源のフィードバック制御理論が分かるとマイコンの中身が分かる
手計算でDC-DCコンバータのフィードバック制御を設計する　田本　貞治 ……… **134**
- 定電圧制御ステップダウン・コンバータの伝達関数　■ 伝達関数を使って安定性を調べてみる
- **コラム** エラー・アンプのゲインが大きいことはフィードバック制御の前提条件

索引 ……………………………………………………………………………………………… **141**
執筆担当一覧 …………………………………………………………………………………… **143**

▶ 本書の各記事は,「トランジスタ技術」に掲載された記事を再編集したものです．初出誌は各記事の稿末に掲載し
てあります．記載のないものは書き下ろしです．

Introduction 次世代のパワー制御にチャレンジしよう
ディジタル制御電源の幕開け

浜田 智

　今世界のエネルギー事情が大きく変わろうとしています．もうジャブジャブと化石燃料を使える時代ではありません．

　いかに機器の電力効率を上げるのか，いかに太陽光や風といった不安定なエネルギー源をうまく使いこなすのか，そこに世界中の知恵が絞られています．

　その一つに，スマート家電が提案されています．これはスマートグリッドやスマートメータと連携して，自動で電力消費を最適化する家電です．

　その重要な役割を担っているのがディジタル制御電源です．ディジタル制御電源にはアナログにはない大きな発展性があります．それは，プログラムによる記述で，今までにない機能やアイデアを簡単に実現できるからです．例えば，
- 運転状況に合わせて逐次パラメータが変更できる
- 通信ができる
- 運転の履歴管理ができる
- 保安機能を高度化し，より安全性を高められる

など，さらに発展させることができます．

　ディジタル制御電源に取り組む挑戦者は，もちろん資源の枯渇という世を憂えた危機感もあるでしょう．ですが，多くは時代の変革点がもたらす大きなビジネスチャンスに魅了されトライしているのです．

　これは一見利己的な活動に感じられますが，それでよいのです．近代経済学の父と呼ばれるアダム・スミスは，個々が良心的に利潤を追求する時，結果「見えざる手」によって社会を良い方向に向かわせると説いています．

　アイデア豊かにディジタル制御電源に挑戦し，ビジネスの可能性を探ることは，自身も豊かになり社会も豊かになり，やがてエネルギー問題も解決の方向に向かわせるのです．

1 見えてきたアナログ制御電源の限界

　従来は，図1のようなリニア式のアナログ制御電源が主流でした．これは電力の一部を熱に変えながら安定な電圧を得る電源です．高速応答と低雑音が特徴ですが，効率が悪い事が最大の欠点です．

　次に登場したのが図2のスイッチング式のアナログ制御電源です．スイッチングで電力変換を行うので，90％以上の高効率な電源を実現できますが，アナログ回路による一元的な制御なため，運転条件が変わると，必ずしも高効率ではありませんでした．そのようなアナログ制御電源の特徴を整理すると…，

❶ 電気物理の法則を応用して目的の動作を得ている

　アナログ制御は，抵抗に電流が流れて電圧降下する．コンデンサに電荷がチャージされる．ダイオードで電流を一方通行する．トランジスタで増幅する．という電気物理の法則を組み合わせて，目的の制御アルゴリズムを実現しています．

❷ 高速動作と高いダイナミックレンジが特徴

　アナログは原理的に高速動作です．また高いダイナミックレンジを生かして高精度な電源も簡単に作ることができます．

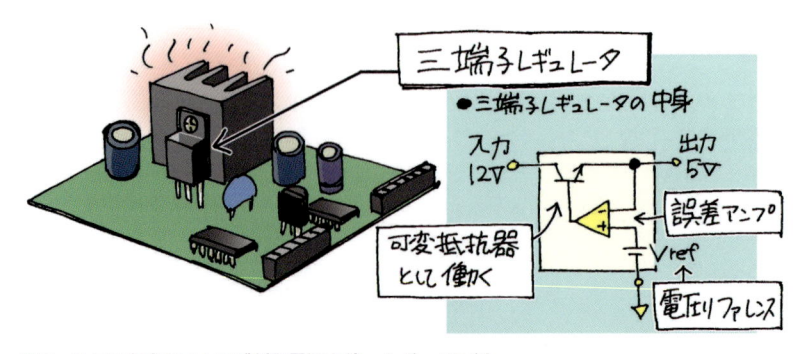

図1　リニア方式のアナログ制御電源を使ったボードの例

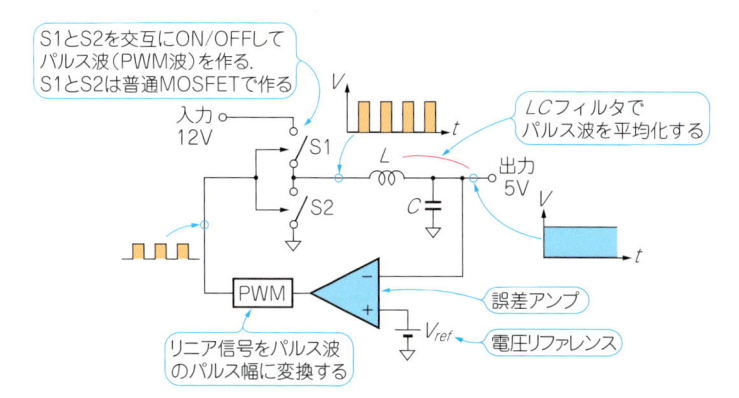

図2 スイッチング式のアナログ制御電源
とても高効率である．

- S1とS2を交互にON/OFFしてパルス波（PWM波）を作る．S1とS2は普通MOSFETで作る
- LCフィルタでパルス波を平均化する
- リニア信号をパルス波のパルス幅に変換する
- 誤差アンプ
- 電圧リファレンス

❸ **安価で省スペース**

専用IC化がとても進んでおり，安価かつ省スペースな電源を簡単に実現できます．

❹ **パラメータの柔軟な変更が容易ではない**

抵抗やコンデンサなどを組み合わせて制御回路を構成するので，運転状況に合わせてパラメータを柔軟に変更することが簡単ではありません．

❺ **アラームへの対応などシーケンス制御が不得意**

今何かのアラームが生じたとします．この時すぐに運転を停止とせず，とにかく3秒間待ってみて，その事象がまだ続いているならこの時点で運転を停止し，ランプを点滅させてブザーを鳴らす．という一連のシーケンス制御．これがアナログ回路はとても苦手なのです．

❻ **アナログ回路はノウハウや苦労が回路図という形で表面に出る**

回路にはエンジニアのノウハウが詰まっています．苦労して苦労して作り上げた回路も，いったん回路図という形で表に出ると，他人に簡単にノウハウが知られてしまいます．

❼ **ボード上の部品を数える事でコストが推測され値引きの対象にされる**

ボード上の部品を数えることで簡単にコストが推測されます．どんなに苦労した回路も，最後は値段競争の渦に巻き込まれてしまいます．

2 ディジタル制御電源の可能性とは

図2のスイッチング式の制御回路を，図3のようにディジタル演算で行うのが，ディジタル制御電源です．重要な制御の部分をプログラムによる数値演算で行っているので，別のプログラム・ルーチンから簡単に介入することができます．これにより，いっそう高度な制御にすることができます．

同じくディジタル制御電源の特徴を整理すると…，

❶ DSP機能付きのマイコンが安価に出回るようになってきました．これらのマイコンの処理速度は30〜40 MIPSあり，だいたい1 MHzくらいの帯域をもつOPアンプと同等の演算を軽々とこなします．

❷ **パラメータの変更が容易**

アナログ式では，抵抗やコンデンサを交換しないと，運転パラメータは変更できませんが，ディジタルならばソフトウェアの記述なので運転中も簡単に変更が可能です．

ふつう電源は出力電圧を常に一定に制御しますが，負荷が軽いのなら出力電圧を下げて，より省エネにするという方法もあるでしょう．またスイッチング周波数を変更することで電源の効率が上がるのなら，負荷率に合わせて周波数を変更することも簡単にできます．

❸ **電気物理法則にとらわれない独自のアルゴリズムの構築が可能**

ソフトウェアの記述によるアルゴリズムなので，アナログ制御のように電気物理の法則の制限を受けることはありません．「こう動いてほしい」というアイデアを記述すればよいのです．

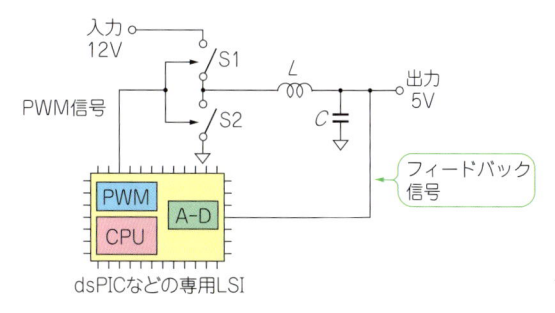

図3 スイッチング式の電源制御のすべてをマイコンの数値演算で行うディジタル制御電源

図4 ディジタル・カメラの顔を検出する機能はアナログ回路では実現できない
ディジタルならではである．

例えば，ディジタルならではのアルゴリズムといえば，図4の人の顔を判断してピントを合わせるディジタル・カメラの機能があります．このようなアルゴリズムは，とてもアナログ回路では実現できません．

また一昔前にファジー制御がはやりました．このようなアルゴリズムも新しいアイデアを更に練り込んで，ディジタル制御電源で現在によみがえるかもしれません．

❹ 身近にあるディジタル制御ならではのアルゴリズム

一つに太陽電池から最大に電力を取り出すMPPT（Maximum Power Point Tracking：最大電力点追従）制御があります．今図5のように太陽電池が1kWの発電ができるとします．そこに適当な1kWの負荷を直結しても1kWの電力を送ることはできません．なぜなら太陽電池には，最大電力を供給できる最適な抵抗値が存在するからです．それは図6の太陽電池の出力特性において，Bの負荷線（抵抗線）のときだけに供給できるのです．

そこで，AやCの特性を持つ負荷には，太陽電池から見ると常にBに見えるよう一種のインピーダンス変換をする機能が必要になります．さらに日射量や温度によっても，電池の出力特性は大きく変化しますので，常に最大電力ポイントを追いかける機能も必要になります．これを行うのがMPPT制御なのです．

この制御は「常に最大値（電力）を求める」という山登りアルゴリズムが特徴で，ディジタルが最も得意としています．

❺ シーケンス制御が得意

マイコンですからシーケンス制御はとても得意です．決められた順序で運転を開始する．アラームへの柔軟な対応をするなどどのような機能も実現できます．

❻ 運転履歴管理

ディジタルの特徴的な部品としてメモリがあります．メモリを使用してこれまでの運転履歴を管理させる事ができます．例えば蓄電池とディジタル制御電源を永久接続とした場合，電池が新品だった時から今日までの健康状態を管理させることができます．

❼ 通信機能

システム全体を管理するホストと通信して，リモートコントロールを実現する．運転状況を報告する．な

図5 太陽電池と照明を直結しても1kWの電力は送れない

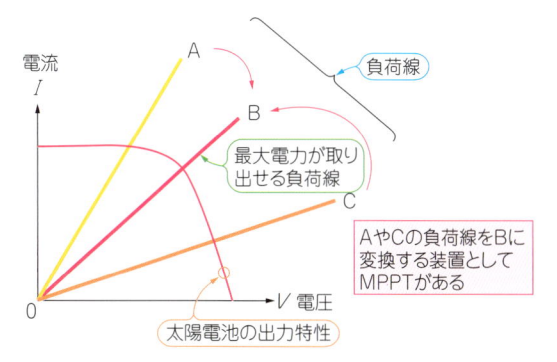

図6 太陽電池のI-V特性と最適な負荷線
太陽電池は最大電力が取り出せる最適な負荷線が存在する.

どのことを簡単に行うことができます.

❽ 表現豊かなユーザ・インターフェース

単純にボード上にLEDを設ける場合でも,通常の点灯ではなく点滅とするだけでも,ずいぶんとイメージが違ってきます.この簡単な点滅動作ですらアナログ回路は不得意なのです.さらに液晶や有機ELを使って,数値や文字やグラフィックで表示するという,豊かな表現もディジタルでは可能です.

❾ オリジナルなLSIが作れる

マイコンにソフトウェアを書き込むという事は,自社のオリジナルのLSIを作ることになります.ですからアナログ制御の時のように,ボードの回路を読まれて技術の流出というリスクは少なくなります.

3 ディジタル制御電源とこれからのビジネス戦略

単純なアナログからディジタル制御への置き換えでは,コストしか価値がありません.コスト競争では絶対にアジア勢に敵わないのです.

経済学が指摘する「比較優位」注1の原理を生かして,これからのビジネス戦略は,新しい切り口や使い方や考え方など,今までにない価値を創造し,イノベーションを起こす事が求められます.そしてディジタルが持つ「プログラム」という表現手段は,あふれるアイデアをいくらでも受け止めてくれます.

幸いにもディジタル制御電源の世界は,まだダントツで先に突き進んでいる走者はいません.だからこそ今から取り組む価値があるのです.そこに大きなビジネスチャンスがあるのです.

デフレで安いことしか価値が見出せない日本のビジネスモデル.それを脱する意味においても,ぜひ多くの挑戦者が現れてほしいと思います.

注1：比較優位.およそ200年前にイギリスの経済学者デビット・リカードにより発見された経済法則.自由貿易主義の基礎概念となった.平たく言うと,各国が比較的得意な分野に専念することにより世界全体として生産性を高めることができるということ.
貿易だけでなく同じ原理は身の回りのいろいろな場面で見られる.組織内での仕事の分業やアウトソーシングで外注先を使う,などが良い例である.

関連プログラムのダウンロードのご案内   Column

本書掲載記事の各プロジェクトファイルは下記トランジスタ技術のダウンロードコーナからダウンロードできます.

解凍の後,ローカル・ハードディスクにフォルダごとコピーしてください.

このとき,2バイト文字を含むパス(マイドキュメントなど)に置くと,MPLABから開くことができません.
C:¥WORK¥など,2バイト文字を含まないパスにコピーしてください.

2010年10月号「特集記事 実験解説！ソフトでソフトなパワー制御」をクリックしてください.
▶ http://toragi.cqpub.co.jp/tabid/319/Default.aspx

第1部
ディジタル・パワー制御の基本と制御ボードの製作・応用

第1章　マイコンによるきめ細かい制御で省電力化と高性能化を両立

今どきのパワー・エレクトロニクス

田本　貞治

最近の電子機器は，パワー回路をきめ細かく制御して，徹底的にむだを減らし性能や機能をアップさせています．本章では，この現代の省エネ技術を支えるプログラマブル・デバイス「マイコン」の働きや種類などを紹介します．

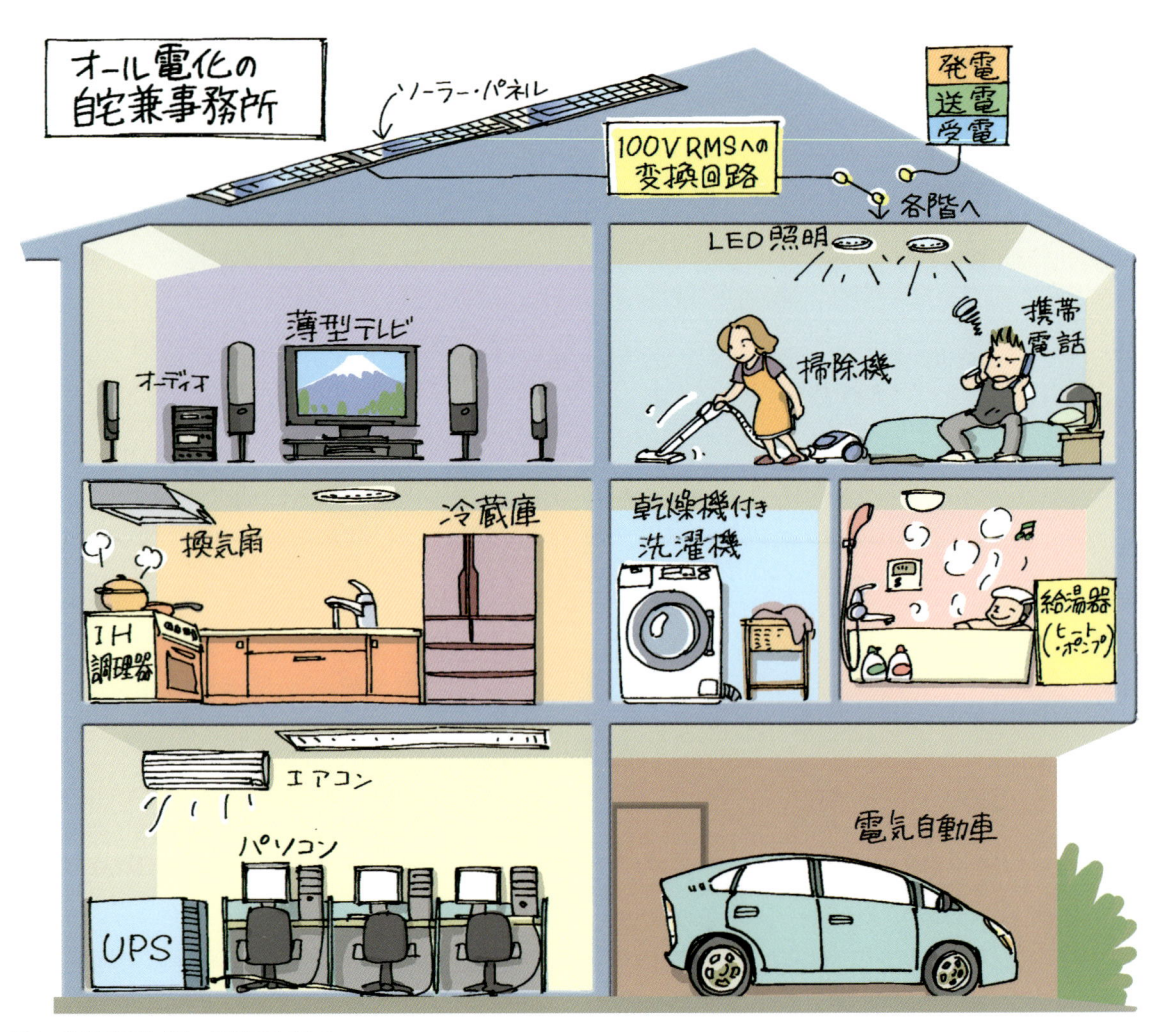

図1　身の回りはパワー制御装置だらけ
ほとんど「電子回路＝パワー制御回路」といってよい．

電源回路に代表される「パワー回路」をもたない電子機器はほとんどないといっても過言ではありません．このパワー回路は「制御回路」と「電力変換回路」で構成されています．最近はマイコンやDSP(Digital Signal Processor)などの処理性能が上がったため，制御回路のディジタル化に拍車がかかっています．本章では，パワー回路が現代の電子機器の中でどのように応用されているのか，またどのような技術によって実現されているのかを説明します．

● 身近な電子機器に見るパワー回路のいろいろ
▶ 100 V交流を直流に変換する回路

自宅を見回すと，テレビ，エアコン，冷蔵庫などの家電製品だけでなく，コピー機，ファクシミリ，プロジェクタなどの事務機，照明器具など，さまざまな電子製品が目に入ります(図1)．これらはいずれも100 V交流の商用電力で動いています．

これらの機器を内部を覗くと電源回路が入っており，100 Vの交流電圧をマイコンが動作できる低い直流電圧($3.3〜5$ V)に変換しています．

▶ モータに交流電圧を加えるインバータ

エアコンや冷蔵庫にはモータとその駆動回路が入っています．

駆動回路は，単相の交流電力からいったん直流に変換し，それから3相の交流電力を作る電源回路(DC-AC変換回路，インバータ)で構成されています．モータの回転数は，この3相の交流の周波数でコントロールされています．

▶ 電池の充電回路

ノート・パソコンは，AC100 Vの商用電源を変換して得られる十数Vの直流電力を供給して動かします．このACアダプタで内蔵のリチウム・イオン蓄電池を充電しておくことで，場所を問わずに使うことができます．

携帯電話にもリチウム・イオン蓄電池が内蔵されています．パソコンのUSB端子から充電できるアダプタを使えば専用の充電器でなくても充電できます．

＊

これらのパワー回路は，形が大きい/小さい，電圧が高い/低い，交流/直流などの違いこそあれ，その働きは共通しています．それは「パワー(電力)の変換」です．

ほんの少しの無駄も逃さない きめ細かい制御が「今風」

● パワーは制御されていなければ使いものにならない

プリント基板には，直流電源で動作するマイコン，ディジタルIC，アナログICやモータなどの電子部品がところ狭しと実装されています．これらの電子部品は，3.3 V，5 V，12 Vなど，さまざまな電圧で動作するように設計されているため，正確に電圧がコントロールされた変動の小さい電圧を加える必要があります．

携帯電話などに組み込まれているリチウム・イオン蓄電池は，とても正確に制御された電圧で充電する必要があります．加える電圧が決められた値より少しでも低いと十分に充電できないので，バッテリ機器の大切な仕様である使用時間が短くなってしまいます．逆に高い電圧を加えてしまうと，電池が過熱して破裂するなどとても危険な状態になります．

このように，機器に内蔵するパワー回路は，決められた電圧に正確に制御されていなければ使うことができません．

● ディジタルがかぎ

電気の使用量を減らせば化石燃料の消費量が減り，CO_2の発生量も少なくなります(図2)．電気の使用量を減らすには，むだなく効率良く使うことが求められています．単に使う電力量を減らすのではなく，むだを減らしつつ性能や機能を向上させる必要があります．それには，電力変換回路をきめ細かく制御して，ほんの少しでもむだな電力を削ることが重要です．

家電量販店では，ディジタル・テレビやエアコン，冷蔵庫などには，省エネの効果や年間の使用電力量，電気代の目安が分かる表示ラベルをつけています．

中でも電力消費が大きく省エネに効果の大きい冷蔵庫とエアコンは，消費電力を毎年減らしつつ，冷暖房性能や冷蔵庫の冷却性能を維持しています(図3)．

この性能向上と省エネの推進の両立を支えているのが，高性能マイコンと高効率コンバータを組み合わせ

図2 本当の省エネは使う電力をきめ細かく調節して少しの無駄も削ること

房モードで動作しているときは，室内の熱を奪って室外に運びます．そのため，エアコンの室外機の排気温度は外気温よりさらに熱くなっています．逆に暖房モードのときは外気の熱を室内に運んでいます．

熱は冷媒というものを使って運びます．コンプレッサと呼ばれるモータ制御の圧縮機で冷媒を圧縮するのがポイントです．冷媒は，圧縮すると熱を発生し，逆に解放すると冷えます．エアコンから吹き出す空気の温度は，コンプレッサのモータの回転数をマイコンで制御することで，きめ細かくコントロールされています（図5）．

● 冷蔵庫に見るディジタル・パワー制御

図6と図7に，昔と今の冷蔵庫のしくみを示します．昔の冷蔵庫はセンサで温度をモニタして，モータへの電源供給をON/OFFして，回転させたり停止させたりするだけのとても大雑把な制御でした．

今の冷蔵庫は，マイコンを使ったインバータで，モータに加える電圧と周波数を細かく制御しており，必要最小限のエネルギーをモータに供給しています．

ディジタル・パワー制御の
キー・テクノロジ①
「PWM制御」

図7に示す六つのパワー・トランジスタをON/OFFすると，直流電圧が，3相分の交流電圧になって出力されます．この電力変換回路をインバータと呼びます．

モータの回転数を上げるには，トランジスタをON/OFFする周波数を上げて，交流電圧の周波数を上げます．

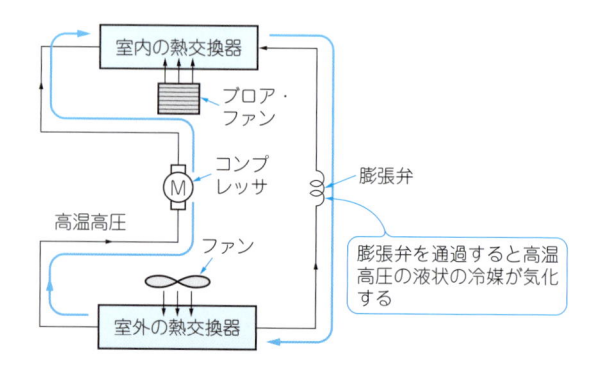

図3 消費電力を減らしつつ性能を落としていない家電はすごい

たきめ細かいディジタルによるパワー制御です．このとき欠かせないのがマイコンやDSPなどのディジタル・デバイスです．

● エアコンに見るディジタル・パワー制御

図4に示すように，エアコンは熱を上手に移動させることで，空気を冷やしたり暖めたりしています．冷

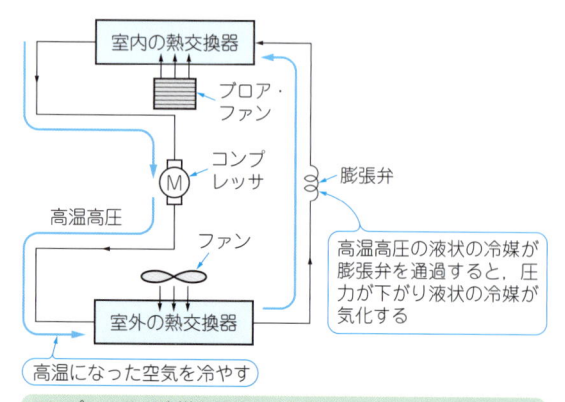

(a) 冷房時

(b) 暖房時

図4 マイコンによるパワー制御装置「エアコン」の冷暖房のしくみ
コンプレッサに使われているモータの回転数の制御がかぎ．

モータが回る力(トルク)を上げるには，モータに流れる電流を増やします．モータに加える電圧の大きさを変えるには，図8に示すように各トランジスタのON時間を変えます．トランジスタがONしている時間を伸ばせば電圧は大きくなり，縮めると小さくなります．このようにトランジスタのONの時間を変えて電圧を変えることをPWM(パルス幅変調)制御といいます．

このPWM制御は，電力制御の基本中の基本です．

ディジタル・パワー制御の
キー・テクノロジ②
「フィードバック制御」

図9に示すのは，冷蔵庫の庫内や部屋の温度を一定に制御するシステムのブロック図です．

庫内の温度を測定するセンサからの検出信号をマイコンで受け取り，指定した庫内温度で一定になるようにインバータのトランジスタをPWM制御します．マイコンは，庫内の温度が指定温度より高いとモータの回転数を上げて冷却効果を高めます．逆に低いときは，モータの回転数を下げて冷却効果を弱めます．

制御対象(ここでは温度)を一定の状態に保つことや，状況に応じて追随(例えば人のいる方向に風向きを変える)技術をフィードバック制御と呼びます．

電子回路に見るPWM制御と
フィードバック制御

● 「電圧変換回路」で高効率電力変換の基本を理解する

ここでは，インバータの基本形である「電圧変換回路(コンバータ)」を例に，高効率電力変換のメカニズムを説明します．電圧変換回路は，パワー回路の中でも，もっともシンプルかつ基本的な回路です．電圧変

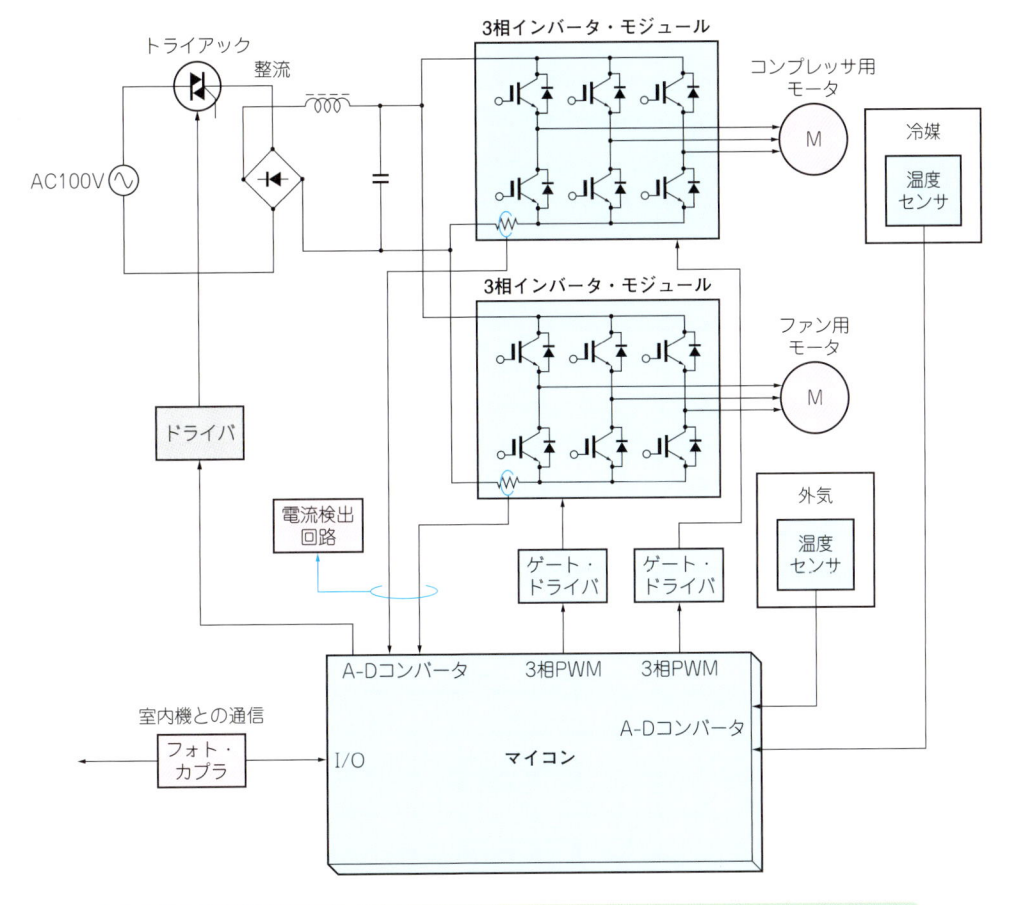

図5 エアコンの室外機に見るディジタル・パワー制御回路
マイコンでコンプレッサのモータの回転数をきめ細かくコントロールしている．

室内機のスイッチが入ると，入力電源のトライアックがONしてパワーがインバータに供給される．コンプレッサとファン用モータは3相インバータで回転制御する．室内機からの温度設定と室温/湿度の測定値と，室外機の外気温測定により，モータの回転を制御する

換回路の効率が高まれば，省エネはもちろん，発熱が小さいので小型化することもできます．

さらに電圧変換回路のなかでも，もっとも基本的な回路である，高い直流電圧を低い直流電圧に変換する降圧型DC-DCコンバータを例にします．

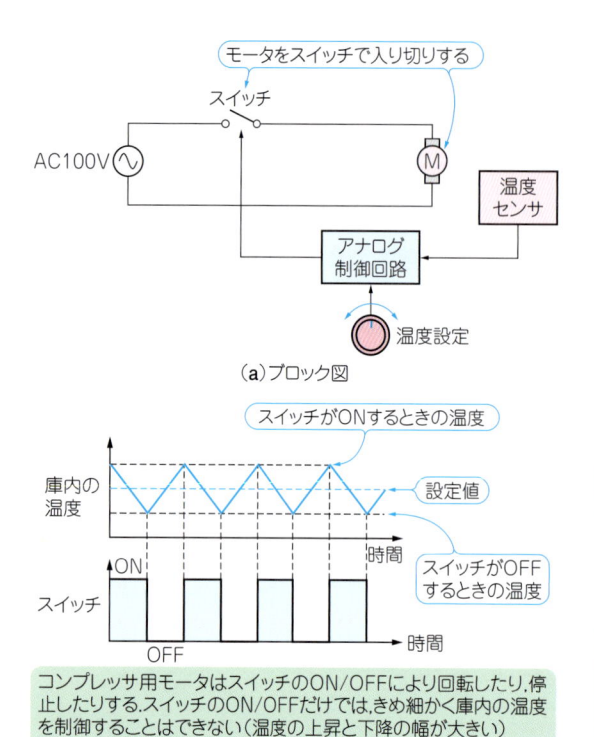

● 発熱が小さく高効率に電圧を変換できるスイッチング方式

降圧型DC-DCコンバータは，例えば，リチウム・イオン蓄電池3個を直列にした電圧(11.1 V)からマイコンを動作させる電圧(3.3 V)に変換するときなどに使われます．

図10に示すのは，もっともシンプルな降圧型DC-DCコンバータ「3端子レギュレータ」です．この回路は，DC11.1 Vの電圧をDC3.3 Vの電圧に変換します．出力電流は0.5 Aです．

この3端子レギュレータの変換効率 η [%] を計算してみましょう．効率は次式で表されます．入力された電力($V_{in}I_{in}$)に対する出力された電力($V_{out}I_{out}$)の比

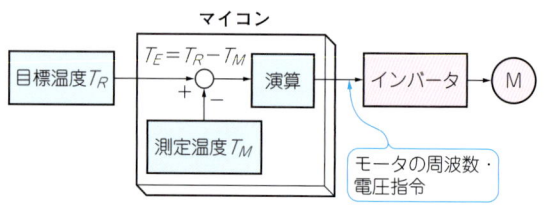

図6 昔の冷蔵庫…モータを回す/回さないという大雑把な制御
冷えすぎたり温まりすぎたりしていた．

図9 室内の温度を上げ下げするときのマイコンの入出力

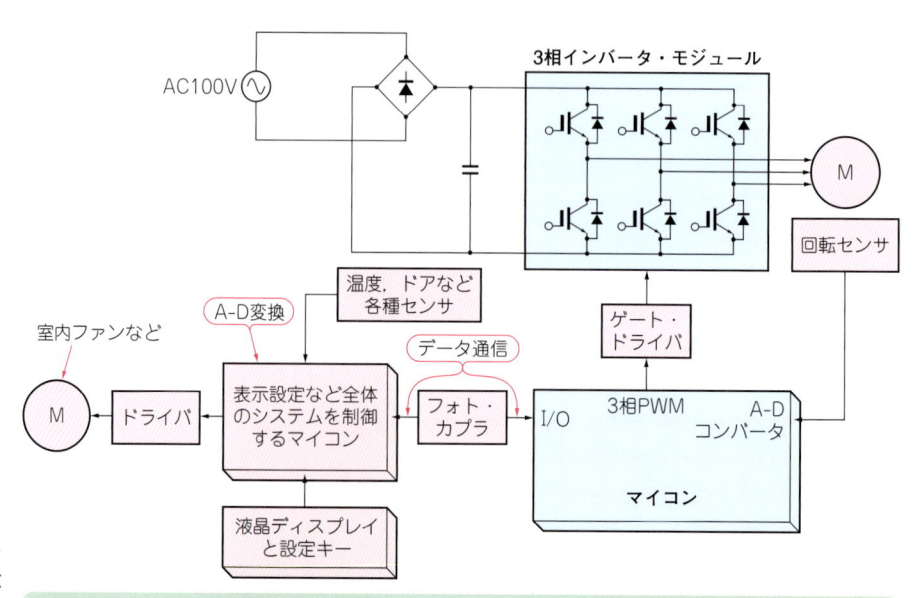

目標温度T_Rから測定温度T_Mを引き算して温度誤差を求める．温度誤差が負のときは，目標温度より測定温度(部屋の温度)が高いので，モータの周波数と電圧を上げてコンプレッサの圧縮能力を高め，冷房効果を高める．逆に，温度誤差が正のときは，測定温度が低いので，モータの周波数と電圧を下げて，コンプレッサの圧縮能力を弱め，冷房効果を低くする．このようにフィードバック制御では，目標温度と測定温度の差がなくなるように制御する

図7 今の冷蔵庫…モータに加える電圧と周波数が細かく制御されている
必要最小限のエネルギーをモータに供給している．

冷蔵庫全体のシステムを制御するマイコンと，コンプレッサ・モータを制御するマイコンから成り立っている．二つのマイコン間はシリアルで通信する．冷蔵庫内の温度やドアの開閉などのセンサ情報と，設定内容からインバータを制御する．これらの制御にはおもに16ビットの少ピン・マイコンが使われている

率です．

$$\eta = \frac{V_{out} I_{out}}{V_{in} I_{in}} \times 100 \cdots\cdots\cdots\cdots\cdots\cdots\cdots (1)$$

ただし，V_{in}：入力電圧［V］，V_{out}：出力電圧［V］，I_{in}：入力電流［A］，I_{out}：出力電流［A］

上の式に，V_{in} = 11.1 V，V_{out} = 3.3 V，I_{in} ≒ I_{out} = 0.5 Aを代入すると，

$$\eta = \frac{3.3 \times 0.5}{11.1 \times 0.5} \times 100 \fallingdotseq 29.7\%$$

と求まります．入力した電力のうち30%ぶんしか出力として利用されず，投入したエネルギーのうちの70%がトランジスタで熱に変わります．熱はトランジスタの寿命を縮めるので，トランジスタに大きな放熱器を取り付けて冷やす必要があります．

そこで考えられたのが，**図11**に示すトランジスタ

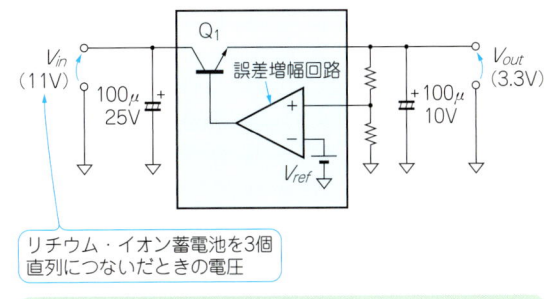

負荷電流を0.5Aとすると，損失P_{loss}は，
P_{loss} = (11.1－3.3)×0.5＝3.9W
入力と出力の電圧差が大きくなると，損失はますます大きくなる．放熱板なしで耐えられる損失の最大は約1Wである．損失が1Wのとき流せる電流はわずか0.13A

図10　リニア方式のDC-DCコンバータは電圧を変換するときに熱がたくさん出る
トランジスタが常に動作状態にある．性能は良いがむだが多い．

パルス幅を狭くすると出力電圧のパルス幅も狭くなり，出力電圧（実効値）は小さくなる．このようにトランジスタに加えるパルスの幅を変えることで出力電圧を調整できる．なお，パルス幅の調整は最大パルス幅のときの中心に対して左右が同じ幅で狭くなるように対称に変える

（a）モータに流れる電流がもっとも大きいときのインバータ制御信号

（b）モータに流れる電流を絞ったときのインバータ制御信号

（c）単相ブリッジ・インバータ回路

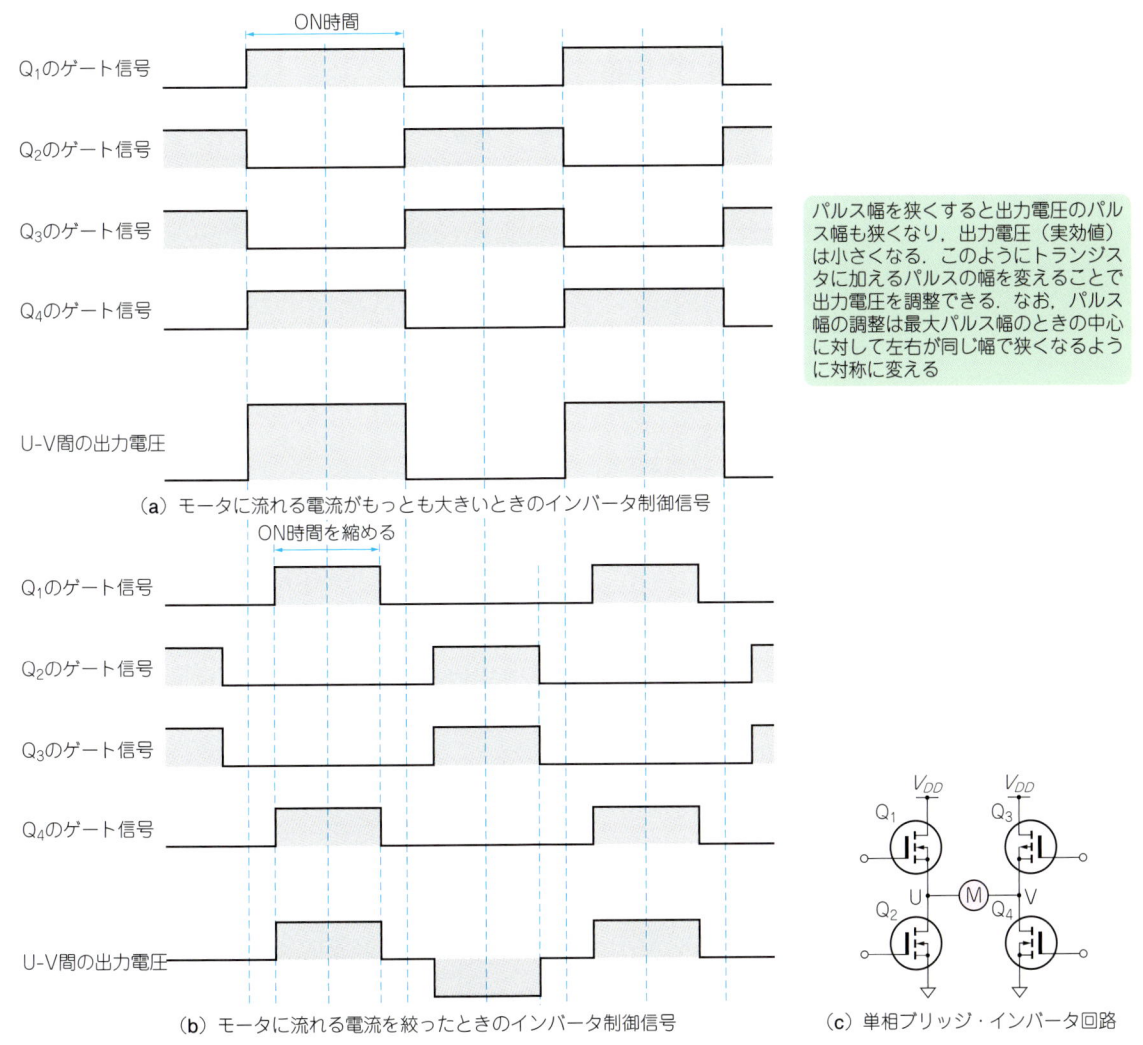

図8　モータに加わる電圧を変えるにはトランジスタのON時間を変える
理解を容易にするため，単相のブリッジ・インバータで説明している．

をON/OFFスイッチングする電圧変換回路です．このような回路を<u>コンバータ</u>と呼びます．特に，高い直流電圧から低い直流電圧に変換する回路を<u>降圧型DC-DCコンバータ</u>と呼びます．入力電源V_{in}と直列にトランジスタ，並列にダイオード，直列にチョーク・コイル，並列にコンデンサが接続されています．制御回路がトランジスタに駆動信号を送り，ON(トランジスタが導通)とOFF(トランジスタが非導通)を交互に繰り返させます．

● 高い入力電圧が低くなって出力されるしくみ
▶ <u>トランジスタがON/OFFして方形波を出力する</u>

図12(a)に示すように，トランジスタがONすると，入力電源(V_{in})から回路に向かって電流が流れます．すべての自然物は高いところから低いところに向かって流れます．水圧の高いところから低いところへ，高気圧から低気圧へ，高温から低温へ，水，空気，熱は移動します．電気も，電圧の高いところから低いところに向かって流れます．このコンバータも，図12(a)のようにトランジスタがONすると，電圧の低い出力

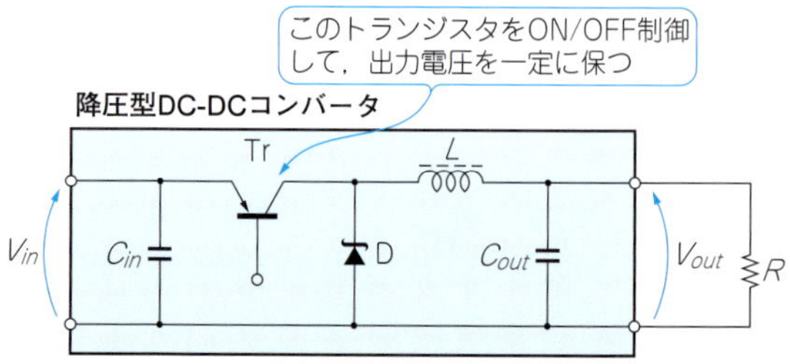

（このトランジスタをON/OFF制御して，出力電圧を一定に保つ）

降圧型DC-DCコンバータ

この回路は，入力電圧(V_{in})より低い電圧(V_{out})を出力する．Tr_1は一般にスイッチング電源用のMOSFETを使う．Dには，出力電圧が200V以下の低い電圧のときはSBD(ショットキー・バリア・ダイオード)を使う．200V以上の高い電圧のときはFRD(ファスト・リカバリ・ダイオード)を使う．Lはチョーク・コイルである．チョーク・コイルのコア材には，周波数が低いときアモルファス，鉄系のダスト・コア，ケイ素鋼板を，周波数が高いときはフェライトを使う．Cには，電解コンデンサやセラミック・コンデンサを使う．Rは降圧型DC-DCコンバータの負荷

図11 トランジスタをON/OFFするスイッチング方式の電圧変換回路「降圧型DC-DCコンバータ」
高い直流電圧を低い直流電圧に変換する降圧型．原理的に損失が出ない．

側に向かって，

　　電源(+)→トランジスタ→チョーク・コイル→コンデンサ→電源(−)

の経路で電流が流れます．ダイオードは逆向きに電圧が加わっているので電流は流れません．

トランジスタがONしているときはチョーク・コイルに電流が流れています．この状態でトランジスタがOFFすると，チョーク・コイルは電流を流し続けようとする性質があるため，ダイオードを導通させて電流が流れ続けます．その結果図12(b)のように，

　　チョーク・コイル→コンデンサ→ダイオード→チョーク・コイル

の経路で循環する電流が流れます．
▶ <u>方形波をLCフィルタでならす</u>

トランジスタの出力，すなわちチョーク・コイルの入力には，図12(c)に示す方形波の電圧が加わります．この電圧をチョーク・コイルとコンデンサのLCフィルタで平均化すると，入力電圧より低い電圧になります．
▶ <u>トランジスタは発熱しない</u>

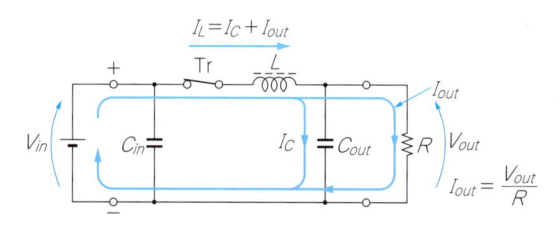

$I_L = I_C + I_{out}$
$I_{out} = \dfrac{V_{out}}{R}$

TrがONすると次の二つのルートで電流が流れる
(1) 入力電源(+)→Tr→L→C_{out}→入力電源(−)
(2) 入力電源(+)→Tr→L→R→入力電源(−)
LにはI_CとI_{out}を合成した電流I_Lが流れる．つまり次式が成り立つ．
　　$I_L = I_C + I_{out}$
上式は平均電流(メータで読んだ値)ではなく，瞬時の電流(オシロスコープで見た値)である．
I_{out}はV_{out}とRで決まるが，I_CはV_{in}，V_{out}，LとTrのONしている時間で決まり，I_{out}には依存しない．
Dには逆方向の電圧が加わるため，電流は流れない

（a）TrがONしたとき

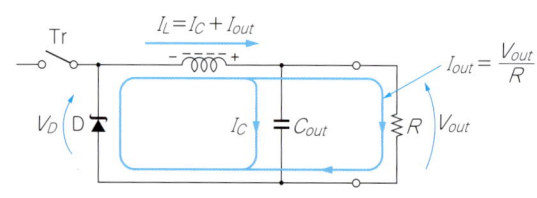

$I_L = I_C + I_{out}$
$I_{out} = \dfrac{V_{out}}{R}$

TrがOFFすると，Lは電流を流し続けようとする性質があるため，図に示す向きに電圧が発生し，Dを通して電流が流れ続ける．Lに生じる電圧はV_{out}と等しくなる．その結果，RとC_{out}に電流を流し続ける．
このときも$I_{out} = \dfrac{V_{out}}{R}$の電流が流れる

（b）TrがOFFしたとき

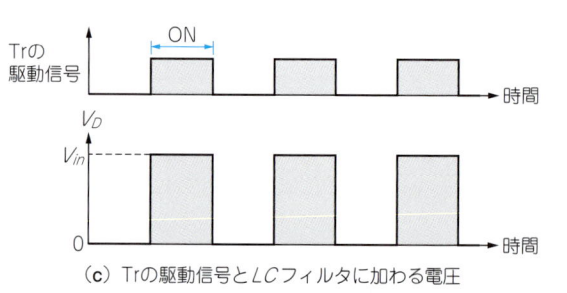

（c）Trの駆動信号とLCフィルタに加わる電圧

図12 パワー回路の基本中の基本「降圧型DC-DCコンバータ」のふるまい

トランジスタがONしているときは［**図12(a)**］，コレクタ-エミッタ間の電圧が０Vなのでトランジスタの損失(コレクタ-エミッタ間電圧とコレクタ電流の積)はゼロです．OFFのときは［**図12(b)**］，コレクタ電流がゼロなので同じくトランジスタの損失はゼロです．これが高効率に電圧変換できる理由です．実際の回路では，トランジスタ，ダイオード，チョーク・コイル，コンデンサにわずかな損失があるため，100％の変換効率とはいきません．

● ON時間とOFF時間の比率をコントロールして出力電圧をきめ細かく調整する

図13(a)に示すように，降圧型DC-DCコンバータの出力電圧は，チョーク・コイルに入力される方形波電圧の平均です．入力電圧V_{in}と出力電圧V_{out}には次の関係があります．

$$V_{out} = \frac{t_{on}}{t_{on}+t_{off}}V_{in} = \frac{t_{on}}{T_S}V_{in} \cdots\cdots\cdots (2)$$

ただし，T_S：スイッチング周期［s］，t_{on}：トランジスタがONしている時間［s］，t_{off}：トランジスタがOFFしている時間［s］

この式はt_{on}で出力電圧を可変できることを意味しています［**図13(b)**］．これが前述したPWM制御です．降圧型DC-DCコンバータのトランジスタがONとOFFを繰り返す周期をスイッチング周期，その逆数をスイッチング周波数と呼びます．スイッチング周期をT_Sとするとスイッチング周波数f_Sは式(3)で表せます．

$$f_S = \frac{1}{T_S} \cdots\cdots\cdots\cdots\cdots\cdots\cdots\cdots\cdots\cdots (3)$$

一般的にスイッチング周波数は，耳に聞こえない20k〜1MHz(スイッチング周期は1μ〜50μs)に設定します．

● 出力電圧をフィードバックしてPWMのデューティを自動的にコントロール

前述のように，エアコンは部屋の温度が設定値になるように，常に室温をモニタしています．そして，設定値より部屋の温度が高いときはモータのパワーを上げて冷房効果を強め，設定値より部屋の温度が低いときはモータのパワーを下げて冷房効果を弱めます．こうして，エアコンは常に設定値と同じ温度になるように制御しています．

DC-DCコンバータも同じです．

式(2)の出力電圧はt_{on}に比例します．t_{on}が大きくなると出力電圧は高くなり，t_{on}が小さくなると出力電圧は低くなります．出力電圧をモニタして，出力電圧が設定値より低くなったらパルス幅を広げ，出力電圧が設定値より高くなったらパルス幅を狭くするようにフィードバックをかければ，負荷抵抗の大きさが変動しても出力電圧は一定値に制御されます．

具体的には，**図14**に示すように，目標値(設定値)から出力電圧を引いて誤差電圧を算出します．設定値より出力電圧が高いときには誤差は負になります．逆に，設定値より出力電圧が低いときには誤差は正になります．そこで，現在のパルス幅に対して出力電圧が高いときは誤差の値を引き算してパルスを狭くし出力電圧を下げます．逆に出力電圧が低いときは誤差の値を足し算してパルス幅を広げて出力電圧を上げます．ところが，誤差にはすでに±の符号が付いているため，パルス幅にそのまま足し算すれば，出力電圧が設定値より低いときはパルス幅を広く，出力電圧が設定値より高いときはパルス幅を狭くしてくれます．

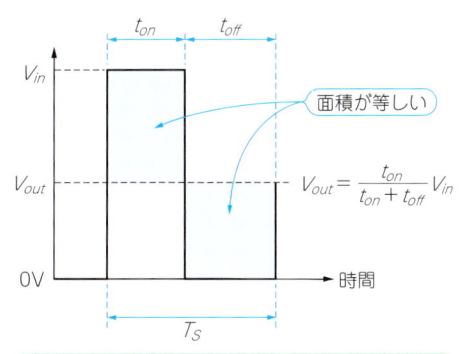

（a）Trが出力する方形波電圧と出力電圧

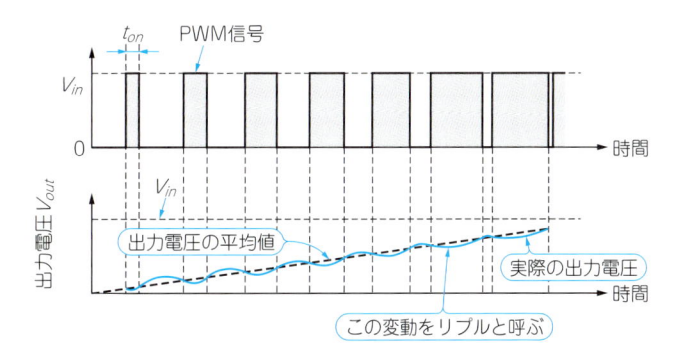

TrがONしている時間をt_{on}, OFFしている時間をt_{off}とすると，スイッチング周期は，$T_S = t_{on}+t_{off}$となる．入力電圧と出力電圧V_{out}の関係は次のとおり．
$V_{out} = \frac{t_{on}}{t_{on}+t_{off}}V_{in}$

（b）PWM信号のデューティ比と出力電圧

パルス幅を広くすると出力電圧は高くなり，狭くすると出力電圧は低くなる．スイッチングのたびにコンデンサの充放電が行われるため，出力電圧はわずかに変動する．この変動をリプルと呼ぶ

図13 降圧型DC-DCコンバータの出力電圧とPWM信号の関係
トランジスタをONする時間で出力電圧を調整できる．

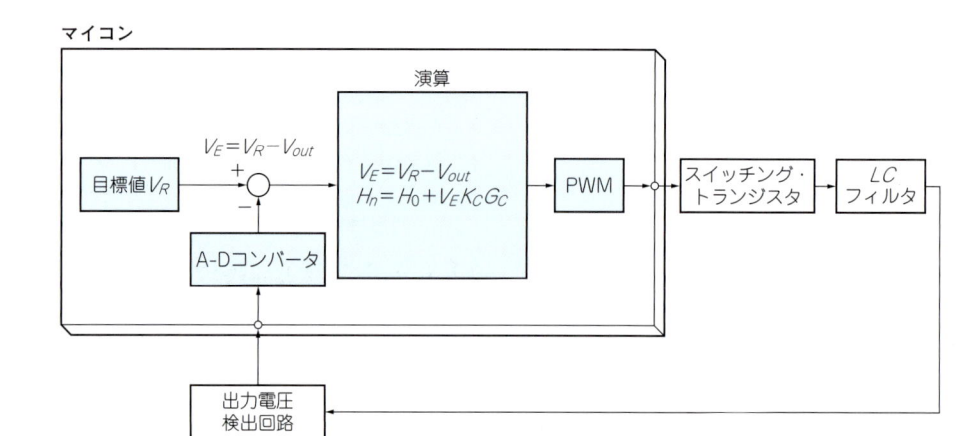

> マイコンを使ったディジタル制御では，出力電圧V_{out}をA-D変換して数値にする．数値の目標値V_Rから数値の出力電圧V_{out}を差し引いて，誤差電圧$V_E(=V_R-V_{out})$を求め，演算処理する．演算結果はPWMパルスに変換してスイッチング・トランジスタを駆動する．ディジタル演算はプログラムで記述するだけで実行できるところがよい．
> 　一般的な演算処理では，PI(比例＋積分)演算が使用される．比例演算で誤差電圧を増幅し，積分演算で誤差電圧を平均化すると，誤差が平均化されてゼロになる．PI制御のP(比例)は応答性を速くし，I(積分)は誤差をゼロにする

図14　マイコンを使った出力電圧一定の電圧変換回路の制御全体の流れ
目標値とフィードバック信号の差分をもとにPWMのデューティをコントロール．

このようにして，誤差がなくなるように制御すれば，出力電圧はつねに設定値に安定化されます．

マイコンで電圧を変換するには

前述のようにさまざまな電子機器のパワー制御には，マイコンが利用されています．ここでは，マイコンで電圧変換回路を制御することを考えてみます．

● 出力電圧を目標値に近づける方法

マイコンに期待する働きは，A-Dコンバータで出力電圧を数値に変換して，PWM出力端子から所定の周波数のパルス信号を出力することです．

まず，**図14**に示すように，マイコンに内蔵されているA-Dコンバータで，アナログ量である出力電圧をA-D変換し，出力電圧(V_{out})を数値化します．あらかじめ目標値(V_R)を用意しておき，V_Rから出力電圧V_{out}を差し引いて誤差電圧V_Eを求めます．

式で表すと式(4)のようになります．

$$V_E = V_R - V_{out} \cdots\cdots(4)$$

目標値と出力電圧に誤差がある場合は，現在のPWM信号のパルス幅(H_0)に，誤差電圧V_Eを足し合わせる必要がありますが，誤差電圧V_EとPWMのパルス幅はスケールが異なっているので，誤差電圧V_Eに係数K_Cを掛けてスケールを一致させます．そうすると，新しいパルス幅H_nは，式(5)のように元のパルス幅H_0に誤差電圧と係数K_Cを掛けたものを足し算した形になります．つまり次式のようになります．

$$H_n = H_0 + V_E K_C \cdots\cdots(5)$$

ディジタル制御では，式(4)と式(5)を繰り返し演算することで，誤差電圧V_Eが徐々にゼロに近づき，出力電圧が目標値と一致してきます．

実際には，K_Cは単なるスケールを一致させる係数だけではなく，制御の特性を良くするために利用します．具体的には，次式のように制御ゲインG_C(増幅度)を掛けます．

$$H_n = H_0 + V_E K_C G_C \cdots\cdots(6)$$

G_Cの特性を変えることでコンバータの特性を変化させることができます．

表1　低速で小規模システムに使えるパワー制御用のマイコン

代表的な製品	メーカ名	シリーズ名	電源電圧	ビット数	クロック周波数	PWM [チャネル]	A-D コンバータ [チャネル]	アナログ・コンパレータ [チャネル]
78K0/IB2	ルネサスエレクトロニクス	78K0/Ix2	5 V	8	20 MHz	5	9	－
78K0R/IE3		78KR/Ix3	5 V	16	20 MHz	7	12	2
R8C/35C		R8C/3x	5 V	16	20 MHz	9	12	2

MOSFETの駆動回路：マイコンのPWM出力では駆動電圧と駆動電流が不足している．そこでバイポーラ・トランジスタでPWM端子の出力電流を増幅してMOSFETを駆動する

A-D変換用電源としてAV_DDに3.3Vを供給する．A-D変換を安定にするためノイズ吸収用に10Ωの抵抗を挿入する

補助電源：マイコン用の安定な3.3Vを生成する

出力電圧を検出．5Vを1/2にして入力する

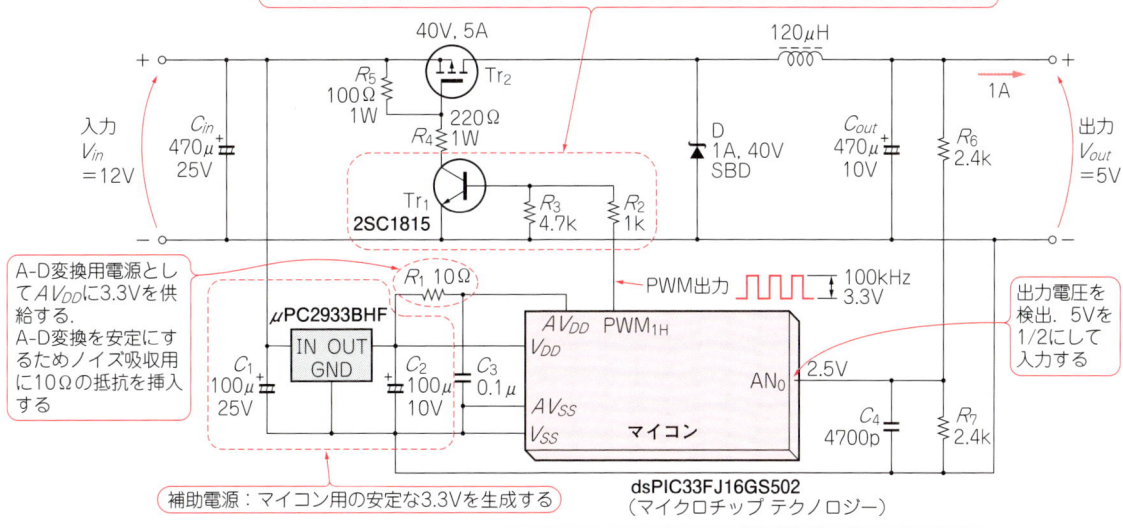

μPC2933BHF：ルネサス エレクトロニクス

図11の降圧コンバータにマイコンを接続した回路である．このコンバータはDC12Vを入力して5V，1Aを出力する．スイッチング周波数は100kHz．出力電圧をAN₀のA-D変換端子に入力し，PWM₁HからPWMパルスを出力する

図15 マイコンとコンバータを接続するとディジタル制御のDC-DCコンバータになる

● マイコンとコンバータを接続してプログラミングする

図15に示すのは，マイコンのA-Dコンバータ入力端子とPWM出力端子をコンバータに接続した例です．これがいわゆるディジタル制御のDC-DCコンバータです．

A-D変換の入力電圧範囲は0～3.3Vなので，出力電圧がそれより高い場合は，抵抗で分割する必要があります．またPWM出力端子の出力電流や出力電圧が不足して，直接パワー・トランジスタを駆動できない場合は，PWM出力端子とパワー・トランジスタの間にトランジスタ(Tr_1)などを挿入します．

特集で使うマイコン(dsPIC33FJ16GS502，マイクロチップ テクノロジー)[1]は3.3VのPWMパルスを出力するので，3.3Vからトランジスタが動作できる電圧に変換し，高速にON/OFFできる回路を接続します．後は，プログラムを作ってマイコンに書き込むだけです．

パワー制御に使えるマイコンのいろいろ

● 市販品の分類

ディジタル・パワー・コントロール用のマイコンはいろいろあり，小規模なものから大規模なものまで，低速から高速に動作できるものまで，目的に応じて選べます．ここでは，次の三つに分けて説明します．
(1) 低速で小規模システムに使えるタイプ
(2) 大きなシステムの電源にも使えるインバータ用
(3) 本格的なディジタル・スイッチング電源に使えるタイプ

▶低速で小規模システムに使えるタイプ

8ビットまたは16ビットで比較的端子数が少なくクロック周波数も20MHz程度のマイコンです．代表的な例を表1に示します．主に各種家電のインバータ制御用などに利用されています．

▶大きなシステムの電源にも使えるタイプ

32ビットで100MHzのクロック周波数で動作し，100ピン前後の端子をもつマイコンです．代表的な製品を表2に示します．ハイエンドの家電に使われており，3相のインバータを2回路以上動かすことができます．PWMやA-Dコンバータを多数内蔵しているため，UPS(無停電電源装置)やソーラ・コンディショナなどの複雑な電源装置にも利用できます．

RAM [バイト]	ROM [バイト]	タイマ [チャネル]	I/O [チャネル]
384～768	4K～16K	5	25
1.5K～3K	32K～64K	12	55
1.5K～10K	16K～128K	6	47

表3 本格的なディジタル・コンバータに使えるパワー制御用のマイコン

代表的な製品	メーカ名	シリーズ名	電源電圧	ビット数	クロック周波数	PWM [チャネル]	A-Dコンバータ [チャネル]	アナログ・コンパレータ [チャネル]
TMS320C28027	テキサス・インスツルメンツ	Piccolo	3.3 V	32	40〜60 MHz	4×2	13	2
TMS320C28035		Piccolo	3.3 V	32	60 MHz	6×2	14	3
TMS320C2809		F28x(固定小数点)	3.3 V	32	100 MHz	6×2	16	−
dsPIC30F2020	マイクロチップテクノロジー	dsPIC30	5 V	16	30 MHz	4×2	8	4
dsPIC33FJ16GS502		dsPIC33GS	3.3 V	16	40 MHz	4×2	8	4
NJU20010	新日本無線	Alligator	3.3 V	16	62.5 MHz	4×2	12	3

表2 大きなシステムの電源にも使えるパワー制御用のマイコン

代表的な製品	メーカ名	シリーズ名	電源電圧	ビット数	クロック周波数
RX62T	ルネサスエレクトロニクス	RX600	5 V	32	100 MHz
SH7243		SH2A	5 V	32	100 MHz
V850E/IG3		V850E/Ix3	5 V	32	64 MHz
V850E/IH4		V850E/Ix4	5 V	32	100 MHz

(a) 代表的なシリーズ

型名	PWM [チャネル]	A-Dコンバータ [チャネル]	アナログ・コンパレータ [チャネル]	RAM [バイト]	ROM [バイト]	タイマ [チャネル]	I/O [チャネル]
RX62T	15	20	6	8 K〜16 K	64K〜256 K	16	55

(b) RXシリーズ RX62Tのスペック

写真1 第2章以降の実験で使用するディジタル・パワー制御用マイコンdsPIC33FJ16GS502(マイクロチップ テクノロジー)

図16 ディジタル制御用マイコン(dsPIC33FJ16GS502)の内部ブロック図

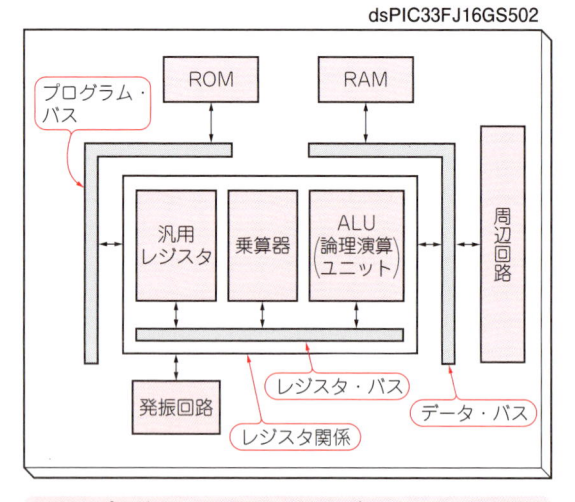

ROMはプログラム・バスに、RAMはデータ・バスに接続されており、プログラムとデータはバスを共有しないため、各種演算は汎用レジスタで行われる

▶ 本格的なディジタル・コンバータに使えるタイプ

16ビットまたは32ビットで、1 MHzのスイッチング周波数のPWMパルスが出力できるコンバータ専用のマイコンです。代表例な製品を表3に示します。これらのマイコンは、100 kHzから1 MHz程度の高周波のコンバータを実現できます。

● 特集で利用したdsPICシリーズ

第2章以降の実験で使用するdsPIC33FJ16GS502(写真1)は、電圧変換回路をディジタルで実現するために必要な機能を備えています。

図16に示すように、ROMとRAMと演算部と周辺回路で構成されてます。ROMはプログラムを保存するメモリ、RAMはデータを格納するメモリです。演算部で各種演算を行い、周辺回路を介して外部と接続します。

図17に示すように、周辺回路の中にはいろいろな時間タイミングが発生できるタイマ、外部との通信を行うためのSPI、SCI、I²C、外部のアナログ信号を数値に変換するA-Dコンバータ、スイッチング・トランジスタを駆動するための信号を作るPWM、電圧レベルを検出するアナログ・コンパレータなどがあります。

7.37 MHzの発振器を内蔵しており、約40 MHzに逓倍した周波数で動作するので、一つのプログラムが実行される時間(1インストラクション)は25 nsです。

RAM [バイト]	ROM [バイト]	タイマ [チャネル]	I/O [チャネル]
6 K	32 K	3	22
20 K	128 K	3	33
18 K	128 K	3	35
512	12 K	3	21
2 K	16 K	3	21
4 K	16 K	3	16

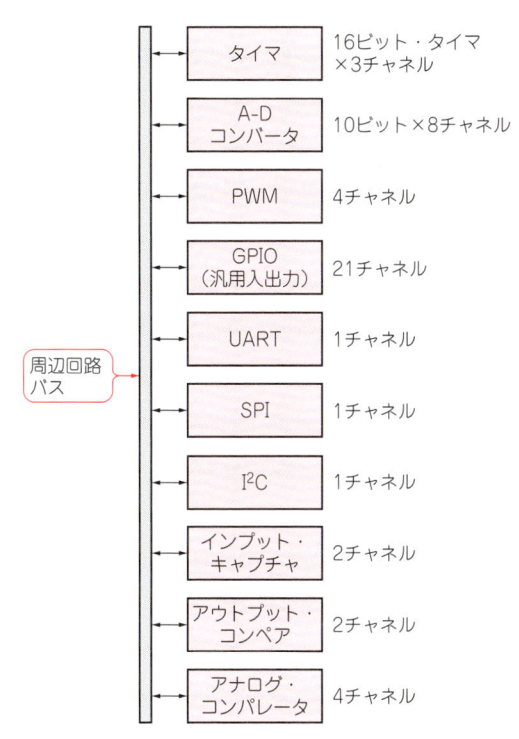

周辺回路バス
- タイマ: 16ビット・タイマ×3チャネル
- A-Dコンバータ: 10ビット×8チャネル
- PWM: 4チャネル
- GPIO(汎用入出力): 21チャネル
- UART: 1チャネル
- SPI: 1チャネル
- I²C: 1チャネル
- インプット・キャプチャ: 2チャネル
- アウトプット・コンペア: 2チャネル
- アナログ・コンパレータ: 4チャネル

A-DコンバータとPWMはコンバータ制御に欠かせない.過電圧保護や過電流保護をするときはアナログ・コンパレータも使う

図17 マイコンはCPUだけでなくさまざまな周辺回路を内蔵している

マイコンを使ったパワー制御の例

● LEDの明るさと色合いの両方を自在に変える制御

LED(発光ダイオード)の明るさは，流す電流の大きさで調整できます．

図18(p.20)に示すように，明るさ一定の照明を作る場合には必要な数のLEDを直列に接続して定電流電源で駆動します．この回路は特にディジタル制御でなくても実現できます．

LEDには，
- 青色LEDと蛍光体を組み合わせて白色を発光するタイプ
- R(赤色)G(緑色)B(青色)光の3原色を組み合わせて白色を発光するタイプ

があります．

RGB 3色を組み合わせて発光させると明るさと色合いを調整できますが，RGB 3色のダイオードは順方向電圧がそれぞれ異なるため，一つの電源で三つのLEDを同時に駆動すると明るさと色合いが変わってしまいます．

図19(p.21)に示すように，三つのコンバータを準備して，一つのマイコンからRGBそれぞれの回路の電流を制御すると，明るさ一定で色合いだけを変えたり，色合い一定で明るさだけを変えたりできるLEDライトを実現できます．

このLEDドライバは，RGBの電流比率を一定して電流の大きさを変えることで，色合いを変えずに明るさだけが制御できます．また，全体の電流の大きさを一定にしてRGBの電流比率を変えれば，明るさを変えずに色合いだけを制御できます．

このように明るさと色合いの両方を自由自在に変えるような制御はアナログでは困難ですが，ディジタルなら容易です．

● モータを加速したり減速したりする制御

図20(p.20)のように，モータの回転センサからの信号をモニタしながらコンバータの出力電圧を上げ下げすれば，モータを一定速度で回すことができます．

モータは，一定の速度で加速したり減速したりする必要があります．これは一定速度制御ではなく，一定加速度制御です．このような制御は，アナログでは回路が複雑になりすぎて現実的ではありません．

マイコンを使えば，タイマを使って簡単に時間制御ができます．ほとんどのモータでは加速・減速制御が必要なので，ディジタル・パワー・コントロールが比較的早くから行われてきました．

● センサの非線形特性の補正とバッテリ充電

図21(p.22)に示すのは，鉛蓄電池の定電圧定電流充電回路です．この充電回路は特にディジタル電源である必要はありません．

鉛蓄電池は，周囲温度で充電電圧が変わる性質があります．そのため，100%充電したい場合は温度に応じて充電電圧を調節しなければなりません．周囲温度が高い場合は充電電圧を下げ，周囲温度が低い場合は充電電圧を上げます．一定電圧で充電すると，温度が高いときに過充電になり電池が劣化します．また温度が低いと100%の充電ができません．

そこで，温度センサ「サーミスタ」で温度を測定して充電電圧を補正します．図22(p.21)に示すように，サーミスタ[2]は温度によって抵抗値が変化しますが，

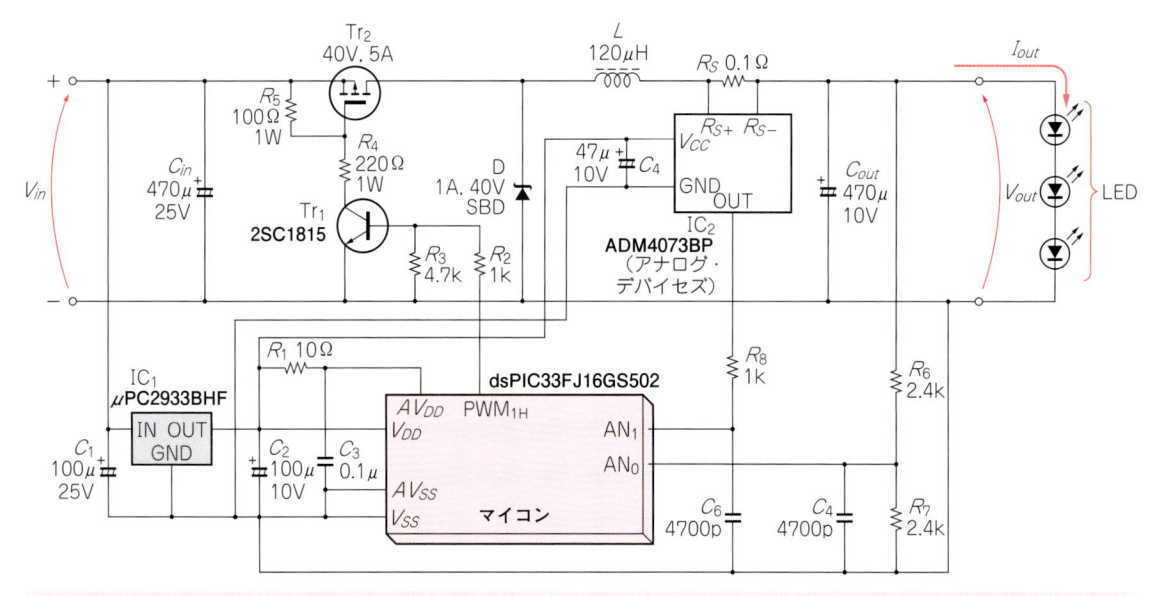

図16の電源回路を定電流制御ができるように変更した. チョーク・コイル L と直列に電流検出抵抗 R_S を挿入する. R_S の抵抗値を大きくすると R_S の電力損失が大きくなり電源の変換効率が悪くなるため, 極力小さな抵抗値とする.
R_S に1Aの電流が流れると0.1Vの電圧が発生するが, これではマイコンのA-Dコンバータの入力電圧の最大3.3Vと比べて小さすぎるため, 電流センス用アンプを入れて増幅し, レベルシフトしてからA-D変換端子に加える. ここでは20倍のアンプを使っているので, 1A流れると2VがA-D変換端子に加わり, ちょうどよい大きさになる.

図18 普通の3色LEDの点灯回路…マイコンを使う必要はない例

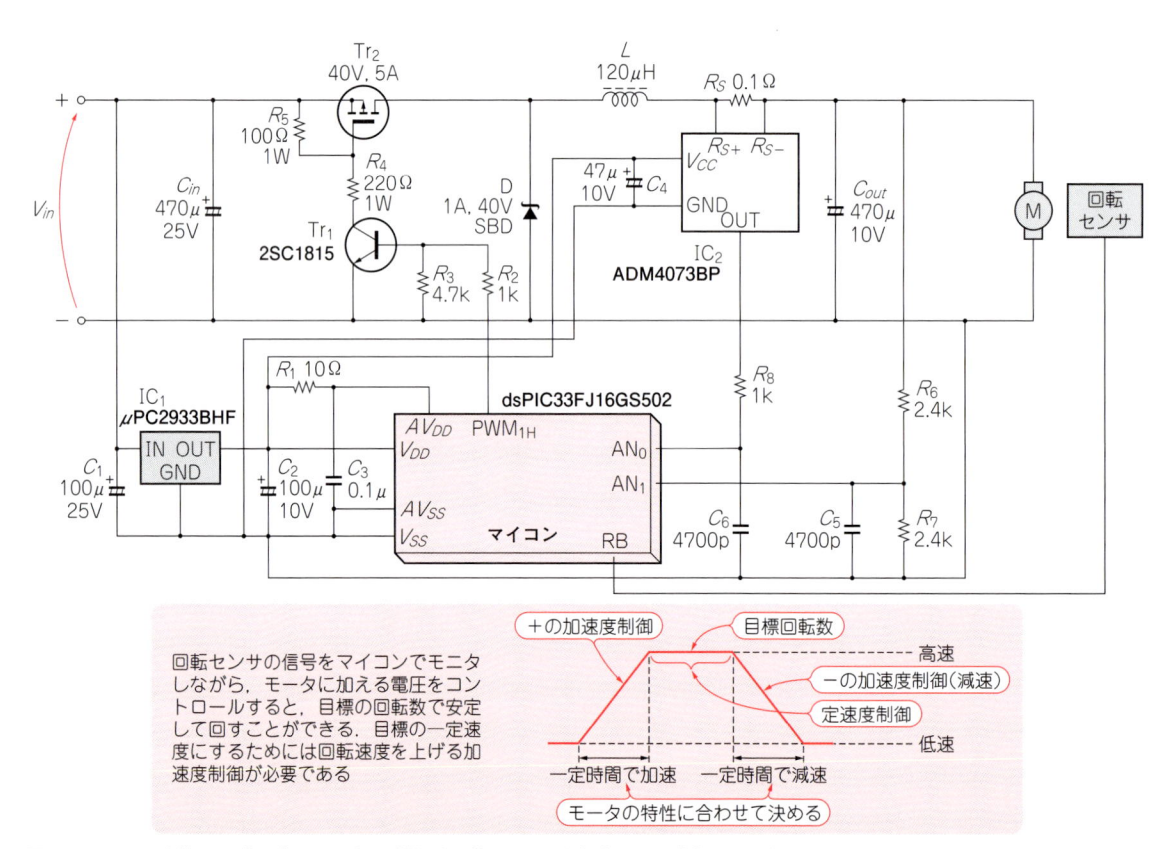

回転センサの信号をマイコンでモニタしながら, モータに加える電圧をコントロールすると, 目標の回転数で安定して回すことができる. 目標の一定速度にするためには回転速度を上げる加速度制御が必要である

図20 マイコンを使ったディジタル・パワー制御その②…モータを加速したり減速したりする

第1章 今どきのパワー・エレクトロニクス

図19 マイコンを使ったディジタル・パワー制御その①…複数のLEDの明るさと色合いの両方を1個のマイコンで自在に変えられる

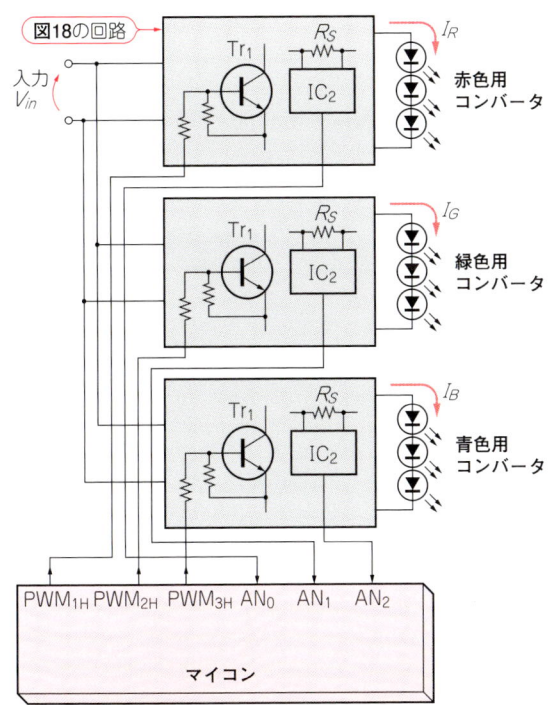

1個のマイコンでRGBのLEDに流れる電流を個別に制御することで，明るさと色調を自由に変えることができる．
$I_R+I_G+I_B=$一定として，I_R，I_G，I_Bの大きさを変えると明るさ一定で色調が変えられる．またはI_R，I_G，I_Bの比率を一定にして，$I_R+I_G+I_B$を変えると色調一定で明るさが変えられる

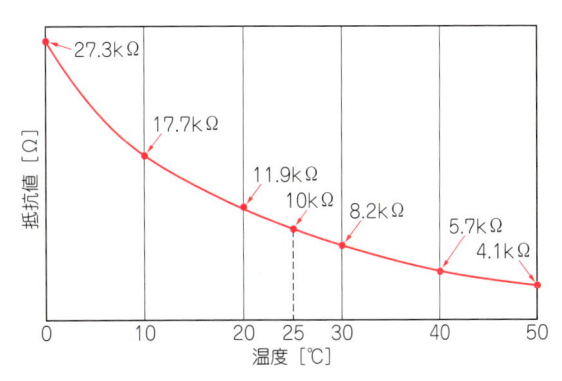

図22 温度センサの定番「サーミスタ」は温度によって抵抗値が非線形に変化する

その温度特性はリニアではないので，温度と抵抗値の換算表が必要です．ディジタル制御なら，この換算表をデータとしてプログラムの中に実装することで，温度が大きく変動しても適切な充電条件を実現できます．このように，ノンリニアな特性をもつセンサの制御にはディジタル制御は有効です．

（初出：「トランジスタ技術」2010年10月号　特集第1章）

Column

第1部～第2部の実験内容と試作したパワー・ボードの設定

第4章～第7章の実験では，パワー・ボードのハードウェアの設定が少しずつ異なります．これらを表Aに整理してまとめました．

表A 実験内容と試作したパワー・ボードの設定

実験内容	入力	定格入力電圧	出力	定格出力電圧	出力周波数	制御方式	出力フィルタ・コンデンサ
LEDドライブ（第4章）	鉛蓄電池	12 V	直流	DC6 V	156 Hz[(1)]	定電流＋電流PWM	フィルム($1\mu F$)
モータ・ドライブ（第5章）	アダプタ	24 V	交流	AC4.8 V	50～1kHz	V結線VVVF[(2)]（フィードバックなし）	フィルム($1\mu F$)
D級アンプ（第6章）	アダプタ	24 V	交流	–	–	電力増幅（フィードバックなし）	フィルム($1\mu F$)
太陽電池での充電（第7章）	太陽電池パネル	20 V	直流	DC13.65 V	–	定電圧定電流	電解($470\mu F$)

注▶(1) 電流PWMでの周波数
注▶(2) VVVF(Variable Voltage Variable Frequency)

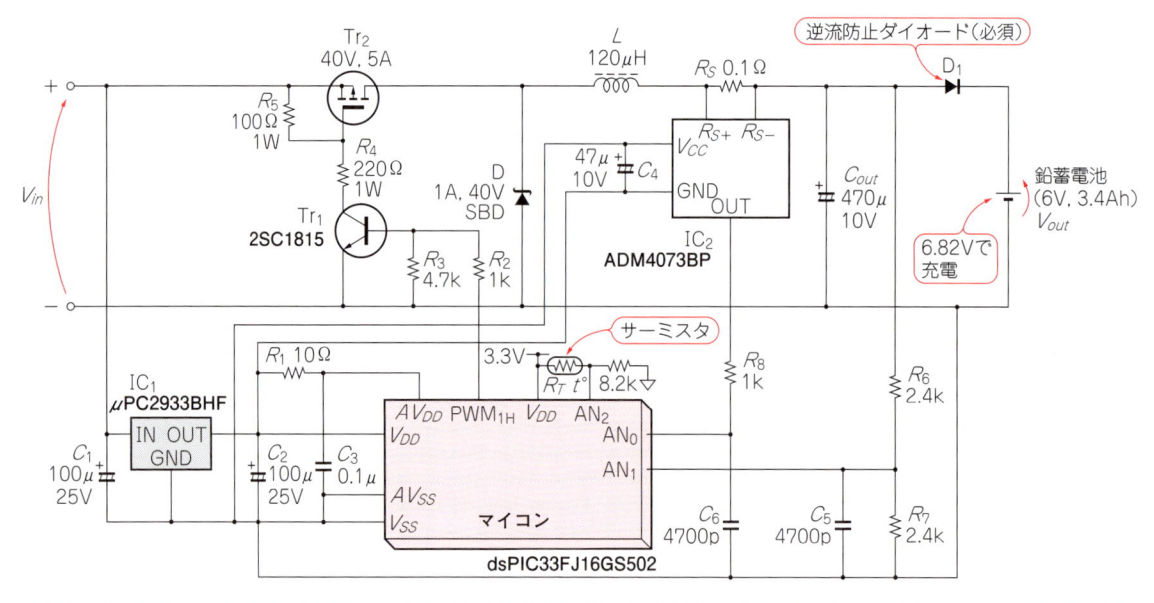

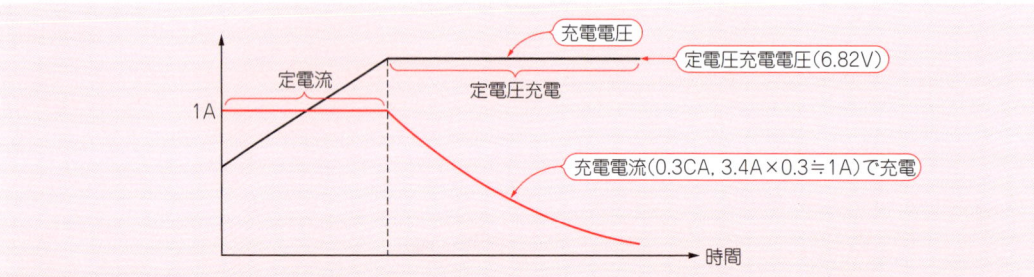

図21 マイコンを使ったディジタル・パワー制御その③…温度センサ(サーミスタ)の非線形特性を補正しながら充電する回路

鉛蓄電池は定電圧と定電流の二つの制御で充電する．電池が放電された状態では電池電圧は約6Vになっている．これを6.82Vの電圧で充電すると，過大な電流が流れるので，1Aで充電電流を制限する．つまり，1Aの定電流で充電する．充電が進んで電池電圧が6.82Vに達すると，定電圧充電に切り替わる．電池からの逆流が発生しないように電池と直列にダイオードを挿入する必要がある．ダイオードは，コンバータが壊れたとき過大な電流が流れることも防ぐ

◆第1部～第2部の参考文献◆

● 第1章
(1) dsPIC33FJ16GS101/X02 and dsPIC33FJ16GSX02/X04 Data Sheet, DS70318D, 2009, Microchip Technology.
(2) Temperature vs resistance characteristics [ITS-90] data for referanece, Apr.24.2002, 石塚電子.

● 第3章
(1) 杉江 俊治, 藤田 政之；フィードバック制御入門, 2003年3月, コロナ社.

● 第4章
(1) PARA LIGHT EP204K-150G1R1B1-CA Data Sheet, 秋月電子通商.

● 第5章
(1) Turnigyモータ関係ホームページ, http://www.shop-online/lipo.

● 第6章
(1) Data Converter Seminar, 2004, アナログ・デバイセズ.

● 第7章
(1) CN-SM-013ソーラーパネル仕様書, CNADB3100615F-2, リンクマン.

(2) 長寿命HFシリーズ・標準HVシリーズ カタログ, No.KS-440, 新神戸電機.
(3) NJW4800データシート, Ver.2008-10-18, 新日本無線.
(4) TL494 Pulse-Width-Modulation Control Circuits Data Sheet, SLV2074E, 2005, Texas Instruments.
(5) Application Report Designing Switching Voltage Regulators With the TL494, SLVA001D, 2005, Texas Instruments.

● Appendix A
(1) 田本 貞治；体験！dsPICを使った降圧DC-DCの製作, 特集 ディジタル制御で広がるパワエレの世界, 第4章, トランジスタ技術, 2009年9月号, pp.101～119, CQ出版社.
(2) 田本 貞治；dsPICによるディジタル制御電源の設計, グリーンエレクトロニクス No.2, pp.113～126, CQ出版社.

● Appendix B
(1) 田本 貞治；dsPICによるディジタル制御電源の試み, 電源回路設計2009, pp.43～59, CQ出版社.
(2) 田本 貞治；ディジタル制御で広がるパワエレの世界, 第5章, 降圧DC-DCを例としたフィードバック制御入門, トランジスタ技術, 2009年9月号, pp.122～128, CQ出版社.

第2章 高速処理マイコンとワンチップ・パワー・アンプICで簡単設計

今どきのパワー制御を体験できる実験ボードを作る

笠原 政史

本章では，パワー制御に最適なマイコン dsPIC33 と，マイコンとのインターフェース回路と二つのMOSFETを内蔵するワンチップのパワー・アンプIC NJW4800 を使って，パワー制御を学習できる基板を試作します．

写真1 試作した実験ボードの外観

（ラベル）
- ベース・ボード
- 液晶ディスプレイ
- パワー・ボード
- ハーフ・ブリッジ・ドライバ（NJW4800，V_{DD}=30V，I_{out}=4A）
- RS-232-Cトランシーバ
- PICマイコン（dsPIC33FJ16GS502-I/SP）
- 9ピンDサブ・コネクタ
- 出力電流検出用差動アンプ ADM4073T

第1章で説明があったように，今はマイコンなどのプログラマブル・デバイスを使ってパワーを制御するのが当たり前の時代です．パワーを制することができなければ，どんな電子機器も作ることはできないといっても過言ではありません．

最近は，高性能なマイコンがたくさん登場しており，パワー制御に欠かせないデバイスとなっています．また，この数年のエコへの関心の高まりで，発熱が小さく，小型で使いやすいパワー・デバイスがたくさん誕生しています．

本章では，信号処理も可能でパワー制御に最適なPICマイコン dsPIC33FJ16GS502（マイクロチップ テクノロジー）と，二つのパワーMOSFETおよび周辺回路をSOP-8の小さなパッケージに内蔵したワンチップ・パワー・アンプIC NJW4800（新日本無線）を使って，2チャネルの入出力が可能な基板を試作しました．

第3章から第10章まで，この基板を動かしてマイコン制御のさまざまな応用を一つずつ試していきます．

実験ボードの仕様

● 回路全体

図1に示すように，試作した実験ボードは，次の二つの基板で構成されています．

(1) ワンチップ・マイコンを搭載した「ベース・ボード」
(2) パワー・アンプを搭載した「パワー・ボード」（2枚）

写真1に試作した実験ボードの外観を示します．NJW4800評価ボードを利用し，1枚のユニバーサル基板に組み立てました．図2と図3（章末）に回路図を示します．

アナログ信号の入力チャネル数も出力チャネル数も2です．パワー・ボードに加える電源電圧は24V_{DC}と

実験ボードの仕様　23

しました．これは，第6章のオーディオ・アンプに4Ωの負荷をつないだとき，9Wの出力が得られるようにしたからです．実験では，取り扱いの簡単な小出力ACアダプタ(STD-2427PA, 65W, 24V, 2.7A)を使って，24 V_{DC}を供給しました．

● 信号の入力部の切り替え

図4にベース・ボードの入力部のブロック図を示します．

基板にはチャネルA(TB_1)とチャネルB(TB_2)の二つの入力があります．入力信号は，dsPICのAN_0端子とAN_1端子に入力されます．

▶ 0～+3.3 Vの直流電圧を入力するとき

図4(a)(b)に，実験ボードに直流電圧を入力するときの接続を示します．TB_1とTB_2に入力できます．

ノイズ除去用のLPF(しゃ断周波数34 kHz)を通過させてから，マイコンのA-Dコンバータに入力します．ジャンパの接続を換えることで，信号を1倍にしたり10倍にしたりできます．OPアンプのゲインを決める抵抗(R_6, R_{13})にはリード・タイプを使っているので，交換しやすくなっています．

▶ 最大3.3 V_{P-P}のオーディオ信号を入力するとき

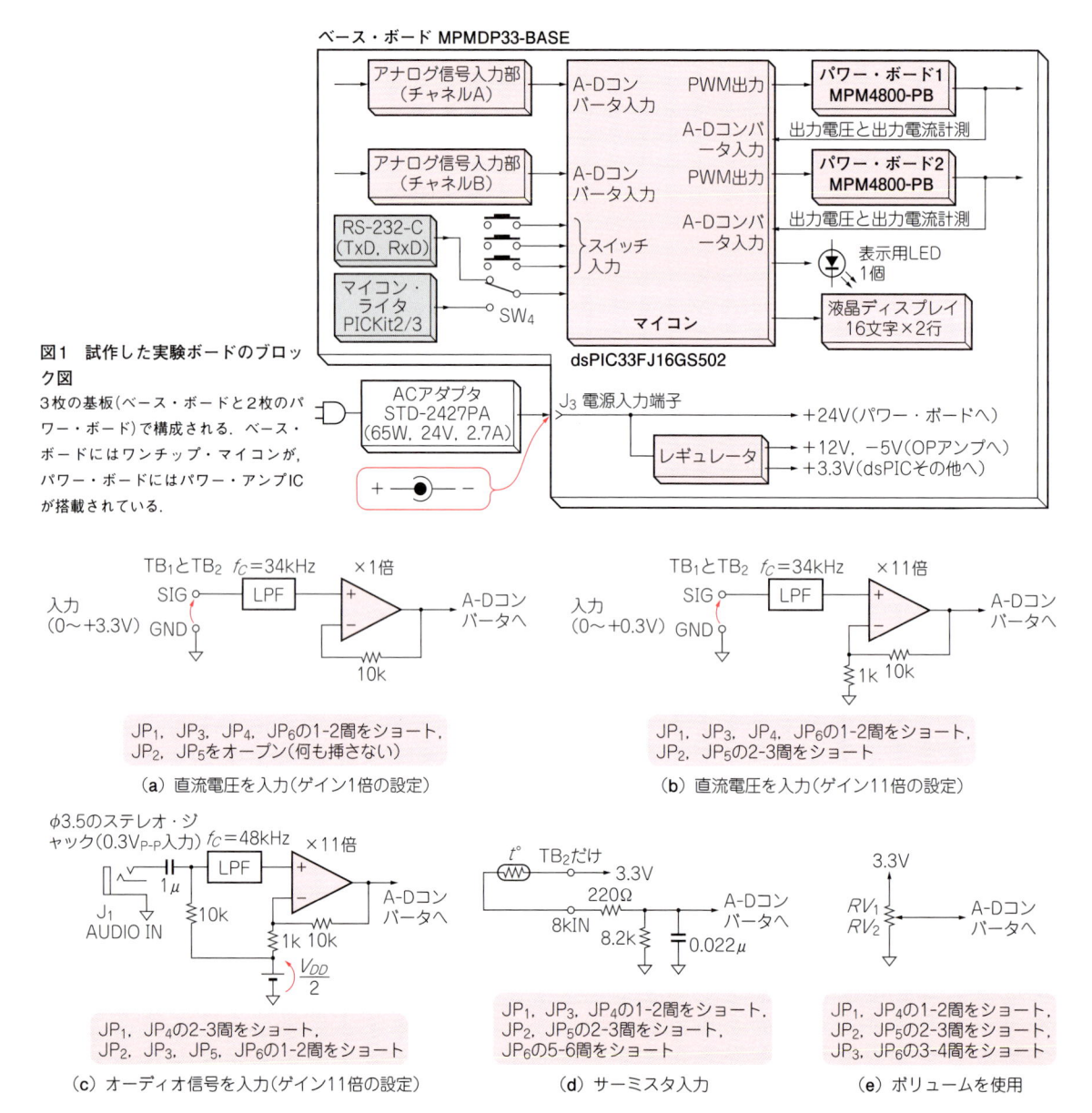

図1 試作した実験ボードのブロック図
3枚の基板(ベース・ボードと2枚のパワー・ボード)で構成される．ベース・ボードにはワンチップ・マイコンが，パワー・ボードにはパワー・アンプICが搭載されている．

(a) 直流電圧を入力(ゲイン1倍の設定)
JP1, JP3, JP4, JP6の1-2間をショート，JP2, JP5をオープン(何も挿さない)

(b) 直流電圧を入力(ゲイン11倍の設定)
JP1, JP3, JP4, JP6の1-2間をショート，JP2, JP5の2-3間をショート

(c) オーディオ信号を入力(ゲイン11倍の設定)
JP1, JP4の2-3間をショート，JP2, JP3, JP5, JP6の1-2間をショート

(d) サーミスタ入力
JP1, JP3, JP4の1-2間をショート，JP2, JP5の2-3間をショート，JP6の5-6間をショート

(e) ボリュームを使用
JP1, JP4の1-2間をショート，JP2, JP5の2-3間をショート，JP3, JP6の3-4間をショート

図4 試作した実験ボードの入力部の構成
入力信号の種類に合わせて，ジャンパ接続を切り替えることで，信号を通過させるフィルタを選んだりゲインを変えたりできる．

図4(c)に，オーディオ信号を入力するときの接続を示します．オーディオ機器の高周波ノイズを除去するためLPF(しゃ断周波数48 kHz)を通過させてから，マイコンのA-Dコンバータに信号を入力します．図に示すように，ジャンパを設定することで，約10倍に増幅できます．φ3.5のステレオ・ジャックに入力します．

なお，ディジタル・フィルタが組み込まれている最近のオーディオ機器から20 kHz以上のノイズが出てくることはありません．ただし，ΔΣ型D-Aコンバータから出力される数百kHzのノイズは除去する必要があります．

▶温度センサ(サーミスタ)の接続

図4(d)に，サーミスタを接続するときの接続を示します．TB_2の3.3 Vと，入力インピーダンスが約8 kΩの8 kINという名前の端子の間にサーミスタを接続します．

▶汎用入力

入力信号のレベルを手動で調整する場合は，図4(e)のようにジャンパを設定します．信号はボリュームを通過してそのままA-Dコンバータに入力されます．TB_1とTB_2に入力できます．

● 信号の出力部の切り替え

図5に出力部のブロック図を示します．

パワー MOSFET，ゲート・ドライバ，デッド・タイム生成回路，保護回路などを内蔵するNJW4800というワンチップICを中心に構成しました．このICは，5 Vまたは3.3 Vロジック回路でPWM信号を入力すると振幅が約24 VのPWM信号を出力します．

PWM信号は，dsPICのPWM_{1H}端子とPWM_{2H}端子から出力されます．

▶直流電圧を出力するときの接続

図5(a)のように接続すると，NJW4800が出力する振幅0 V ~ +24 VのPWM信号に含まれるスイッチング・ノイズが，L_1とC_7で構成されたロー・パス・フィルタで除去されて直流になり，OUT端子から出力されます．

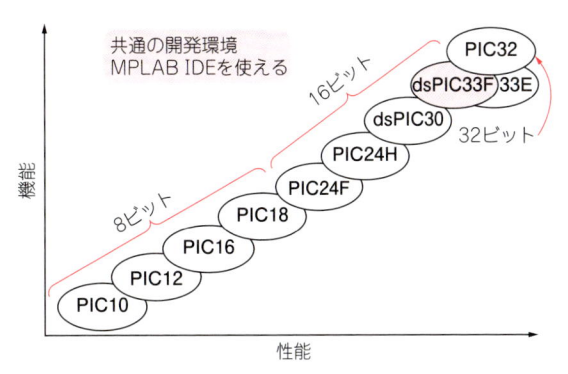

図6 マイクロチップテクノロジーのマイコン・ファミリ
今回の実験ボードには，処理速度40 MIPSのdsPIC33FJ16GS502を選択．

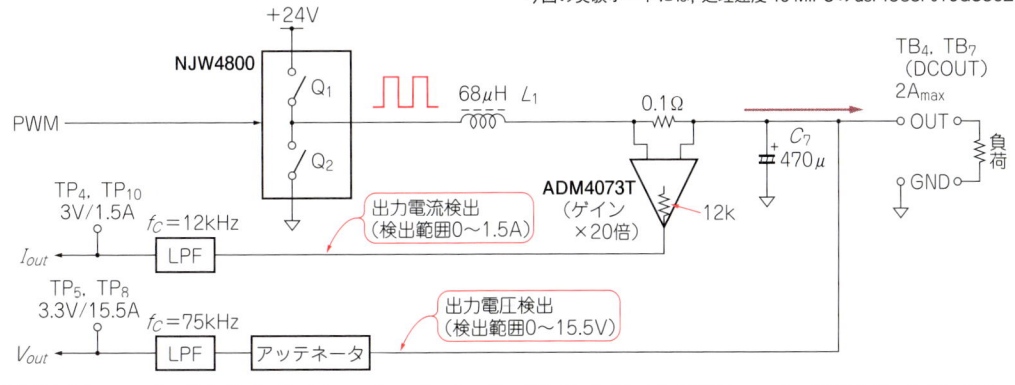

(a) DC出力(パワー・ボードのJP_1とJP_2をショート，ベース・ボードのJP_8とJP_9の1-2間をショート，同じくJP_{10}とJP_{11}をショート)

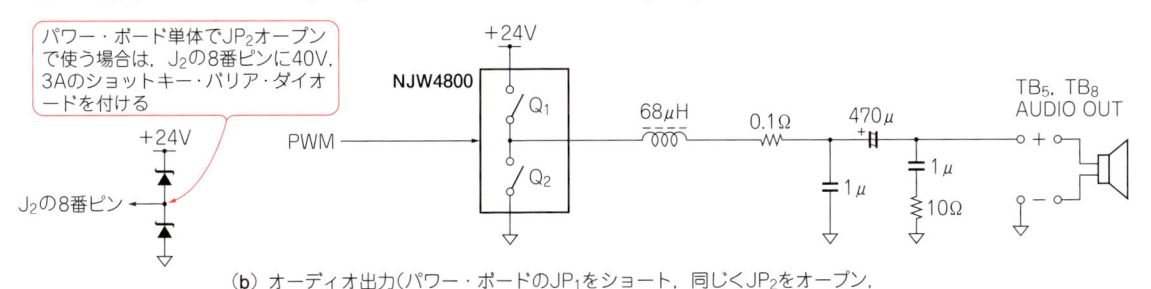

(b) オーディオ出力(パワー・ボードのJP_1をショート，同じくJP_2をオープン，ベース・ボードのJP_8，JP_9の1-2間をショート，同じくJP_{10}，JP_{11}をショート)

図5 試作した実験ボードの出力部の構成
ジャンパ接続を切り換えることで直流電圧を出力したり(第7章や第8章の実験)，交流電圧を出力したりできる(第5章や第6章)．

▶交流電圧を出力するときの接続

図5(b)のように設定すると，オーディオ信号を出力するときの接続になります．

L_1とC_6が構成するのは，カットオフ周波数が22 kHzのロー・パス・フィルタです．第6章のD級アンプの実験でスピーカに直流が加わらないように，C_7で直流分をカットします．

キーパーツその1…ワンチップ・マイコン dsPIC33FJ16GS502

● 信号処理が可能な高性能なワンチップ・マイコン

図6に示すのは，マイクロチップ テクノロジーのマイコンのシリーズ・ラインアップです．信号処理も可能なdsPIC33Fシリーズの中から，最高処理速度40MIPSのdsPIC33F16GS502を選びました．表1に主な仕様を，図7にピン配置を示します．

このマイコンは，A-Dコンバータ入力が8本もあります．A-Dコンバータには，制御指令用のアナログ信号を入力したり，出力からのフィードバック信号を入力したりします．またPWM出力をもっていて，ソフトウェアで指定したスイッチング周波数やデューティ比のPWM波形を出力できます．

dsPICシリーズは，A-DコンバータやPWM，積和演算器などを搭載し，モータ制御やスイッチング電源などの中規模信号処理に最適です．

● ソフトウェア開発に必要なもの

マイクロチップ テクノロジーのウェブ・サイト（http://www.microchip.com）は，英語のページですが，右上のJapaneseを選択すると日本語表示になります．

右上の検索欄"Search Microchip"で「dsPIC33FJ16

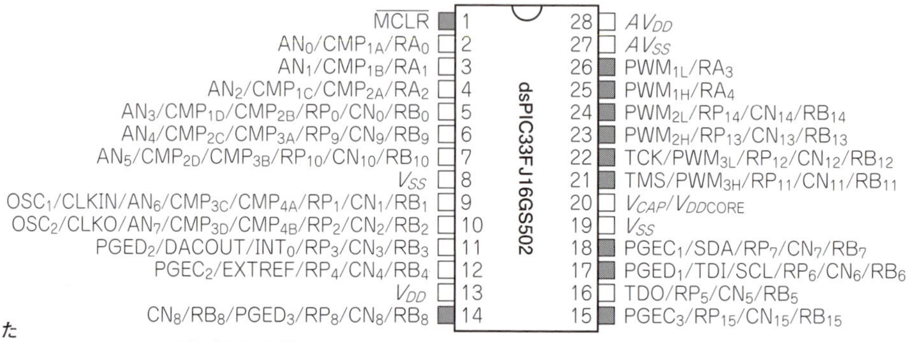

図7 実験に使用したdsPICマイコン（dsPIC33FJ16GS502）のピン配置

複数の機能が割り振られているピンは，ソフトウェアで選択設定する．RP_nピンは再マッピング可能な周辺モジュールから利用できる

表1 実験に使用したdsPICマイコン（dsPIC33FJ16GS502-SP）の主な仕様
10ビット，4 MSPSの高速A-Dコンバータと，1.04 ns分解能のPWM回路を搭載している．

項 目	仕 様
最高動作速度（通常の命令は1ワード/1サイクル）	40 MIPS
動作電圧範囲	3.0 ～ 3.6 V
データ・バスのビット幅	16ビット
アキュムレータのビット幅	40ビット
固定小数，整数乗算	16 × 16 ビット
除算	32/16 および 16/16
積和演算	1サイクル
スタック	ソフトウェア

(a) CPU部

項 目	仕 様
再マッピング可能ピン数	16
16ビット・タイマ	3
入力キャプチャ	2
出力コンペア	2
UART	1
SPI	1
I²C	2
PWM	4 × 2
アナログ・コンパレータ	4
外部割り込み	3

(b) 周辺モジュール

項 目	仕 様
D-Aコンバータ出力のチャネル数	1
A-D変換器（SAR）	2
サンプル&ホールド回路	6
A-D変換の割り込み	8

(c) A-DコンバータとD-Aコンバータ

項 目	仕 様
内蔵RC発振器	7.37 MHz, 32 kHz
システム管理	PLL，リセット
プログラム用フラッシュ・メモリ	16 K バイト
RAM	2 K バイト
パッケージのピン数	28
I/Oピン数	21

(d) その他

GS502」と入力して検索したのち，いちばん上に灰色表示されている dsPIC33FJ16GS502 をクリックすると，データシートやリファレンス・マニュアルなどのドキュメントをダウンロードできます（Column B参照，p.35）．

多くのドキュメントは日本語版がありますが，日本語ドキュメントは英語ドキュメントの翻訳で，記載項目が異なったり，アップデートされていなかったりする場合があるので，英語ドキュメントも必ず確認します．English タブをクリックすると，英語ドキュメントをダウンロードできます．日本語ドキュメントは，マイクロチップ テクノロジー ジャパンのウェブ・サイト（http://www.microchip.co.jp）に見つかることがあります．

表2にソフトウェア開発をするときに必要になる物をまとめました．実験前に開発ツール類を Windows パソコンにインストールしてください．

● デバッガとプログラマ（ソフトウェアの書き込み）

図8に示すのは，試作した実験ボードをデバッグするときの接続です．

ベース・ボード上の SW_4 を PICkit 側に切り替えて，PICkit2（または PICkit3）を挿すと，ICSP（インサーキット・シリアル・プログラミング）機能によって，dsPIC と MPLAB のデバッガ（またはプログラマ）がつながります．

デバッガを使うと，dsPIC 上でソフトウェアを走らせたり，途中で処理を止めて，変数やレジスタをパソコンで確認したり，修正して再度走らせることができます．なお，RS-232-C を使う場合はデバッガは使えません．

デバッグが終わったら，プログラマで dsPIC のプロ

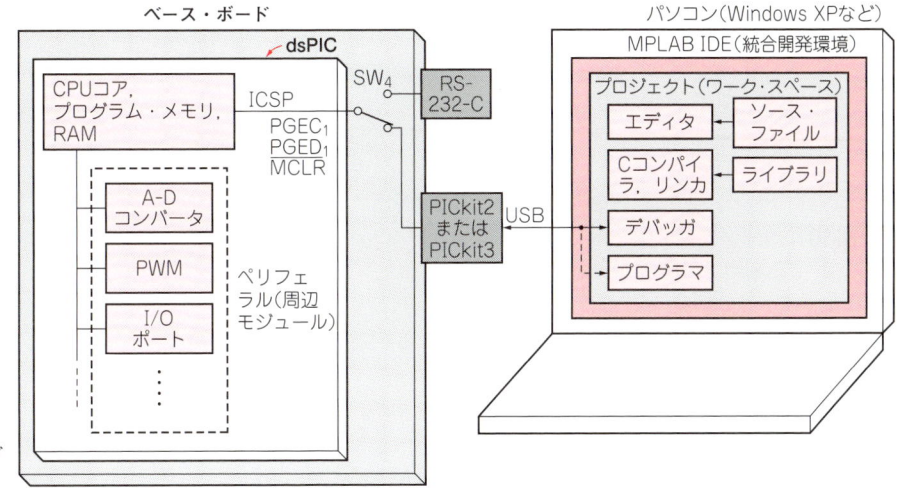

図8 試作した実験ボードとデバッガとの接続

表2 実験に使用した dsPIC マイコン（dsPIC33FJ16GS502-SP）のソフトウェア開発に必要なもの
PICkit 以外は，マイクロチップ テクノロジーのウェブ・サイトから無償で供給されている．

項 目		内 容
技術資料		多くのドキュメントは日本語版がある．周辺モジュールの詳細はリファレンス・マニュアルに記載されている．データシート，リファレンス・マニュアル（Oscillator, PWM, ADC）を参照のこと（Column B参照, p35）
開発ツール	エミュレータ，デバッガ	dsPIC マイコンとパソコンを接続するためのデバッグ用ハードウェア．今回はマイクロチップ テクノロジー社の PICkit2 または PICkit3 を使う．PICkit3 のほうが高機能でお勧めである．
	MPLAB IDE	マイクロチップ テクノロジー社マイコン用の統合開発環境（IDE）．ソース・ファイルの編集，シミュレーション，書き込みなど一連の開発作業を行える
	C コンパイラ	各社から供給されている．特集では，マイクロチップ テクノロジー社製の無償 C コンパイラ「MPLAB C コンパイラ MPLAB C Compiler for PIC24 and dsPIC（C30）in LITE mode」を使う（Column A参照, p34）
	ライブラリ	上記 C30 には，DSP 関数，ペリフェラル関数，ANSI-89 関数，算術関数のライブラリが付属している
技術サポート	フォーラム	ドキュメントを見て不明点があったときに情報を交換できるウェブ掲示板．マイクロチップ テクノロジー ジャパンのウェブ・ページに詳しく書いてある．日本語フォーラムと英語フォーラムがあり，英語フォーラムのほうが参加者が多いので回答を得やすい
	KnowledgeBase	キーワードを入力すると解決方法が見つかることがある
	ウェブ・チケット	マイクロチップ テクノロジー社への問い合わせ窓口．英語ウェブ・チケットのほうが早く回答が得られる

グラム・メモリに書き込みます．そのあとはPICkitを外して，実験ボード単体で電源を投入すると，書き込んだソフトウェアが走り出します．

キーパーツその2…ワンチップ・パワー・アンプIC NJW4800

● マイコンで直接負荷を駆動することはできない

dsPICが出力するPWM(Pulse Width Modulation)信号の電圧振幅は0～3.3Vと小さく，出力できる電流は最大でもたったの16mAです．これでは，モータやスピーカ，照明用LEDなどの負荷を直接駆動することはできません．PWM信号をパワー・アンプに入力してやると，パワー・アンプは電源からエネルギーを受け取って，負荷を駆動できる力強いPWM信号に変換します(図9)．

パワー・ボードには，ワンチップのパワー・アンプIC(NJW4800)，コイル，コンデンサを組み合わせたLCロー・パス・フィルタ，そして電流検出ICを搭載しています．

● パワー・アンプIC NJW4800の仕様

選んだパワー・アンプICは，2個のパワーMOSFETと周辺回路をワンチップにしたハーフ・ブリッジ・ドライバNJW4800(新日本無線，写真2)です．図10に内部ブロック図を示します．

$24V_{DC}$で駆動でき，マイコンが出力する振幅3.3VのPWM信号を入力すると，振幅24VのPWM信号に増幅して出力します．推奨電源電圧範囲は7.5～30V

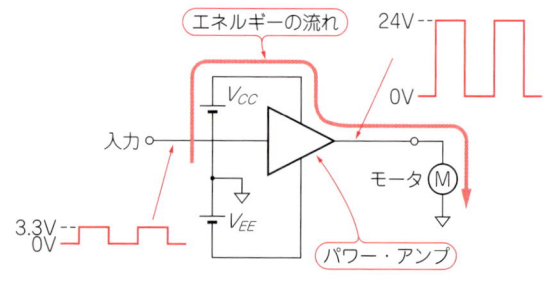

図9　パワー・アンプの働き
PWM信号をパワー・アンプに入力すると，パワー・アンプは電源からエネルギを受け取って，PWM信号を，負荷を駆動できる力強い信号に変えてくれる．

で，装置内のモータや照明用LEDといったパワー負荷をドライブするのに最適です．

図11に示すように，NJW4800のパッケージはSO-8で，最大$4A_{peak}$を出力できます．放熱やほかの部品の定格の制約から，試作基板(パワー・ボード)では，最大2Aに制限しました．また，パッケージの裏面にある放熱用パッド(エクスポーズド・パッド)とベタのプリント・パターンをはんだ付けして，チップ内部で発生する熱を基板に逃がします．

■ パワー・アンプIC NJW4800がとる状態

表3(b)にNJW4800の動作を整理しました．
▶状態1…通常動作
電源電圧(V_{DD})が，低電圧誤動作防止回路の解除電圧V_{RUVLO}(6.6V_{typ})以上に立ち上がっており，かつ

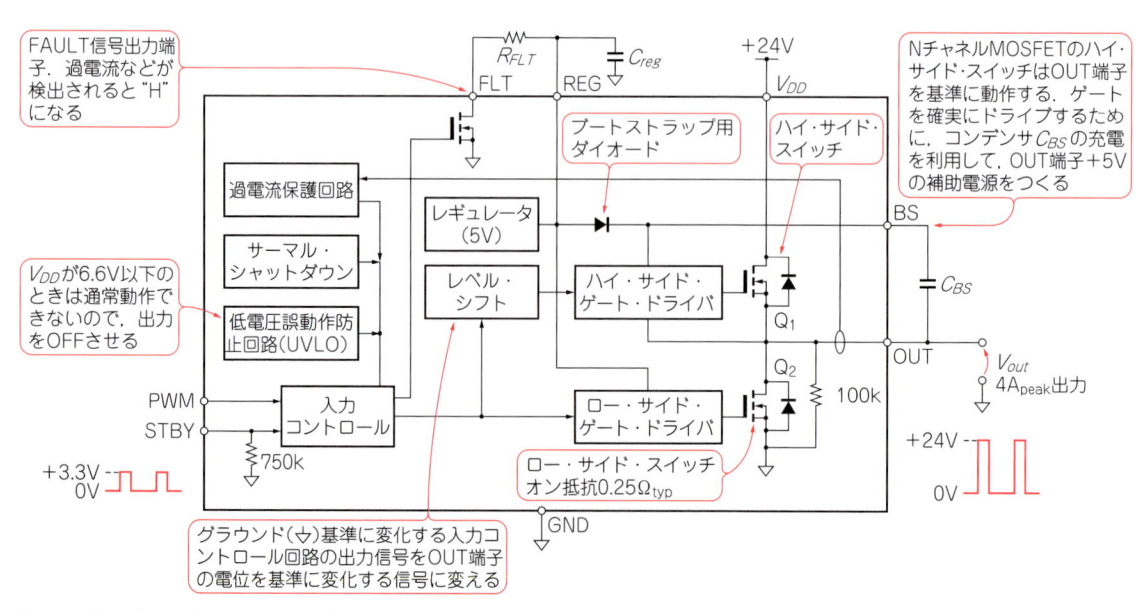

図10　実験に使用したパワー・アンプIC NJW4800の内部ブロック図
MOSFETを2個内蔵しており，ハーフ・ブリッジ回路を構成している．$24V_{DC}$で駆動でき，マイコンが出力する3.3VのPWM信号を入力すると，24VのPWM信号となって出力される．

表3 実験に使用したハーフ・ブリッジ・ドライバIC NJW4800の仕様と動作状態 ($T_A = 25℃$)

(a) 仕様

項　目	記　号	条　件	最小	標準	最大	単位
推奨動作電源電圧範囲	V_{opr}	—	7.5	–	30	V
推奨入力電圧	V_{STBY}, V_{PWM}	—	–	–	5.5	V
消費電力(絶対最大定格)[1]	P_D	—	–	–	900	mW
ハイ・サイド・スイッチ・オン抵抗[2]	R_{DSH}	$I_{O(source)} = 1$ A, $V_{BS-OUT} = 5$ V	–	0.25	0.45	Ω
ロー・サイド・スイッチ・オン抵抗[2]	R_{DSL}	$I_{O(sink)} = 1$ A	–	0.25	0.45	Ω
過電流リミット[2]	I_{limit}	ハイ・サイドとロー・サイド	4	5.5	7	A
デッド・タイム[2]	t_D	$V_{PWM} = 0$ V ～ 3 V	–	20	–	ns
OUT端子-V_{DD}端子間電位差[2]	V_{PDOV}	$V_{DD} = 5.7$ V, $I_{ORH} = 1$ A	–	0.85	1.1	V
GND端子-OUT端子間電位差[2]	V_{PDGO}	$V_{DD} = 5.7$ V, $I_{ORL} = 1$ A	–	0.85	1.1	V

注(1)▶2層, FR-4, 114.3 mm×76.2 mm×1.6 mm の基板実装時. EIA/JEDEC準拠
注(2)▶$V_{DD} = 12$ V, $V_{STBY} = 0$ V, $C_{BS} = 0.1$ μF, $C_{REG} = 1$ μF

(b) 動作状態

動作モード	入力部			出力部		
	PWM端子	STBY端子	V_{DD}端子	FLT	ハイ・サイド・スイッチ	ロー・サイド・スイッチ
通常動作	L	L	V_{RUVLO}[2]以上	ON	OFF	ON
	H	L	V_{RUVLO}[2]以上	ON	ON[1]	OFF
出力OFF (ハイ・インピーダンス)	L	H	—	OFF	OFF	OFF
	H	H	—	OFF	OFF	OFF
低電圧誤動作 防止回路が動作	L	L	V_{DUVLO}[3]未満	OFF	OFF	OFF
	H	L	V_{DUVLO}[3]未満	OFF	OFF	OFF

注(1)▶PWM = "H"が t_{HPWM}(300 μs$_{typ}$)以上連続して入力されると $t_{HPWM}/128$ の間, ロー・サイド・スイッチがONとなる
注(2)▶低電圧時の誤動作を防ぐ回路の解除電圧(6.6 V$_{typ}$)
注(3)▶低電圧時の誤動作を防ぐ回路の動作電圧(6.35 V$_{typ}$)

写真2 ハーフ・ブリッジ・ドライバIC NJW4800の外観 (新日本無線)

図11 実験に使用したハーフ・ブリッジ・ドライバIC NJW4800のパッケージとピン配置

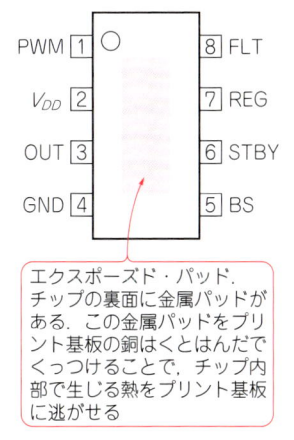

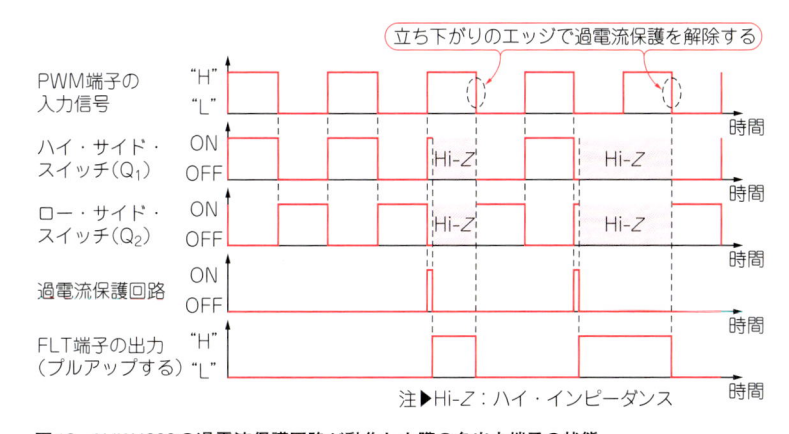

エクスポーズド・パッド. チップの裏面に金属パッドがある. この金属パッドをプリント基板の銅はくとはんだでくっつけることで, チップ内部で生じる熱をプリント基板に逃がせる

図12 NJW4800の過電流保護回路が動作した際の各出力端子の状態
NJW4800は5.5 A以上の電流が出力されると, 内部の過電流保護回路が動作する.
注▶Hi-Z：ハイ・インピーダンス

STBY端子が"L"のとき, 通常の動作状態になります. 通常動作モードのときは, PWM入力にしたがってハイ・サイド・スイッチとロー・サイド・スイッチが動作して出力されます.

▶状態2…出力OFF(ハイ・インピーダンス)
　STBY端子が"H"のとき, 出力がハイ・インピーダンスになります. つまり出力電流が流れなくなります.
　NJW4800は, 約5.5 A以上の電流が出力される場合も, 過電流と判定して, 図12に示すように一時的にハイ・インピーダンスになります. そして次のPWM入力の立ち下がりエッジで通常動作に復帰します.

▶状態3…低電圧誤動作防止回路が動作
　電源電圧(V_{DD})が, 低電圧誤動作防止回路の動作電圧 V_{DUVLO}(6.35 V$_{typ}$)以下に低下すると電源OFFと認

表4 実験ボードに使用した3種類のリニア・レギュレータ

配線番号	U₄	U₅	U₇
型名	NJM7812DL1A	NJM317DL1	NJM79L05UA
出力	12 V, 1 A	出力電圧可変, 1.5 A	－5 V, 0.1 A
メーカ名	新日本無線	新日本無線	新日本無線
パッケージと端子名	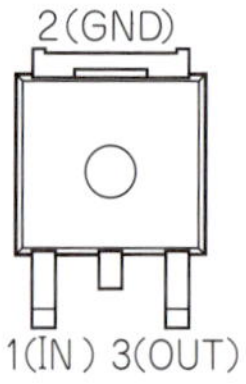 2(GND)　1(IN) 3(OUT)	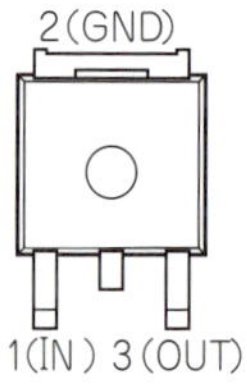 2(GND)　1(IN) 3(OUT)	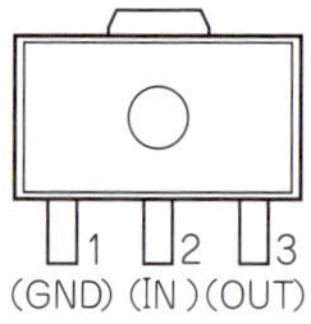 1 2 3 (GND)(IN)(OUT)
外観	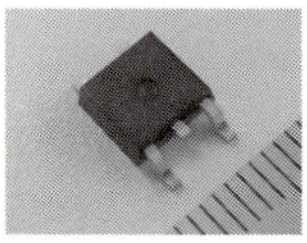		

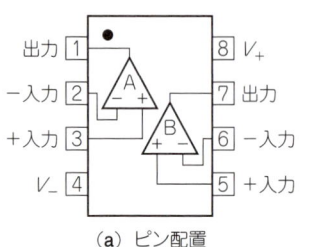

図13 2回路入りOPアンプNJM082Mのピン配置図と外観(新日本無線)
(a) ピン配置　(b) 外観

その他のキー・パーツ

● リニア・レギュレータ NJM7812DL1A, NJM79L05UA

ベース・ボードには, **表4**に示す3種類の3端子レギュレータを搭載しました.

24 V入力から, 3端子レギュレータなどによりOPアンプ用の＋12 V／－5 V電源と, dsPICや液晶ディスプレイそのほかのIC用の＋3.3 V電源を作っています.

NJM7812DL1Aは12 V出力, NJM79L05UAは－5 V出力の3端子レギュレータです. 入出力にバイパス・コンデンサを付けるだけで安定した電源を作れます.

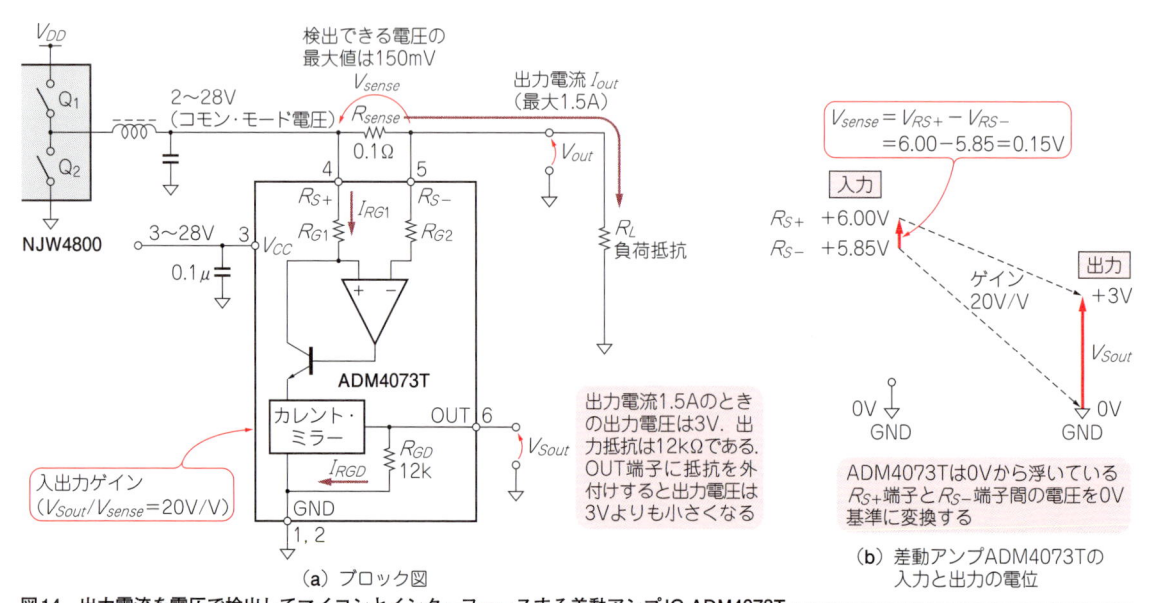

$V_{sense} = V_{RS+} - V_{RS-}$
$= 6.00 - 5.85 = 0.15V$

図14 出力電流を電圧で検出してマイコンとインターフェースする差動アンプIC ADM4073T
この回路で, 5.85～6.00 Vで変化する R_{sense} 両端の電圧をマイコンが読み取れる, グラウンド(0 V)基準の0～＋3.3 Vに変換する

(a) ブロック図
(b) 差動アンプADM4073Tの入力と出力の電位

● 出力可変のリニア・レギュレータ NJM317DL1

　NJM317DL1は，抵抗2本で出力電圧を設定できる正出力3端子レギュレータです．過電流保護回路やサーマル・シャットダウン機能が付いているので，壊れにくくなっています．表面実装タイプで，発生する熱を基板パターンに逃がします．

● 2回路入りOPアンプNJM082M

　電源電圧最大±18VのOPアンプです．図13にピン配置図を示します．
　JFET入力なので入力バイアス電流が30 pA_{typ} と小さく，バイポーラ・タイプのように帰還抵抗を小さくする必要がありません．オフセット電圧は3 mV_{typ} と汎用タイプの中では高精度です．ユニティ・ゲイン周波数は5 MHz_{typ} と広帯域なので，10倍の増幅回路を作っても500kHz程度の帯域幅が得られます．D級アンプを作る場合でも十分な性能が得られます．

● 出力電流を検出して増幅するアンプIC ADM4073T

　NJW4800から出力されるPWM信号は，LC ロー・パス・フィルタを通って，直流に変わり，基板から出力されます．
　マイコンで出力電流の大きさをコントロールするには，出力電流を計測して，マイコンのA-Dコンバータに入力する必要があります．
　図14(a)に示すように，出力端子とLC フィルタの間に抵抗値の小さいシャント抵抗(R_{sense})を直列に入れて，その両端の電圧を差動アンプIC(ADM4073T)で増幅します．R_{sense} は0.1Ωとしました．
　図14(b)に示すように，AD4073TのR_S+端子の電圧に+6Vが加わっている状態で，R_{sense} に1.5Aが流れるとR_{sense} 両端に0.15Vが発生します．グラウンドを基準とすると，R_{sense} の両端の電圧は5.85Vから6.00Vまで変化します．一方マイコンのA-Dコンバータで読み取れるのは，グラウンド(0V)を基準にした0～+3.3Vの電圧です．差動アンプ(ADM4073T)を使えば，5.85～6.00Vの変化を0～3Vの変化に変換することができます．
　AD4073TのR_S+端子とR_S-端子に加えられる同相電圧の範囲(保証値)は2～28Vです．

● 正電源から負電源を生成するDC-DCコンバータ TL7660

　実験ボードには，正電源から負電源を作るチャージ・ポンプ型DC-DCコンバータを搭載しました．図15に内部回路を示します．
　昇降圧コンバータ(反転チョッパ)で負電源を作る方法は，回路が大げさになりコストもかさみます．今回のように必要な電流が小さい場合は，回路が簡単なチ

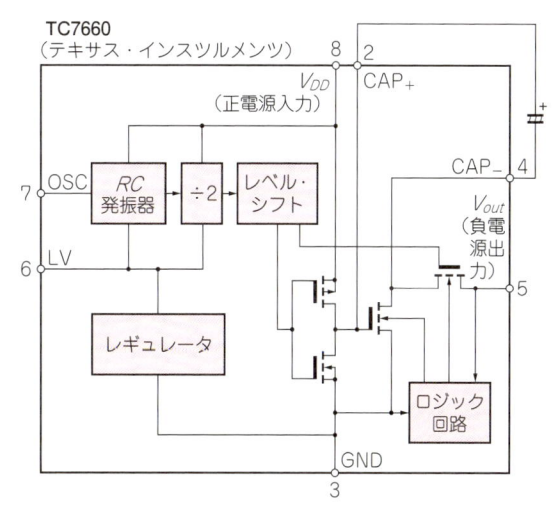

図15　チャージ・ポンプ型DC-DCコンバータ TL7660を使って正電源から負電源を生成

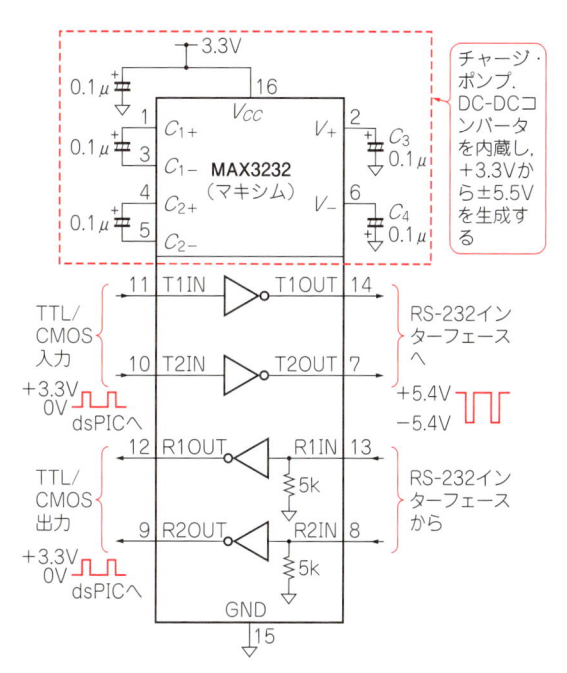

図16　RS-232-CトランシーバMAX3232でパソコンと実験ボードをインターフェース

ャージ・ポンプ型(コンデンサ方式)の電源ICが適しており，実装面積が小さくすみます．

● RS-232-CトランシーバMAX3232

　実験ボードには，3.3Vロジックの電圧レベルからRS-232-Cの電圧レベルに変換する，RS-232-Cトランシーバが搭載されています．図16に内部ブロック図を示します．

(初出：「トランジスタ技術」2010年10月号　特集第2章)

その他のキー・パーツ　31

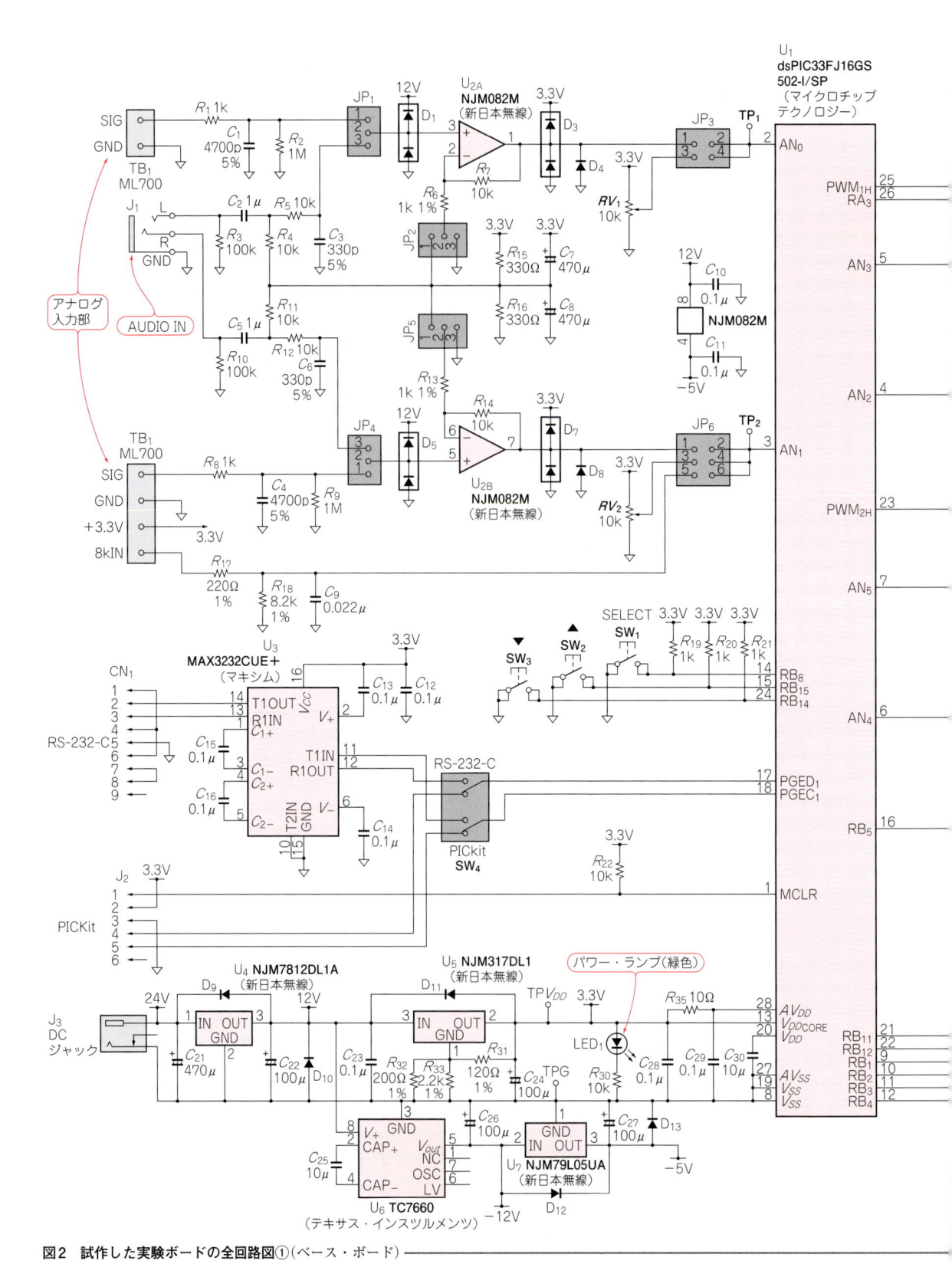

図2　試作した実験ボードの全回路図①（ベース・ボード）

32　第2章　今どきのパワー制御を体験できる実験ボードを作る

その他のキー・パーツ　33

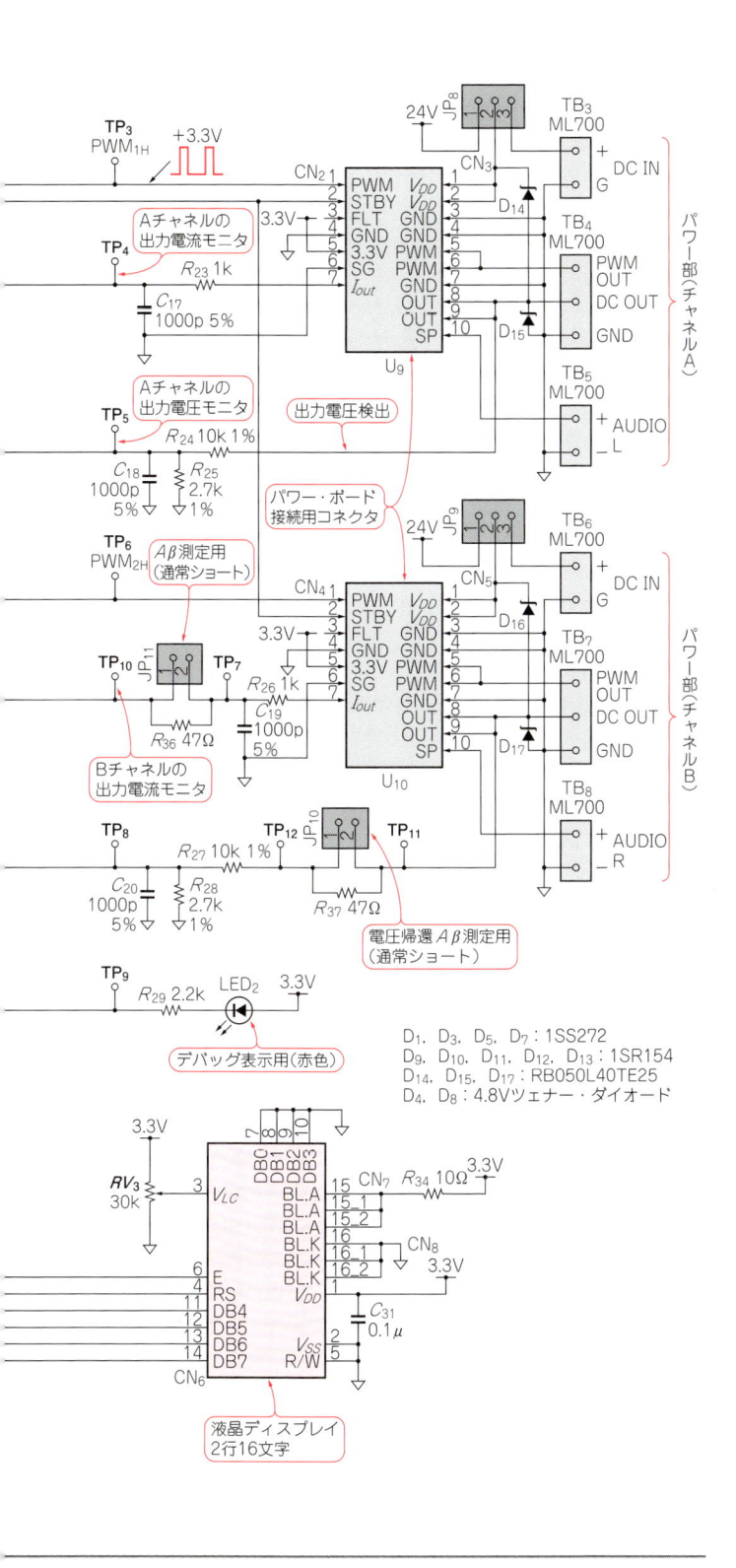

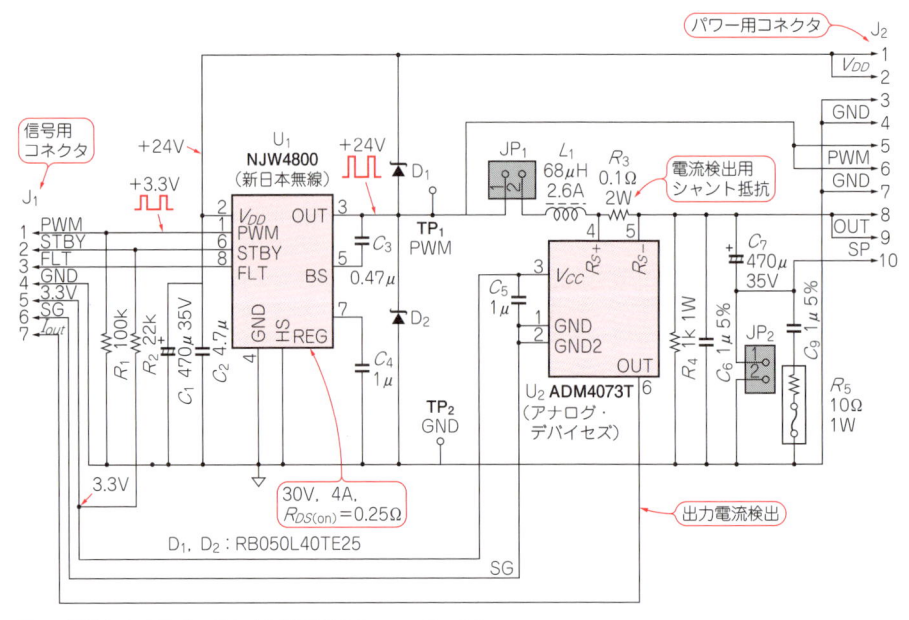

図3 試作した実験ボードの全回路図②（パワー・ボード）

Cコンパイラとドキュメントのダウンロード　　　　　　　　　　　　Column A

　本文の表2に示したように，実験にはC30コンパイラのLITEモードを使用します．C30コンパイラのLITEモードはフリーウェア・コンパイラで，時間制限やメモリ制限はありませんが，コード最適化が制限されています．コンパイラはマイクロチップのホームページからダウンロードできます．

　コンパイラについては，設計サポート→開発ツール→コンパイラをクリックし，Cコンパイラのページを開きます．

　dsPIC DSCsのLiteの項をクリックし，「MPLAB C Compiler」をダウンロード・インストールします．またコンパイラとライブラリの説明書もダウンロードしておきます．

▶ http://www.microchip.com/stellent/idcplg?IdcService=SS_GET_PAGE&nodeId=1406&dDocName=en534868&redirects=compilers

図A　Cコンパイラのダウンロード画面

▶ http://www.microchip.com/stellent/idcplg?IdcService=SS_GET_PAGE&nodeId=1406&dDocName=en010065

図B　Cコンパイラとライブラリの説明書もダウンロードする

dsPICの主な技術資料   Column B

プログラムを作成する際に読むべきドキュメントを赤く塗りました．ディジタル・スイッチングのプログラムを作成する際は，本書の第9～10章を読んだ後に，少なくとも「必読」と書いたドキュメントを読む必要があります．

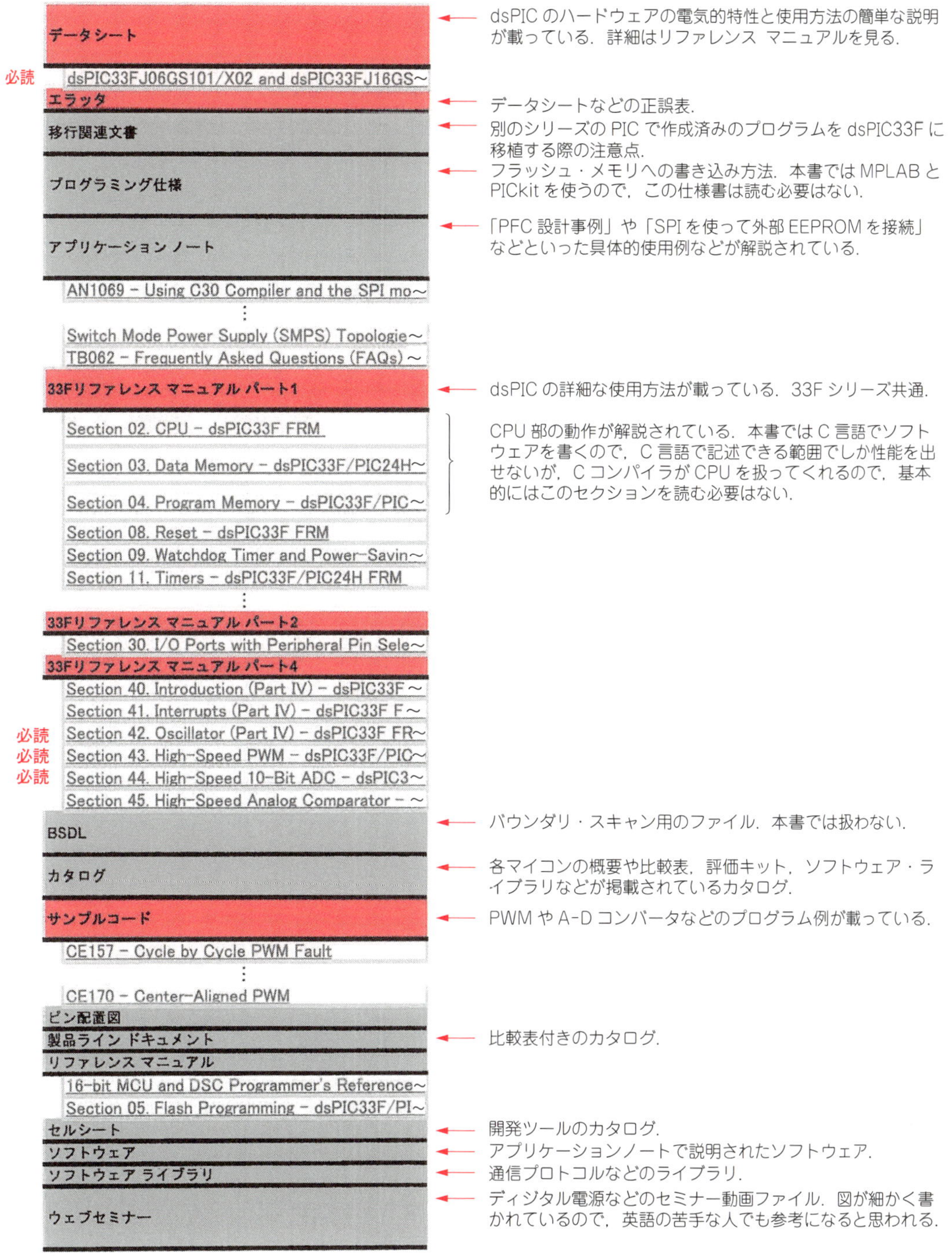

データシート	← dsPICのハードウェアの電気的特性と使用方法の簡単な説明が載っている．詳細はリファレンスマニュアルを見る．
必読　dsPIC33FJ06GS101/X02 and dsPIC33FJ16GS～	
エラッタ	← データシートなどの正誤表．
移行関連文書	← 別のシリーズのPICで作成済みのプログラムをdsPIC33Fに移植する際の注意点．
プログラミング仕様	← フラッシュ・メモリへの書き込み方法．本書ではMPLABとPICkitを使うので，この仕様書は読む必要はない．
アプリケーションノート	← 「PFC設計事例」や「SPIを使って外部EEPROMを接続」などといった具体的使用例などが解説されている．
AN1069 – Using C30 Compiler and the SPI mo～	
Switch Mode Power Supply (SMPS) Topologie～	
TB062 – Frequently Asked Questions (FAQs)～	
33Fリファレンス マニュアル パート1	← dsPICの詳細な使用方法が載っている．33Fシリーズ共通．
Section 02. CPU – dsPIC33F FRM	CPU部の動作が解説されている．本書ではC言語でソフトウェアを書くので，C言語で記述できる範囲でしか性能を出せないが，CコンパイラがCPUを扱ってくれるので，基本的にはこのセクションを読む必要はない．
Section 03. Data Memory – dsPIC33F/PIC24H～	
Section 04. Program Memory – dsPIC33F/PIC～	
Section 08. Reset – dsPIC33F FRM	
Section 09. Watchdog Timer and Power-Savin～	
Section 11. Timers – dsPIC33F/PIC24H FRM	
33Fリファレンス マニュアル パート2	
Section 30. I/O Ports with Peripheral Pin Sele～	
33Fリファレンス マニュアル パート4	
Section 40. Introduction (Part IV) – dsPIC33F～	
Section 41. Interrupts (Part IV) – dsPIC33F F～	
必読　Section 42. Oscillator (Part IV) – dsPIC33F FR～	
必読　Section 43. High-Speed PWM – dsPIC33F/PIC～	
必読　Section 44. High-Speed 10-Bit ADC – dsPIC3～	
Section 45. High-Speed Analog Comparator –～	
BSDL	← バウンダリ・スキャン用のファイル．本書では扱わない．
カタログ	← 各マイコンの概要や比較表，評価キット，ソフトウェア・ライブラリなどが掲載されているカタログ．
サンプルコード	← PWMやA-Dコンバータなどのプログラム例が載っている．
CE157 – Cycle by Cycle PWM Fault	
CE170 – Center-Aligned PWM	
ピン配置図	
製品ラインドキュメント	← 比較表付きのカタログ．
リファレンスマニュアル	
16-bit MCU and DSC Programmer's Reference～	
Section 05. Flash Programming – dsPIC33F/PI～	
セルシート	← 開発ツールのカタログ．
ソフトウェア	← アプリケーションノートで説明されたソフトウェア．
ソフトウェア ライブラリ	← 通信プロトコルなどのライブラリ．
ウェブセミナー	← ディジタル電源などのセミナー動画ファイル．図が細かく書かれているので，英語の苦手な人でも参考になると思われる．

図C　dsPICの主な技術資料

第3章 希望の温度に素早く収束させる制御を体験する

ヒータと温度センサで水温を上げ下げする実験

笠原 政史

第2章で試作したパワー制御の実験基板を使って，コップに入れた水の温度を一定に保つ実験をします．マイコンで温度をモニタしながら，ヒータをON/OFFするシンプルな操作で，ON/OFF制御とPI制御を比べてみます． 〈編集部〉

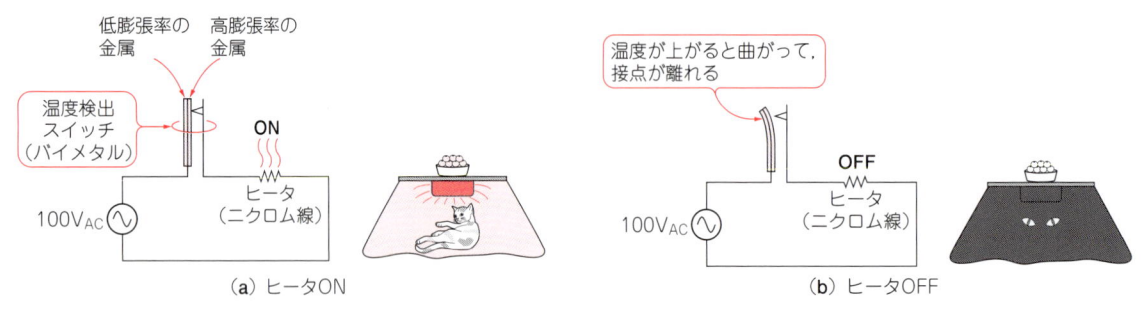

図1 寒い冬に欠かせないフィードバック・システム「こたつ」の温度制御のしくみ

こたつの中の温度が一定になるしくみ

● 温度を検出してヒータをON/OFFする

こたつの中の温度を設定した温度に保つためには，図1と図2に示すように設定値を上回ったらヒータをOFFし，下回ったらヒータをONします．このような制御は，電子回路が登場する前から使われています．

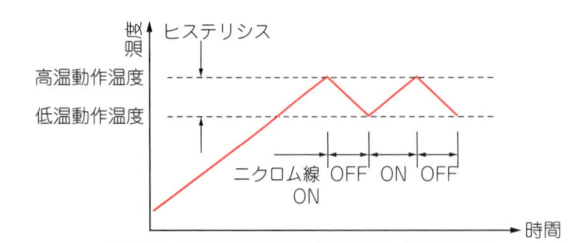

図2 こたつの温度制御のようす

▶図3 こたつの温度制御ブロック図
制御装置は出力が目標値より低かったら出力を上げ，高かったら下げる．その結果出力は目標値に近づく．

こたつには温度センサとして，バイメタルという部品が使われています．バイメタルがなければ，100W固定のヒータだった場合，こたつの温度が室温によって変わってしまいます．これでは，秋は熱く，冬は冷たいこたつになって使い物になりません．

図3に示すのは，こたつというフィードバック制御装置のブロック図です．冬でも十分暖まるよう，ヒータの出力は400W程度にします．こたつの中の温度をセンサで測って，目標値と比較します．目標値に到達させるには，ヒータをONするべきかOFFするべきかを制御装置で決定します．こたつの場合はバイメタルが，

目標値設定，温度検出，比較，制御装置

の役割を一手に引き受けています．

この例のように多くは出力を入力側に戻し（フィードバック，または帰還と言う）て，制御装置が制御対象をうまく操作するしくみになっています．このような制御をフィードバック制御といいます．

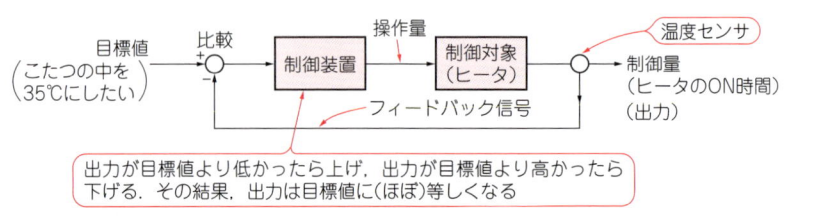

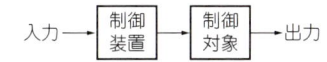

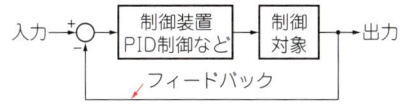

(a) 古典制御…設計が簡単で最も使われている

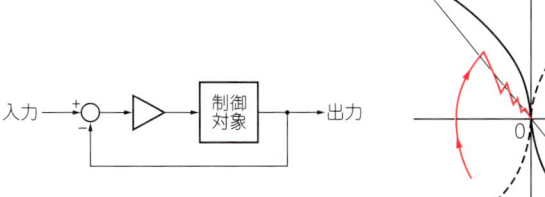

(b) 現代制御…状態変数がたくさんある多入力多出力・高次系を最適なバランスで設計できる

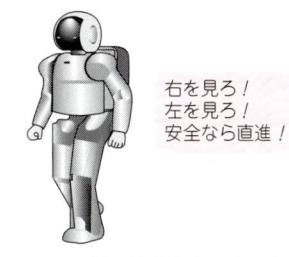

(c) ON/OFF制御

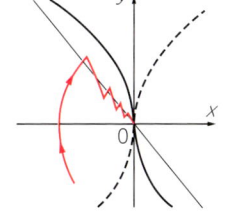

(d) 非線形制御

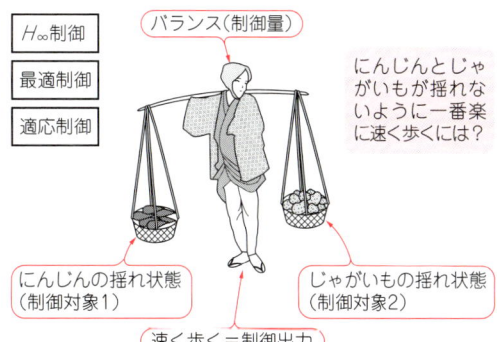

(e) シーケンス制御（作業順序をプログラミング）とファジィ制御（人間のカンと経験を機械で再現）

図4　制御のいろいろ

● 制御のいろいろ

　こたつはONとOFFを繰り返すので，中の温度は設定温度付近で大きく変動しています．このような制御をON/OFF制御と呼びます．ヒータがフルパワーで加熱している間は熱いと感じ，OFFしている間は冷たいと感じることがあるでしょう．そのような場合は，後述のPIDと呼ばれる制御を組み合わせると変動を小さくすることができます．

　PID制御は，制御対象をブラックボックスとして扱う古典制御という理論で扱います．PID制御の詳細は後述します．1960年以降登場した現代制御は，対象をブラックボックス化せず，より複雑な動きをする対象もスムーズに制御できます．

　これらの制御理論は主に線形システムを対象としていますが，逆に非線形を積極的に利用して最大限の速さで制御する，非線形制御もあります．

　他にも，産業ロボットに代表されるシーケンス制御や，人間が手動操作して集めたノウハウを制御器に反映させやすいファジィ制御なども使われています．

水温制御の実験の準備

■ 実験システムのあらまし

　第2章で試作した実験基板を使って，水温を上げた

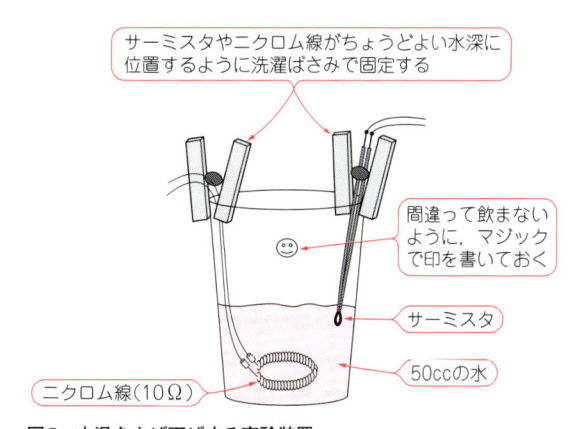

図5　水温を上げ下げする実験装置

り下げたりしてみます．図5に実験のようすを，図6に実験システムのブロック図を示します．

● 水温の測定値をマイコンに取り込む

　図7に示すのは，温度センサ「サーミスタ103JT（写真1）」の温度特性です．

　図7(a)に示すように，サーミスタは自体の温度によって抵抗値が変わります．(b)の分圧回路で，抵抗値の変化を電圧値の変化に変換して，A-Dコンバータで数値化します．dsPICでサーミスタの特性を逆算

水温制御の実験の準備　37

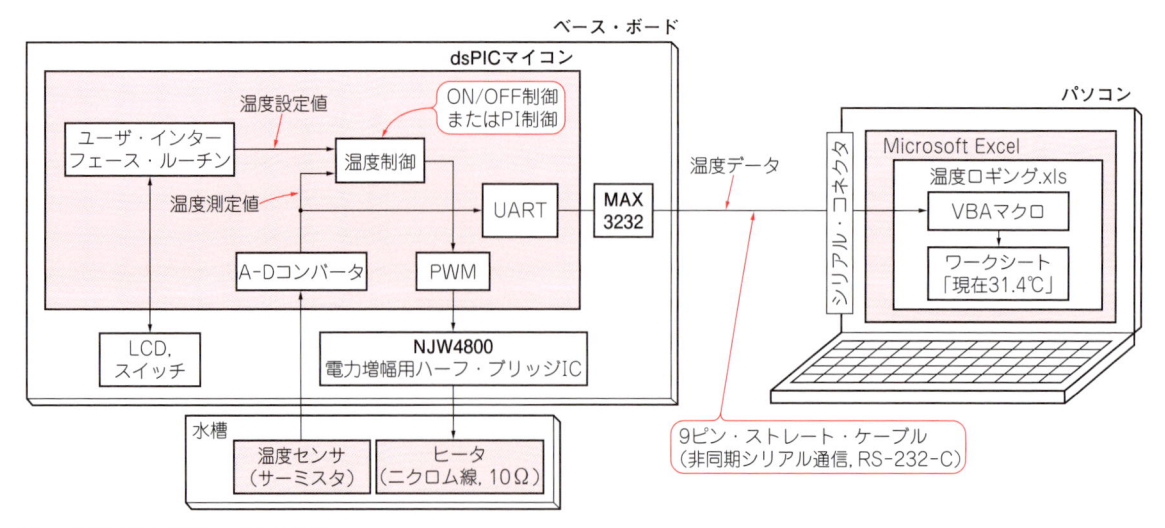

図6 水温制御の実験システムの接続
第2章で製作した試作基板と温度センサ,ヒータを使って水温を制御する実験をする.

して,温度測定値を得ます.

● **マイコンとパワー・アンプICでヒータの温め具合いを調整する**

実験ボードからニクロム線(**写真2**)に電流を流し込んで水を温めます.

ニクロム線に流す電流量,つまり水の温め具合いは,マイコンで生成するPWM信号で調整します.dsPICから出力できるのは,振幅が0～3.3V,電流が数mAのPWM信号ですが,こんなに微小な信号ではニクロム線は温まらないので,パワー・アンプIC NJW4800で0-24V,最大2Aに増幅してから加えます.

マイコンから出力するPWM信号のデューティ比は,温度測定値と設定値を比較し,その差分から割り出します.

● **温度測定値をパソコンに取り込んで経過を観察**

ベース・ボードの液晶ディスプレイでは,温度がどのように変化しているのか,その経過がわからないので,シリアル・インターフェース(RS-232-C)でパソコンと実験ボードを接続し,Microsoft Excelに温度データを取り込めるようにしました.

写真1 実験に使った温度センサ
(サーミスタ103JT,石塚電子)
マルツパーツ館で入手可能(PK101001).

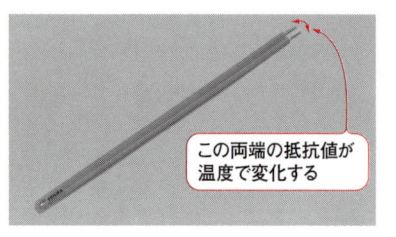

写真2 実験に使ったヒータ(ニクロム線)
マルツパーツ館で入手可能(PK101001).

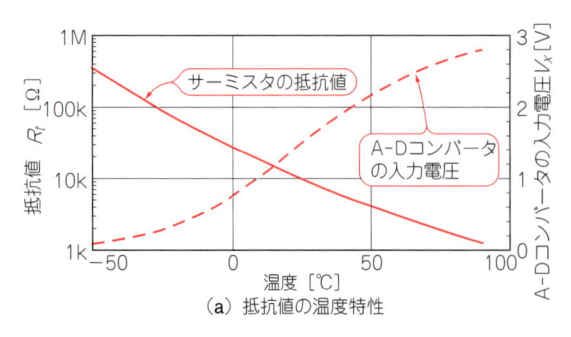

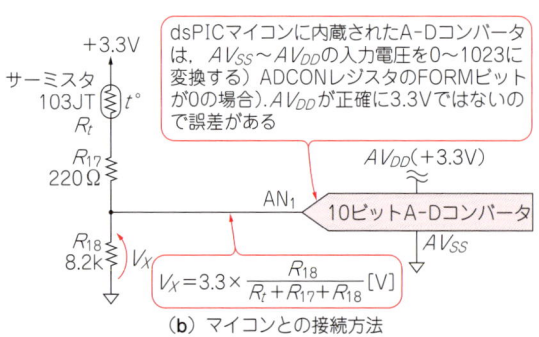

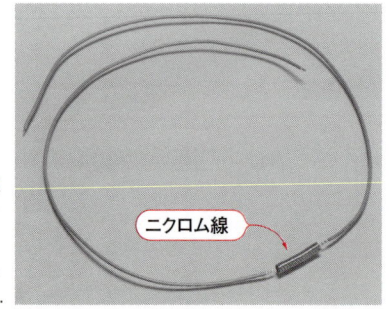

$$V_X = 3.3 \times \frac{R_{18}}{R_t + R_{17} + R_{18}} \text{ [V]}$$

図7 実験に使った温度センサ(サーミスタ)の抵抗-温度特性(実測)
(a) 抵抗値の温度特性
(b) マイコンとの接続方法

表1 実験ボードのセットアップ

基板名	配線番号	状態，設定など
パワー・ボード U_{10}（B側）	JP_1, JP_2	ショート
パワー・ボード U_9（A側）	使用しない．JP_1とJP_2の設定は任意	
ベース・ボード	JP_1, JP_3, JP_4	1‐2間をショートする
	JP_2, JP_5	オープン
	JP_6	5‐6間をショートする（8kIN）
	JP_8, JP_9	1‐2間をショートする
	JP_{10}, JP_{11}	ショートする
	SW_4	PICkit
	TB_2(AN_B1)	3.3 V‐8kIN間に温度センサをつなぐ．極性はない
	TB_7(DC OUT B)	OUT‐GND間にニクロム線をつなぐ．極性はない
	CN_1(RS‐232‐C)	パソコンのシリアル・ポートとストレート・ケーブルで接続する
	J_2(PICkit2/3)	PICkit2またはPICkit3をつなぐ

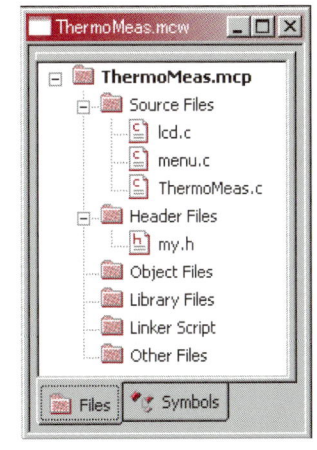

図8 dsPICの開発ツールの設定
Projectウィンドウを開いて，プログラムを書き込む．コンパイルとリンクすべきファイルをすべてこのプロジェクトに入れておく．

■ 実験ボードやパソコンをセットアップする

制御装置を設計するには，まず対象の性質を知る必要があります．ここでは，ヒータに通電したときの水の温度上昇のようすと，ヒータをOFFしたときの温度下降のようすを実験して調べます．

● 実験ボードの設定

表1に示すように実験ボードを設定します．
サーミスタは，0.3□（導体断面積0.3 mm²）の電線で延長してベース・ボードに接続します．□はスケアと読みます．

図5に示すように，厚みの薄いプラスチック・コップに約50 ccの水を入れて，ニクロム線とサーミスタを入れます．温度センサは水面から5 mm付近に，ヒータは水底に配置します．ヒータが水面以上の壁面に触れるとコップが溶けてしまいます．

ヒータに加えるPWM信号のデューティ比を100%にすると，10 Ωのヒータに24 Vが加わって57.6 W消費されます．今回使ったACアダプタ（STD‐24010U，24 V，1 A）が出力できるのは，最大24 Wなので過負荷です．そこで，ヒータON時は，デューティ比を60%（24 V × 60% = 約14.4 V，21 W）としました．

ヒータをOFFするときのデューティ比は0%ではなく，1%に設定しています．0%にすると，NJW4800が過電流を検出したときに，パルス・バイ・パルス（コラム p.40参照）による動作復帰ができなくなります．

● 開発ツールの設定とプログラムの書き込み

J_3(POWER)にACアダプタをつないでからコンセントに挿します．すると，液晶ディスプレイのバックライトとLED$_1$が点灯します．

dsPICマイコンの開発ツール MPLABで，［File］‐［Open Workspace］‐［ThermoMeas.mcw］を開くと，**Project**ウインドウ（図8）が開きます．なおファイルは日本語を含まないパスに置いてください．

［Programmer］‐［Select Programmer］‐［PICkit2］を選ぶと，**PICkit 2 Ready**と表示されます．PICkit3をつないでいる場合は，3を選択します．エラーが出る場合は，ACアダプタをつないでLED$_1$が点灯していることと，PICkitのPowerが点灯していることを確認して，［Programmer］‐［Connect］を選択します．

［Programmer］‐［Program］を選ぶと，dsPICへの書き込みが開始され，30秒ほどで次のように表示して終了します．

```
Programming Configuration Memory
Verifying Configuration Memory
PICkit 2 Ready
```

ACアダプタとPICkitをベース・ボードから外し，SW4をRS‐232‐Cに切り替えて再度ACアダプタをコンセントに接続します．すると，dsPICに書き込ん

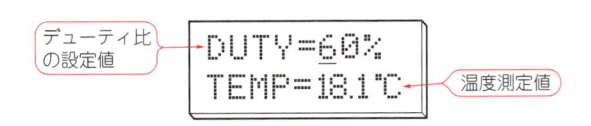

```
DUTY=60%
TEMP=18.1℃
```
（デューティ比の設定値）（温度測定値）

▲キーと▼キーで設定値を増減できる．SELECTキーと▲キーを同時に押すと桁を示すカーソルが左に移動する．
SELECTキーと▼キーを同時に押すと桁を示すカーソルが右に移動する

図9 dsPICに温度制御の実験プログラムを書き込んで実行したときの液晶ディスプレイの表示

だソフトウェアが実行され，液晶ディスプレイに**図9**のように表示されます．

● パソコンにデータを取り込む

表示データは，RS-232-Cから出力されています．データ・ロギング用のソフトウェアをMicrosoft Excel 2003 VBAで作りました．

Excelを立ち上げて，［ツール］-［マクロ］-［セキュリティ］を選び，セキュリティ・レベルを中に設定します．温度ロギング.xlsをマクロ有効で開いて，COMポート番号(C5セル)に，RS-232-Cケーブルをつないだポート番号を設定します．

［開始］をクリックすると，現在の制御量と温度が1秒ごとに更新されます．1分ごとに，セルのB15以下に制御量が，C15以下に温度が記録され，ファイルに上書きとセーブをしてグラフに表示します．

Timeoutと表示される場合はデータを受信できていません．dsPICソフトウェアが動いていること，RS-232-Cケーブルの接続，COMポート番号を確認してください．

［終了］をクリックすると終了します．

● 制作したソフトウェア

リスト1に示すのは，dsPICのソース・ファイルです．大まかな流れは，main関数に書いてある通りです．つまり，初期化の後，無限ループに入ります．ループ内では，10 msに1回，menu関数を実行してデューティ比の数値入力処理を行います．1秒に1回，温度を測定します．

thermo_measure関数は，**図7**の特性からサーミスタの温度を算出して，液晶ディスプレイに表示します．また，RS-232-Cに"50, 23.4¥r¥n"というふうに，デューティ比の設定値と温度測定値を送信します．

実験1…ヒータを1度ON/OFFするだけで対象の性質がわかる

● ヒータをONしたときの性質は1次応答

図10に示すのは，次の条件で実験したときの水温の変化です．

- ヒータON：54分間
- ヒータOFF：96分間

この実験から，センサやヒータの位置，水などを含む制御対象の性質を知ることができます．

パワー・アンプIC NJW4800のパルス・バイ・パルス方式過電流保護回路　**Column**

NJW4800は，出力電流が約5.5 A_{peak} を越えると，過電流保護回路が起動して出力がハイ・インピーダンスになります(**図A**)．誤って出力をショートしてしまった場合に，ピーク電流を制限することで，NJW4800が壊れるのを防ぎます．

過電流保護回路は，PWM入力の立ち下がりエッジで毎回解除されます．

LCロー・パス・フィルタのコンデンサ(470 μF)が付いているので，出力電圧を急に上昇させると大きな充電電流が流れます．このような電源起動時にも，過電流保護回路が働きますが，スイッチング動作の1周期ですぐ復帰するので，充電完了すると自然に通常動作に戻ります．

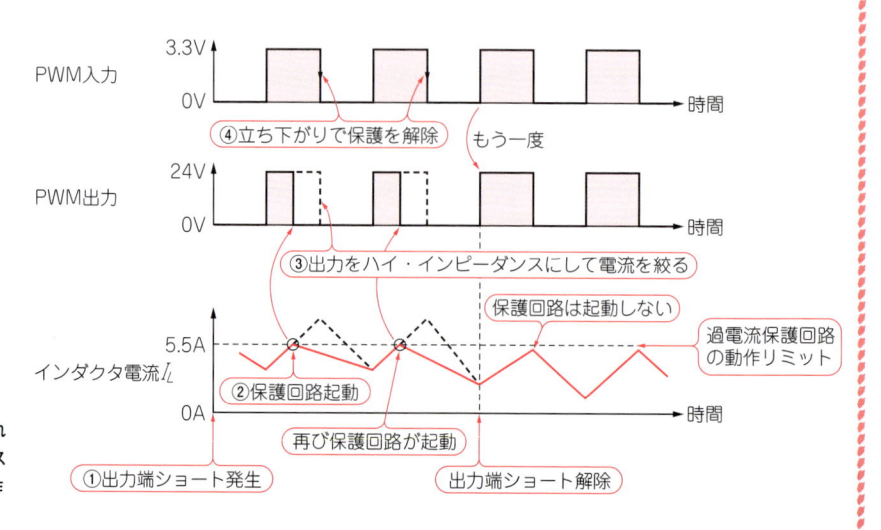

図A　NJW4800に内蔵されているパルス・バイ・パルス方式の過電流保護回路の動作

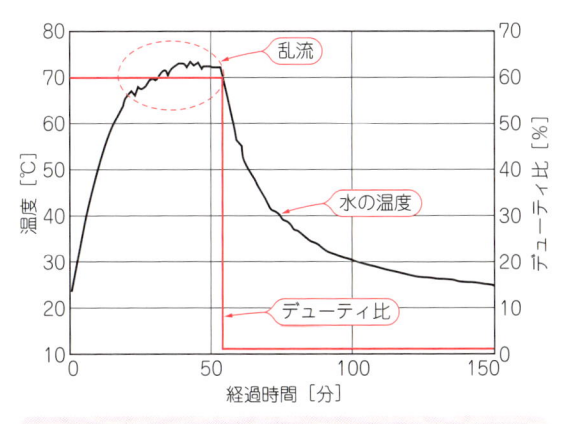

図10 実験1…温度センサを水面付近に配置したときの応答性能を実測
ヒータがONするとすぐに水温が上昇し始める．ヒータをOFFするとすぐに水温は降下し始める．これは1次応答の特徴．

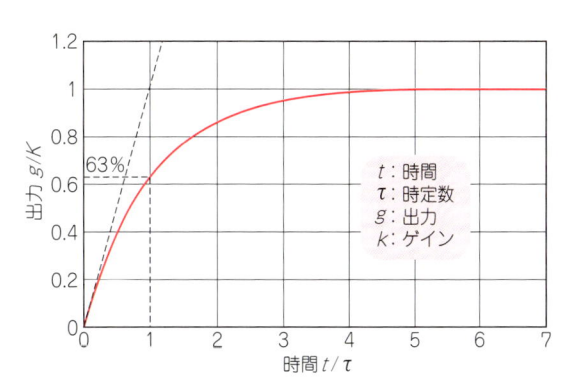

図11 1次応答特性

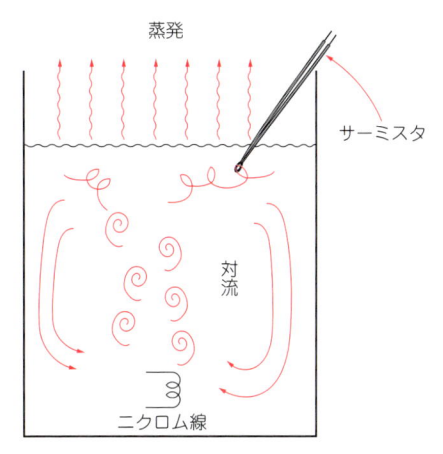

図12 水温の測定値（図10）が小刻みに揺れる理由は「乱流」

ヒータをONすると（デューティ比60％），すぐに水温が上がり始め，時定数が約13分の1次応答で立ち上がり，最終的に72.5℃程度になりました．

これは，水の熱容量とヒータのワット数，水面からの気化熱やコップ表面からの放熱で決まります．当然水量や室温などの影響を受けます．65℃を超えると乱流が発生し，温度上昇のしかたが少し変化します．

図11に示すように，1次応答は，ステップ入力が加わるとすぐ上昇しはじめ，時間がτ経過すると，定常値の63％に達します．

ヒータをONすると，直ちに一定速度で温度が上昇する性質は，ヒータへの出力が多かったのか少なかったのかがすぐに分かるので，制御しやすいことを意味します．すぐに手応えがあるこの制御対象は，フィードバック制御しやすいシステム（系）といえます．

対流のスピードが増してくると，やがて小さい渦を巻きながら対流します．このような渦が発生している早い流れを乱流といいます（図12）．コップを見ていると水がゆらゆら揺れて見えます．たくさんの渦がサーミスタを通過するので，温度測定値も小刻みに揺らぎます．

● **ヒータをOFFしたときの性質も1次応答**

ヒータをOFFすると（デューティ比1％），たまたま同じ程度（時定数17分の1次応答）で立ち下がっています．ヒータOFF時の応答も，水の熱容量と，水面からの気化熱やコップ表面からの放熱で決まります．

以上のようなシステムを1次遅れ系と言います．1次遅れ系の伝達関数は次式で表されます．

$$G(s) = K/(\tau s + 1)$$

ただし，τ：時定数，K：ゲイン，s：ラプラス演算子

実験2…ヒータをON/OFFして水温をねらいの温度に制御する

● **ねらいと実験結果**

シンプルな制御方法であるON/OFF制御で，水温を制御できることを確かめます．

使用するプロジェクトはThermoOnOffです．内容は次の通りです．

```
if(thermistor_deg < 60)
    PDC2 = PERIOD * 0.6 ; //DUTY 60%
else
    PDC2 = PERIOD * 0.01 ; //DUTY 1%
```

これは，サーミスタの温度が60℃未満だったらヒータをON（デューティ比60％）して暖め，60℃以上だったらOFF（デューティ比1％）に設定します．これを1秒に1度行うという操作です．

図13に実験結果を示します．水温は約17分で60℃に収束しています．

リスト1 実験のために作成したプログラム・ソース

```c
#include <p33Fxxxx.h>  // プロジェクトで設定したデバイス用のヘッダが自動的に読み込まれる
#include <math.h>      // log10()関数を使う準備
#include <uart.h>      // UART(RS-232C)ライブラリを使う準備
#include "my.h"        // このプロジェクトで作った関数のプロトタイプ宣言など

MENU_VAL duty=60;      // MENU_VALはmenu.cで作ってあるメニュールーチンを使う際の変数の型(int型)
#define MENU_NO  1     // LCDに表示する設定メニューの項目は1つ

struct menu_dat menu_dats[MENU_NO] = { // LCDに表示するメニュー構造を定義する.
    // type,         str,  *value, max,min,row,column,curpos
    { INT_MENU,     "100", &duty,  100,  0,  0,    5,    0 }  // 1つ目のメニュー項目
};                                                              // (今回はたまたま入力項目が一つしかない)

int main( void )
{
    int wait1sec;
    init();          // dsPICレジスタ初期化
    lcd_init();      // LCD初期化
    LCD_LOCATE( 0, 0 );       液晶ディスプレイの表示位置を
    lcd_str( "DUTY= 60%" );   0行目0文字目に移動
    LCD_LOCATE( 1, 0 );       そこに"DUTY=60%"と表示
    lcd_str( "TEMP=20.0℃" );  初期画面表示

    while(1){
        menu( menu_dats, MENU_NO );  // ユーザーインタフェース(10ms掛かる)

        if( wait1sec++ > 100 ){      // 1秒に一回.
            wait1sec = 0;
            thermo_measure();        // 温度測定を行う(デューティ比設定出力もここで行っている)
        }
    }
}

#define PERIOD 1575  // スイッチング周波数600kHz
void thermo_measure( void )
{
    float thermistor_ohm, x, thermistor_deg;
    char buf[10];

    thermistor_ohm = 8.2E3 * 1023 / ADCBUF1 - (8.2E3 + 220);  // サーミスタの抵抗測定値
    x = log10( thermistor_ohm );
    thermistor_deg = -1.7386*x*x*x + 31.966*x*x - 233.33*x + 558.11;  // 温度測定値[℃]

    PDC2 = (long)PERIOD * duty / 100;

    itoa_f( "  00", duty, buf );
    putsUART1( (unsigned int *)buf );
    putsUART1( (unsigned int *)", " );

    itoa_f( "00.0", thermistor_deg * 10, buf );
    LCD_LOCATE( 1, 5 );
    lcd_str( buf );       // LCDに23.4℃のように温度を表示
    putsUART1( (unsigned int *)buf );        // RS-232Cに23.4のように温度を送信
    putsUART1( (unsigned int *)"\r\n" );     // データの終わりの印として復帰改行を送信
}
```

注釈:
- 整数入力メニュー
- 3桁表示. 小数点なし
- 数値範囲は 0～100
- 初期カーソル位置は0桁目
- 変数"duty"に値を格納する
- 液晶ディスプレイの0行目の5文字目に表示
- デューティ比入力の表示位置や,入力した値を入れる変数を定義している
- この定義に従って数値入力処理をする
- A-D変換結果
- サーミスタのB定数を使うと式が簡単だが,ここでは最小2乗法で求めたより正確な式を使用
- 温度測定
- menuルーチンでduty変数に設定したデューティ比をPWM2Hピンに出力する.init関数で1周期に1575カウントに設定しているので,PDC2に0を書くとデューティ比は0%になる.1575と書くと100%になる
- 整数をASCII文字列にフォーマット指定して変換する関数.menu.cで定義
- 先頭に空白2文字,数字2桁
- デューティ比の数値を文字列に変換してbufに出力
- C30に付属の関数で,文字列をUARTに出力する.9ビット・モードに設定すると,入力がint型配列と見なされる.今回は8ビットだが(unsigned int*)の型キャストが必要
- 1桁目に小数点を打つ.数値が1/10になるので,入力を10倍している
- RS-232-Cにデューティ比の設定値と温度測定値を送信.液晶ディスプレイに温度測定値を表示する

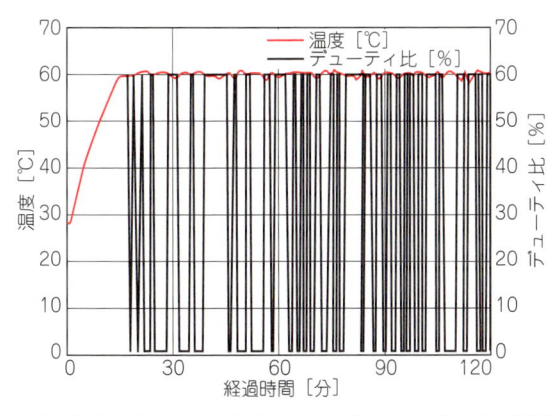

図13　実験2…ON/OFFを繰り返すことで水温を60℃一定に制御できた（実測）

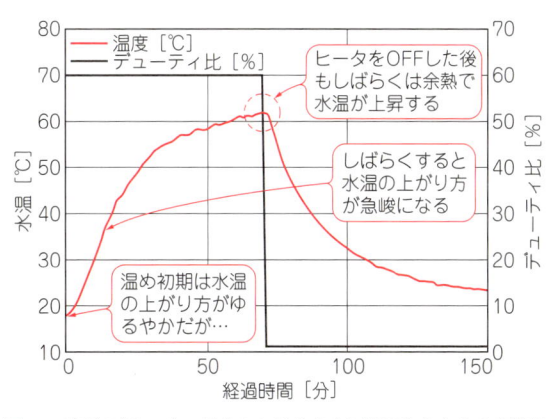

図14　実験3（その1）…温度センサを水底に配置したときの応答性能（実測）

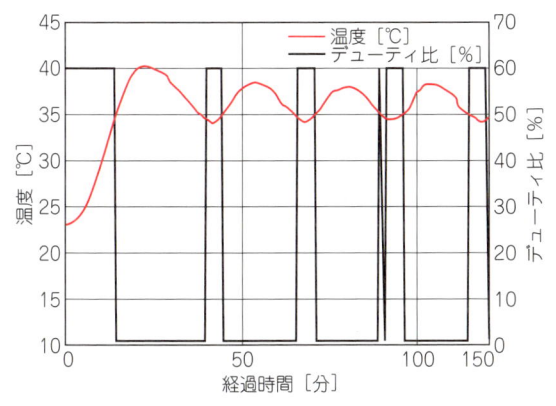

図15　実験3（その2）…ヒータを水面近くに，温度センサを水底に配置してON/OFF制御したときの応答（実測）
水の温まり方が鈍くなり，水温の変化を捕らえにくくなっている．このように遅れ要素があると，単なるON/OFF制御では水温を一定に制御できない．

前述の実験で見たように，制御対象は1次応答であり，ON/OFF制御しやすい特性です．

実験3…水温がなかなか上がらないと発振したり大きな誤差が出る

● 水温の上昇を遅らせてみる

ヒータを水面ぎりぎりに，温度センサを水底に配置してみます．先ほどと同様に，数十分間ヒータをONしたりOFFしたりして，水温の変化のようすを調べます．図14に測定結果を示します．

先ほどと違って，ヒータがONしてから，3分ほど経過して水温が上昇し始めます．水面付近に配置されたヒータを加熱しても，コップ全体の対流が起こるまでに時間がかかるからです．加熱初期は，ヒータより上の部分でしか対流が生じていないのです．

● ON/OFF制御の限界…遅れ要素が増えると使えない

このように，応答の遅延があるとフィードバック制御は難しくなります．

水温が35℃になるようにON/OFF制御してみると，図15のように，水温が上がったり下がったりして安定しません．ヒータがONして，35℃を越えるとすぐにヒータをOFFしますが，OFFしても数分は余熱で温度が上がり続けます．数分経過すると，水温が下がってヒータがONしますが，ヒータの熱がサーミスタに届くまで数分かかるので，必要以上に加熱してしまいます．この現象をハンチング（発振）と呼びます．

温度が多少変動しても，平均値が目標値に達していればよい場合もあるでしょう．しかし今回は，温度制御の平均値も約37℃と，大きな誤差が生じています．

実験4…応答の遅れがある対象も発振や誤差なく制御するには

■ 実験の前に原因と対策を考える

● 上手に加熱してくれる「PID制御」

ON/OFF制御では，水温が設定値を越えたらヒータをOFFしますが，それでは判断が遅すぎるため，ハンチングを起こしているのです．

ONとOFFではなく，中間のちょうど良い加熱を行うことができれば，設定どおり一定温度になるはずです．ちょうどよい加熱ができるのが，PID制御です．PID制御は，水温が設定値よりとても低かったら強く加熱して，速く水温を上げます．そして設定値より少し低いときは，弱く加熱して設定値に近づけます．水温が設定値に近づくと加熱が徐々に弱まり，ちょうど良い加熱に落ち着きます．

● 目標値にスムーズに近づけるPID制御

図16に示すように，PID制御は，比例要素

実験4…応答の遅れがある対象も発振や誤差なく制御するには　43

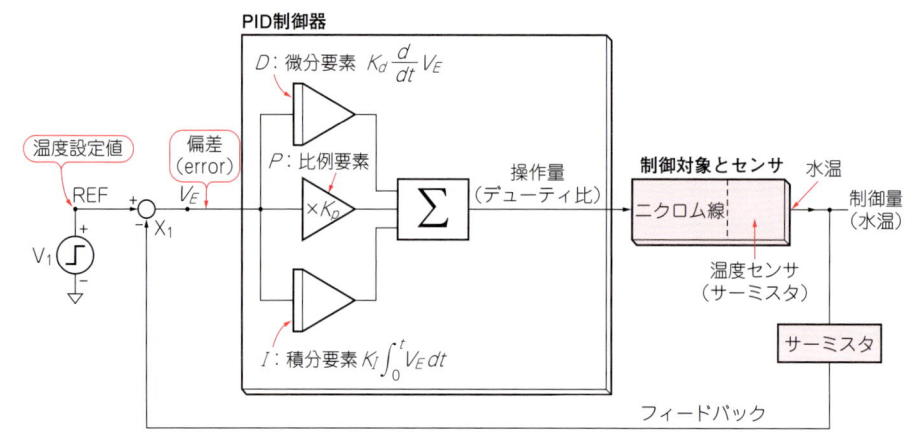

図16 PID制御器と本実験システム

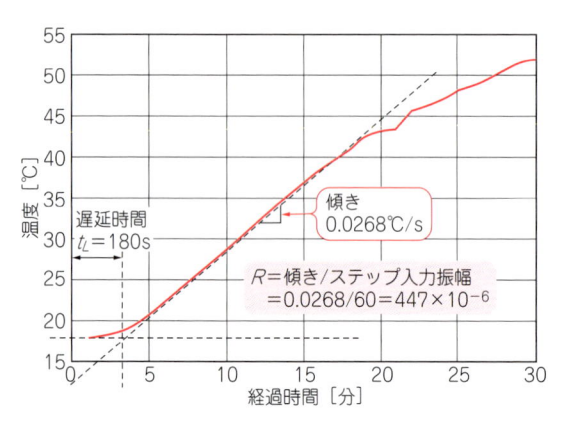

図17 図14の拡大図
遅延時間と傾きを求めて表2に照らし合わせるとPIDの各要素のゲインが決まる.

表2 ステップ応答の遅延時間, 傾きとPID制御の各要素のゲインの関係

制御方式	比較ゲイン K_P	積分時間 T_I	微分時間 T_D
P	$\dfrac{1}{Rt_L}$	—	—
PI	$\dfrac{1}{Rt_L}$	$\dfrac{t_L}{0.3}$	—
PID	$\dfrac{1.2}{Rt_L}$	$2t_L$	$0.5t_L$

(Proportional), 積分要素(Integral), 微分要素(Derivative)に制御の誤差(error)を入力して, その出力を加えた量を制御対象に加えます. PI制御は微分要素がありません.

PID制御やPI制御では, 制御対象に各要素の定数を合わせることで, ハンチングや誤差をなくすことができます.

▶数式を使って定量的に

図16に示すPID制御器の動作は, 数式で次のように表すことができます.

$$G_C(t) = K_P V_E + K_I \int V_E dt + K_D \frac{dV_E}{dt}$$

$$= K_P \left(V_E + \frac{1}{T_I} \int V_E dt + T_D \frac{dV_E}{dt} \right)$$

ここで, $T_I = K_P/K_I$ を積分時間, $T_D = K_D/K_P$ を微分時間と言います.

ON/OFF制御には, 文字どおり, デューティ比60%(ヒータON)とデューティ比1%(ヒータOFF)の二つの状態しかありませんが, PID制御の場合は, デューティ比が1～60%の任意の値を取ります.

▶積分要素と比例要素の働き

積分要素の働きは, 誤差が0になるまでデューティ比を調整し続けることです.

積分要素があると, 誤差の平均値がゼロになります. ただし, 積分要素は入力が変化すると出力がじわじわと変化する遅れ要素になるため, 制御対象に遅れ要素があるとハンチングします. そこで入力が変化したら出力もすぐ変化する比例要素を加えるわけです.

積分要素のゲイン(K_I)と比例要素のゲイン(K_P)を上げると, 早く目標値に到達します.

▶微分要素の働き

制御対象の遅れ要素が大きい場合は, 比例要素のゲインを少し上げるだけでもハンチングします. その場合は微分要素を加えます.

▶PIDの各要素のゲインを決める方法

PID制御の比例ゲイン(K_P), 微分ゲイン(K_D), 積分ゲイン(K_I)は, 適切な大きさに決めないと発振します. ゲインの決め方にはいくつかありますが, ここでは, ステップ応答法と呼ばれる方法で求めます.

図17に示すように, 実験で制御対象にステップ信号を入力して, その応答波形の遅れ時間(t_L)と立ち上がりの傾き(R)を求めます. 次に, 表2に照らし合わせて各係数を決定します. 図17のステップ応答は,

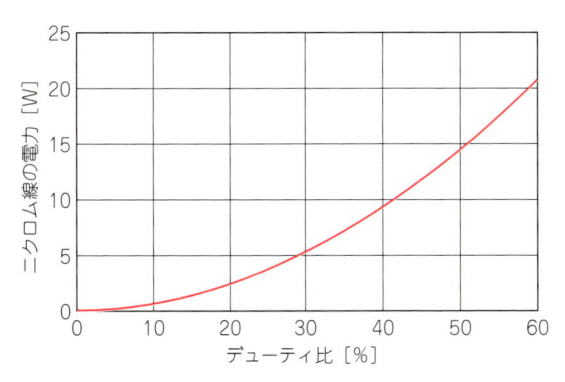

図18 ニクロム線の応答
ニクロム線は，加える電圧によって発熱量の傾きRが変わるが，ソフトウェアをシンプルにするため線形であると仮定する．

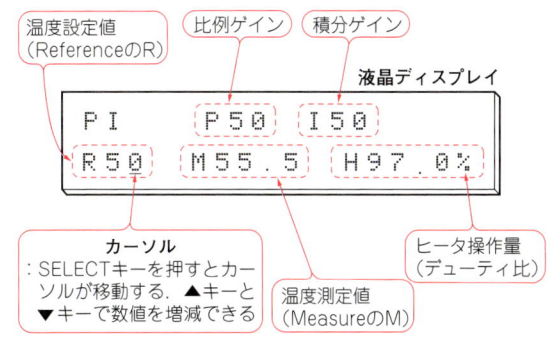

図19 PI制御の実験用プログラム（ThermoPI.mcw）を走らせたときの液晶ディスプレイの表示

この区間，PI制御器はもっと大きなデューティ比を出力しようとする．しかしACアダプタの出力に限度があるため，デューティ比を60％に制限している．すると出力が想定より低いので，大きな誤差が発生する．その誤差信号は積分され続けて大きなリンギングを起こす．このようなループ内部飽和によるリンギングを「ワインディング」と呼ぶ

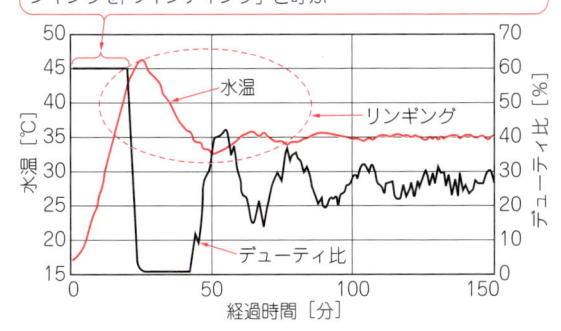

図20 実験4（その1）…図17と表2で設計したPI定数で水温を制御してみる（実測）
リンギングが発生する．

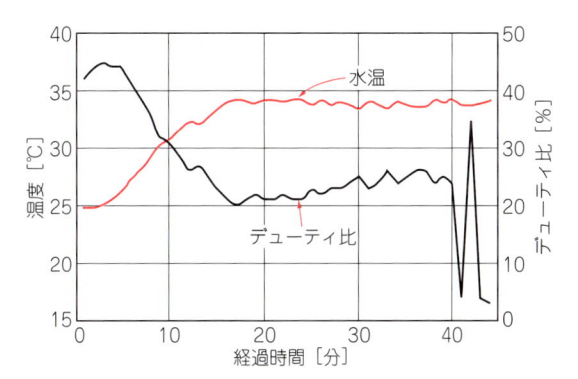

図21 実験（その2）…比例ゲインと積分ゲインを下げてみる（実測）
リンギングは消える．

次の経路の特性を表したものです．

　デューティ比を60％に変える→ニクロム線の消費電力が変わる→水温が上昇する

なお図18に示すように，ニクロム線の熱量は電力に比例，つまりデューティ比の2乗に比例します．この非直線性をもつニクロム線に加える電力によって傾きRが変わりますが，本稿ではソフトウェアを簡略するために線形であると見なしています．

■ **実験**

PID制御は比例要素，微分要素，積分要素を持ちます．微分要素があると，出力にわずかでもノイズが乗っている場合，ノイズが強調され，帰還されて，PID制御器出力が飽和して正常動作しなくなります．対策として，測定値を平均化したり，サンプリング周期を長くしたりする必要があります．今回は微分要素の効果が少なかったため，微分要素なしのPI制御にしま

した．

▶**ハンチングはなくなったがリンギングが出る**

dsPICにプロジェクトThermoPI.mcwをロードして走らせると，図19に示すように，液晶ディスプレイに表示されます．ステップ応答法で比例ゲインと微分ゲインがプログラミングされています．$P = 50$，$I = 50$に設定してください

図20に実験結果を示します．100分以降，水温が安定してON/OFF制御のようなハンチングはなくなります．ただし最初の1時間は，水温の上昇と下降が繰り返されます．この現象をリンギングと呼びます．

これはPI制御で想定される温度上昇速度がハードウェアの限界を超えているためワインディングを起こしています．また，ステップ応答法自体が少しリンギングする答えを出しやすいことも影響しています．

▶**リンギングを止める**

比例ゲインを19，積分ゲインを9に下げてみました．図21に実験結果を示します．図20より温度の立ち上がりがやや遅くなりますが，リンギングがなくなったので設定値に収束する時間は早くなりました．

（初出：「トランジスタ技術」2010年10月号　特集第3章）

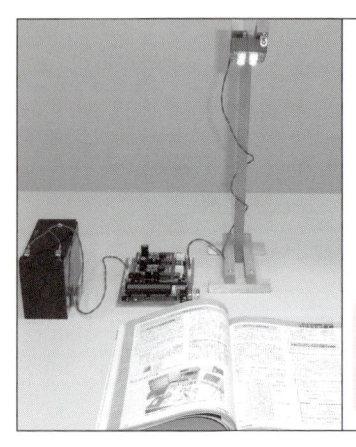

第2部 ディジタル・パワー制御の応用事例集

第4章 3色LEDの色合いと輝度をスムーズに変えるテクニック
マイコン制御のLED電気スタンドを作る

田本 貞治

本章では，赤色，青色，緑色の3色のLEDチップを内蔵した高輝度LEDを使ってマイコン制御のLED電気スタンドを作ります．3色のLEDに流す電流のバランスを操作すれば，色合いを変えずに明るさだけを調整することができます．

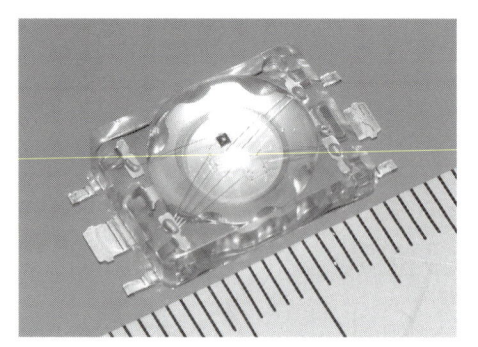

(a) LEDチップ（R, G, Bの3色分の発光素子を内蔵）

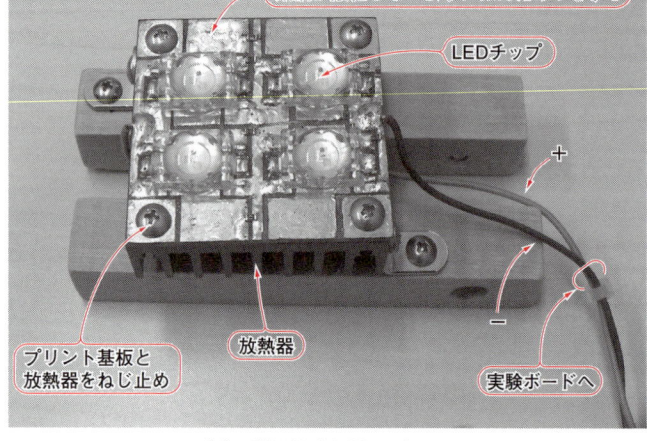

写真1 3色のLEDチップ（PARA LIGHT, EP204K-150G1R1B1-CA）を4個使ってLEDモジュールを手作り

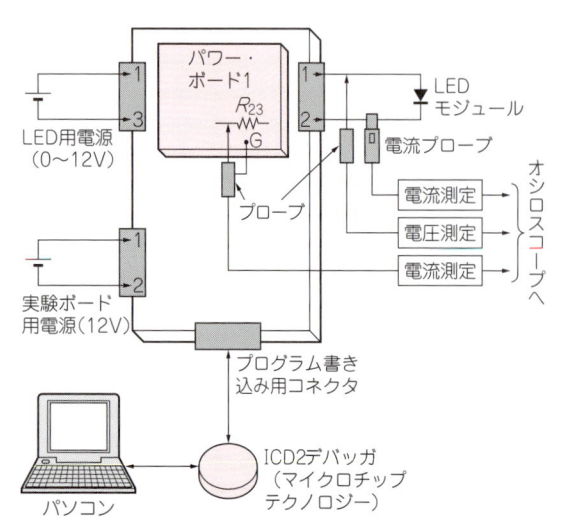

(b) 手作りしたLEDモジュール

銅箔が酸化しないようにはんだめっきする
LEDチップ
プリント基板と放熱器をねじ止め
放熱器
実験ボードへ

図1 実験ボードとLEDモジュールの接続

● LED電気スタンドを作る

　高輝度LEDを使った照明が脚光を浴びています．白熱電球型のLEDモジュールは，従来の蛍光灯より消費電力が少なく長寿命なので，単位時間当たりの費用がLEDモジュールのほうが安くなってきました．

　本章では，第2章で試作した実験ボードを使って，マイコン制御のLED電気スタンドを作りました．色合いを変えずに明るさだけをスムーズに調整できるようにしました．電源は，第7章で実験する太陽光発電で充電した鉛蓄電池です．

　図1に実験ボードとLEDの接続を示します．**写真1**に示すのは，**3色のLEDチップを4個使って作ったLEDモジュール**です．R（Red, 赤色）とG（Green, 緑色），B（Blue, 青色）の3個の発光素子を内蔵したLEDチップをプリント基板に実装し，放熱器を取り付けました．

● 鉛蓄電池で15時間連続点灯

　電池が新品の場合，0.05 CA（0.35 A）で放電すると約20時間使えます．LEDモジュールは5.8 V，0.7 A

で点灯させます．パワー・ボードの効率を90％とすると，LEDモジュールの消費電力は4.5W（＝5.8V×0.7A/0.9）になります．放電時の電池電圧は12Vとすると，電池の放電電流は0.38Aですから，連続点灯しても約15時間使えます．

夜間に数時間使う程度であれば，太陽光パネルの電流は薄曇りでも，0.4～0.5A取り出せるので，太陽光発電により充電した電力で十分まかなえます．

色合いと明るさの個別調整が簡単で回路もシンプル

単にLEDを光らせるだけならば，アナログ制御で問題ありません．しかし，明るさを一定にして色合いだけを変えたい場合があります．このようなときは，RGBの電流の総和を一定にして，RGBの各LEDチップに流れる電流の割合を変えます．また，色合いを一定にして明るさだけを変える場合は，RGBの各LEDチップに流れる電流の割合を一定にしたまま，電流の大きさを変えます．

このようなことをアナログ回路で作るのは困難です．また，色合いや輝度を調整するアナログ制御ICは多くありません．ソフトウェアで自在に制御できるマイコンを使うほうが近道です．マイコンを使えば，RGB 3回路の電流の検出も，PWMパルスの出力もワンチップで実現でき，回路がシンプルになります．

LEDの点滅が人の目にちらついて見えないようにするには，100Hz以上の周波数でLEDの電流をON/OFFスイッチングする必要があります．このような場合でも，マイコンを使えば，ON/OFFの周波数を容易に調整できます．

LED照明部の設計

まずLEDの仕様を調べて，流す電流の大きさを決め，LEDモジュールを作ります．LEDモジュールができたら，実際に通電してLEDと直列の抵抗を調整して，好みの色合いに合わせます．その後，LEDモジュールをスタンドに取り付け，照度を測定して実用になるかどうかを調べます．まず，鉛蓄電池ではなく，直流電源を使ってLEDモジュール単体の特性を調べます．

① LEDの仕様を調べる

▶ 7V，900mAを加える．消費電力は6.3W

放電終止電圧が10Vの鉛蓄電池を電源として利用するので，10V以下でも点灯する仕様にします．

LEDは，R（赤），G（緑），B（青）の3色のLEDを内蔵した大電力発光ダイオード EP204K-150G1R1B1-CA（PARA LIGHT）[1]を4個使います．

表1に仕様を示します．鉛蓄電池の仕様は第7章を参照してください．順方向電圧降下は，赤色が約2V，青色と緑色は約3.5V，1素子当たり流せる電流は最大150mAです．

図2に示すように，LED 2個を直列に接続したものを並列に接続するので，LEDモジュールに加える電圧と電流は，7V，900mA，消費電力は6.3W（＝7×0.9）です．

▶ 基板温度は60℃まで許容

LEDは，放熱しないとチップがあっという間に高温になり，寿命が短くなります．そこで，写真1(b)に示すように，銅箔をエッチングしていないプリント基板を加工して（図3），LEDをはんだ付けしたのち，放熱板に固定します．

表1の仕様からわかるように，LEDに流す電流を100mAとすると，LED 1個当たり，

$$2V \times 0.1 \times 1 + 3.5V \times 0.1 \times 2 = 0.9W$$

の電力を消費します．ジャンクション－基板間の熱抵抗は55℃/Wなので，ジャンクション－基板間の温度は50℃になります．つまり，LED基板の温度は，60℃（＝110－50）まで許容できます．

② 電流制限抵抗の値を決める

RGBの各LEDチップに流す電流を決めます．つまり電流制限抵抗の大きさを決めます．

図4に示すのは，各LEDチップの通電電流に対する電圧降下の実測データです．パワー・ボードの出力にある470μFの電解コンデンサは取り除いて測定しました．

この結果から100mA流したとき，Rは1.93V，Gは2.78V，Bは2.90Vであり，RはGとBより約1V低くなっています．また，GとBは仕様では3.5Vですが，実際は3V弱でした．そこで，R，G，Bに挿入する抵抗値を次のように決めました．

表1 使用した3色LEDの仕様

項目		仕様
型名		EP204K-150G1R1B1-CA
直流許容電流		1LED 当たり 150 mA
パルス許容電流		1LED 当たり 200 mA
消費電力		全体で 1.6 W
熱抵抗（ジャンクション－基板間）		55℃/W
LEDのジャンクション温度		110℃
電圧降下	赤色LED	2 V
	青色LED	3.5 V
	緑色LED	3.5 V
最大照度	赤色LED	14.0 cd
	青色LED	8.0 cd
	緑色LED	3.0 cd

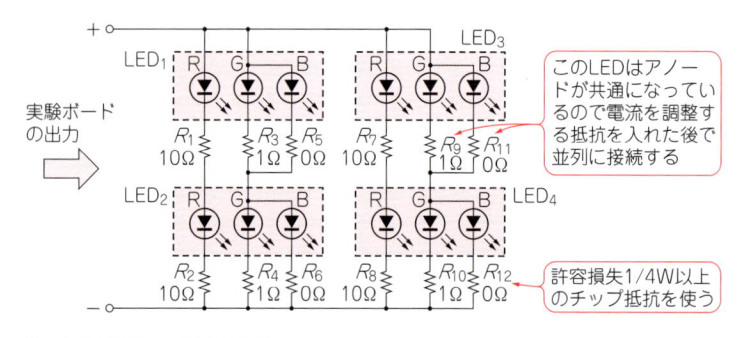

図2 LEDモジュールの接続図
R(赤)，G(緑)，B(青)の3色のLEDを内蔵した大電力発光ダイオード(PARA LIGHT)を4個使う．LED 2個を直列に接続したものを並列に接続する．

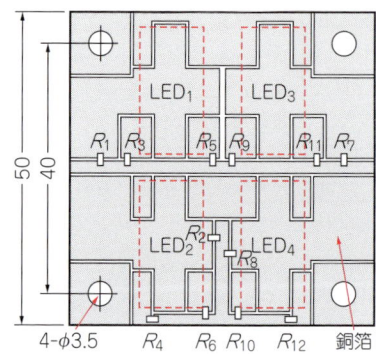

図3 LEDを実装するプリント基板

- 赤色LED用：$(2.90 - 1.93)/0.1 ≒ 10 Ω$
- 緑色LED用：$(2.90 - 2.78)/0.1 ≒ 1 Ω$
- 青色LED用：$(2.90 - 2.90)/0.1 ≒ 0 Ω$

図2に示したように，赤色LEDの直列抵抗(R_1，R_2，R_7，R_8)に10Ωの抵抗を，緑色LEDの直列抵抗(R_3，R_4，R_9，R_{10})に1Ωを，青色LEDの直列抵抗(R_5，R_6，R_{11}，R_{12})に0Ωの抵抗を挿入します．青色LED用は0Ωとしましたが，色合いを調整できるように抵抗のランドは設けます．最終的には完成したLEDモジュールの色合いを見て抵抗値を調整します．

③ LEDモジュールを組み立てる

図3に示したように，銅箔が張られたプリント基板を50 mm×50 mmの大きさに切断します．四隅に，放熱板に固定するための穴をあけます．それから，銅箔をカッタで切り取り，配線のパターンを作ります．

銅箔は放熱性が良いので極力残します．銅箔は酸化するため汚くなりますが，はんだを乗せてはんだめっきすれば長持ちします．基板ができたところでLEDと抵抗をはんだ付けし，最後にリード線をはんだ付けします．50×50×18 mmの放熱板を準備します．四隅にプリント基板を固定するための穴をあけ，タップをたてて，プリント基板をねじ止めします．これでLEDモジュールができあがりました[写真1(b)]．

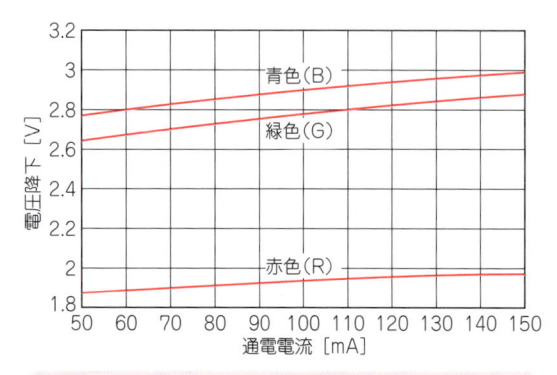

実験…LEDを点灯させる

● 色合いを見ながら抵抗値を調整

LEDモジュールのリード線に直流安定化電源を接続して，電圧を上げていきます．

電圧が低い初期は，電圧降下が2Vと小さい赤色LEDがまず点灯します．電流が600 mA流れたとき，リード線間に5.8 Vの電圧降下が生じます．

最大電流の900 mAになるまでさらに電圧を上げると，電圧降下が約6Vになり，点灯色が白色になりました．このときの実験のようすを写真2に示します．

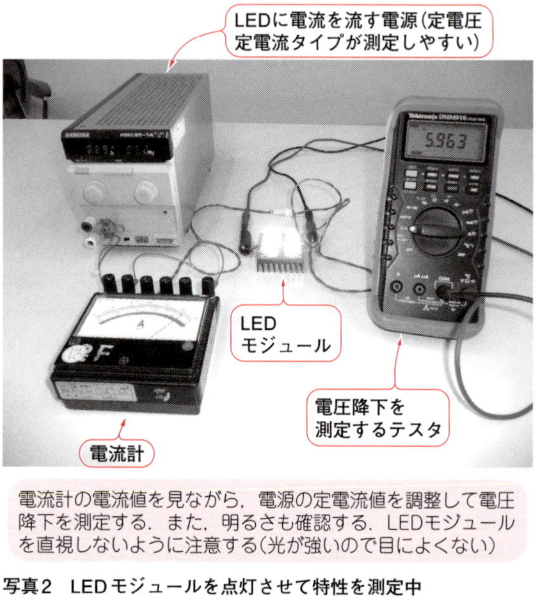

図4 使用したLEDの電流と電圧降下特性(実測)
100 mAのときRは1.93 V，Gが2.78 V，Bが2.90 V．GとBは仕様では3.5 Vだが実際は3 V弱．

RGBの各LEDに電圧を加えて電流と電圧降下の関係を実測した．電流を増やすと電圧降下が大きくなる．100 mAの電流を流したときの電圧降下は，赤色が1.93V，緑色が2.78V，青色が2.90Vである．

写真2 LEDモジュールを点灯させて特性を測定中
電流計の電流値を見ながら，電源の定電流値を調整して電圧降下を測定する．また，明るさも確認する．LEDモジュールを直視しないように注意する(光が強いので目によくない)

この状態ではLEDの温度は60℃を越えるので,長時間の連続点灯はできません.

LEDランプは,蛍光灯などと比べて発光面が小さく,拡散せず直進するため,青白く見えます.そこで,赤色LEDと直列に挿入する抵抗値を10Ωから6.8Ωに変更して150 mAとしました.結局,次のような電流を流すことにしました.

赤色LED:150 mA, 緑色LED:100 mA,
青色LED:100 mA

全体の電圧は5.8 Vで,消費電力は4.06 W(=5.8 V × 700 mA)です.

● 照度を測定する

LED電気スタンドを組み立てたら,横河インスツルメンツの照度計(51001タイプ)で明るさを測ります.LEDモジュールに流す電流を変えながら,LEDモジュールからの距離をパラメータにして測定しました.

結果を図5に示します.距離が25 cmのとき713 luxでした.一般的な事務所の机の上の照度は1000 lux程度ですから,少し照度不足の感がありますが,読書スタンドとし部屋の照明と併用すれば問題なさそうです.

LEDを6個に増やしても,消費電力は約6.3 W(= 6 V × 0.35 A × 3)ですから,一般的な蛍光灯のスタンドの27 Wの1/4です.

● LEDを点灯させる

▶ 明るさはPWMの振幅でもデューティでも変えることができる

実験ボードに,定電流制御とデューティ制御の両方ができるプログラムを実装します.

SW_1を押すとLEDモジュールが点灯します. RV_1で出力電流の大きさを0〜1 Aまで調整できます.またRV_2で,PWMのオン・デューティを0〜100%まで調整できます.

2枚のパワー・ボードのうちパワー・ボード1を,出力電流が一定値に制御された降圧型DC-DCコンバータとして動作させます.そして,実験ボード上の可変抵抗で通電電流とPWMのデューティを可変して,輝度を調整します.

LEDに流す電流の大きさを変えたり(定電流制御),PWMのデューティを変えたりして(デューティ制御),LEDの明るさや色合いの変化を調べます.

図6に示すのは,LEDに流れる電流の波形です.RV_1を回すとこの方形波の振幅が変わり,RV_2を回すとデューティが変わります.

定電流制御を実現するプログラム

パワー・ボードを定電流制御で動作させるプログラムをdsPICマイコンに書き込みます.実際の値を使ったPI演算の伝達関数を離散化し,離散化伝達関数の係数を使ってPI演算プログラムを作ります.

■ 演算式を求める

● 必要な誤差増幅回路の伝達関数を求める

Appendix Bにディジタル電源の誤差増幅回路の実現方法を示しました.ここでは,OPアンプを使った誤差増幅回路を例に,比例ゲインK_Pと積分時間T_Iを使ったPI演算の伝達関数を求めました.LEDの電流制御にこの方法を適用します.

まず,アナログ誤差増幅回路の定数を表2のように決定します.この表では比例ゲインK_Pは0.5,積分時間T_Iは0.3 msです.定数の決め方は後述します.こ

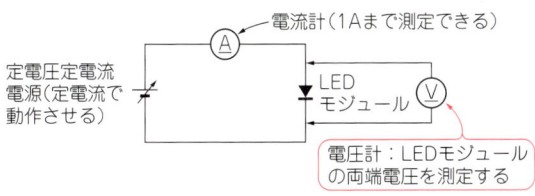

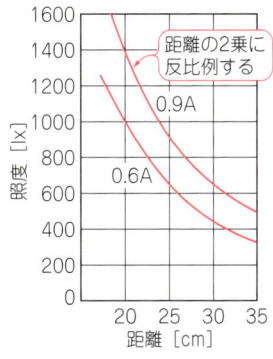

(a) 測定回路

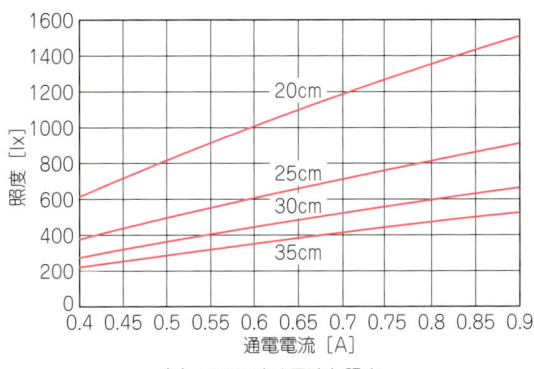

(b) LEDに流す電流と照度

(c) 距離と照度

図5 製作したLED電気スタンドの照度を測定

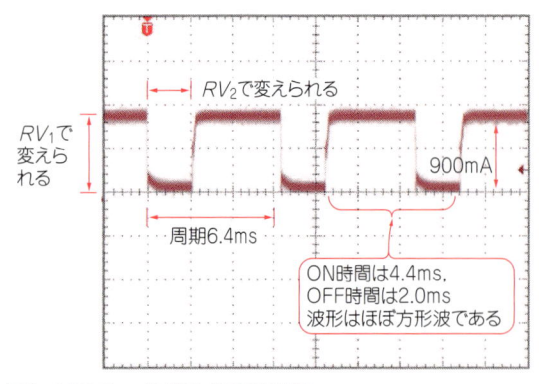

図6 LEDチップに流れる電流の波形
ほぼ方形波の電流が流れている．パワー・ボード上の470μFはなし．

表2 安定に動作する誤差増幅器の比例ゲインと積分時間

項　目	記号	定数	アナログ回路定数
比例ゲイン	K_P	0.5	5 kΩ，10 kΩ
積分時間	T_I	0.3 ms	10 kΩ × 0.03 μF

図7 LEDを安定に駆動するアナログ誤差増幅回路のボード線図

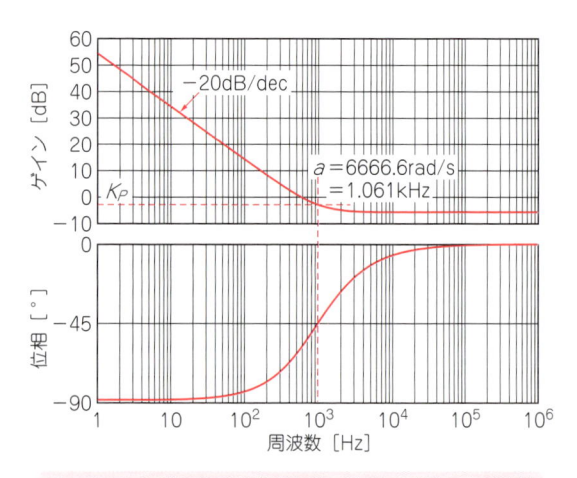

図のように伝達関数の特性から書いたボード線図を骨格ボード線図と呼ぶ．周波数 a を最適化することでコンバータを安定化させる．接線の交点 a が式(1)の係数6666rad/s＝1.061kHzになる．そのときの位相は−45°である

の定数を適用して伝達関数を求めると次式が得られます．

$$G_C(s) = K_P + \frac{1}{T_I s} = \frac{K_P(s + a)}{s}$$

$$= 0.5 + 3333/s = 0.5 \times (s + 6666)/s \cdots (1)$$

式(1)のボード線図を求めると**図7**のようになります．これで，演算に必要な伝達関数が求められました．

一般に，比例ゲイン K_P があまり大きくないときは，電源回路の固有周波数（$f_C = 1/2\pi\sqrt{LC}$）より低い周波数に a の値を設定するとだいたい安定します．電流制御の場合は，電源回路が1次遅れになるので極端に大きなゲインを与えない限り，比例ゲインと積分時間に関係なく安定です．しかし，何かめどが必要なので，ここでは，2次遅れと同様に電源の固有周波数近辺に a の値を設定しています．

● 離散化する

式(1)の伝達関数から離散化伝達関数の係数 K_0，K_1 を求めます．Appendix Bの式(10)または式(11)を適用して求めます．式にはサンプリング周期の T_S が含まれており，ここではサンプリング周期を10μsとします．どちらの式を適用しても $K_0 = 0.4705$，$K_1 = 0.4695$ と求められます．その結果，離散化伝達関数は次式のようになります．

$$G_C(z) = \frac{0.5 - 0.4667z^{-1}}{1 - z^{-1}} \cdots (2)$$

ここで注意点があります．Appendix Bの式(10)を使って，K_C と $T_S/2T_I$ の項に分けて，K_0 と K_1 を求めると，式(3)と式(4)が得られます．このように，比例ゲインに対して積分項は小さな値になっており，K_0 と K_1 は積分項が十分反映される桁数の値を使うことが重要です．

K_0 と K_1 は，Appendix Bの式(15)に示す差分方程式の係数と同じなので，この係数を使って演算プログラムを作ることができます．

$$K_0 = K_C + \frac{aK_CT_S}{2} = 0.5 + 0.0167 \cdots (3)$$

$$K_1 = -K_C + \frac{aK_CT_S}{2} = -0.5 + 0.0167 \cdots (4)$$

式(2)の離散化伝達関数のボード線図を描くと**図8**のようになります．サンプリングの定理により，サンプリング周波数の1/2の50kHz以上ではゲインがなくなっています．**図7**と**図8**を比べると，ゲインが存在する帯域ではどちらも同じ特性です．したがって，1/2サンプリング周波数が制御帯域外に設定されていれば，アナログ制御もディジタル制御も負荷の変動に対する出力電圧変動などは変わらないことがわかります．

■ PI演算のプログラムを作る

● A-D変換ポートの割り当てを確認する

プログラムを作る前に，dsPICマイコンのA-D変換端子を確認します．**図9**に示すのはdsPICマイコンとパワー・ボードとLEDモジュールの接続です．ここでは，パワー・ボード1を使います．検出抵抗の両端電圧を20倍に増幅した電圧が AN_3 に入力されます．

● 演算プログラムを作る

電流制御演算プログラムは，Appendix B **図B-3**のディジタルPI演算のフローチャートに沿って，C言

語で作ります．C言語では，高速に演算できる専用の演算ユニットによる積和演算は利用できません．C言語で浮動小数点演算を記述するためには，演算時間のかかるメーカ製の浮動小数点ライブラリを使う必要があります．しかし制御遅れが発生し，不安定になる恐れがあります．

ここでは，C言語を使っても比較的早く演算できる整数演算を行います．しかし，Appendix Bの式(11)と式(12)の差分方程式の係数K_0とK_1は少数点を含んでいますが，整数演算では桁落ちして積分項が欠落して，積分を含まない演算になります．

そこで，K_0とK_1を2^9倍した値を使って演算し，最後に$1/2^9$して元に戻します．$1/2^9$は9ビット右シフトと同じなので，割り算を使わず高速に演算できるシフト演算で記述します．演算結果はシフトして元に戻す前に，必ずオーバーフローとアンダーフローのチェックをします．これらが発生すると，値が確定せず安定な制御ができません．

表3に示すのは，定電流演算で使う定数，変数，フラグです．このプログラムではPWMパルス幅を戻り値として出力します．

● 電流演算プログラムをA-D変換割り込みプログラムの中に記述する

A-D変換が終了したとき直ちに演算が始まるように，A-D変換割り込みの中に電流制御プログラムを記述します．

定電流制御は，始動スイッチがONしたらすぐに始まる必要があります．演算を開始する前に，演算許可フラグをチェックして，許可フラグがセットされていたら演算を行います．プログラムの中では，割り込みフラグとA-D変換完了フラグをクリアして，次の割り込みに対応できるようにしておきます．

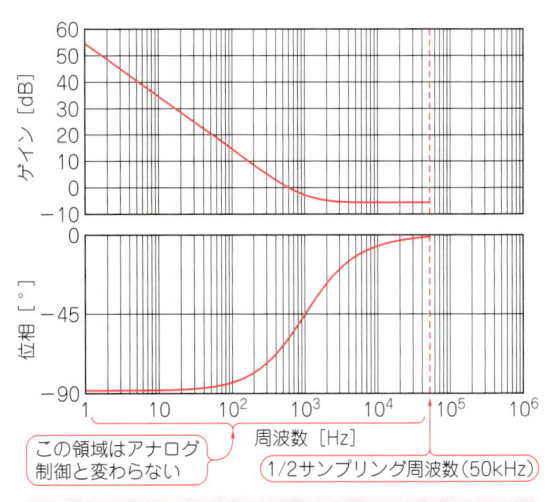

輝度調整のプログラム

本章で作ったLED電気スタンドは，実験ボードの可変抵抗RV_1とRV_2を使って輝度を調整できます．定電流値とPWMデューティが可変抵抗の設定に比例して変化するプログラムを作って実装します．

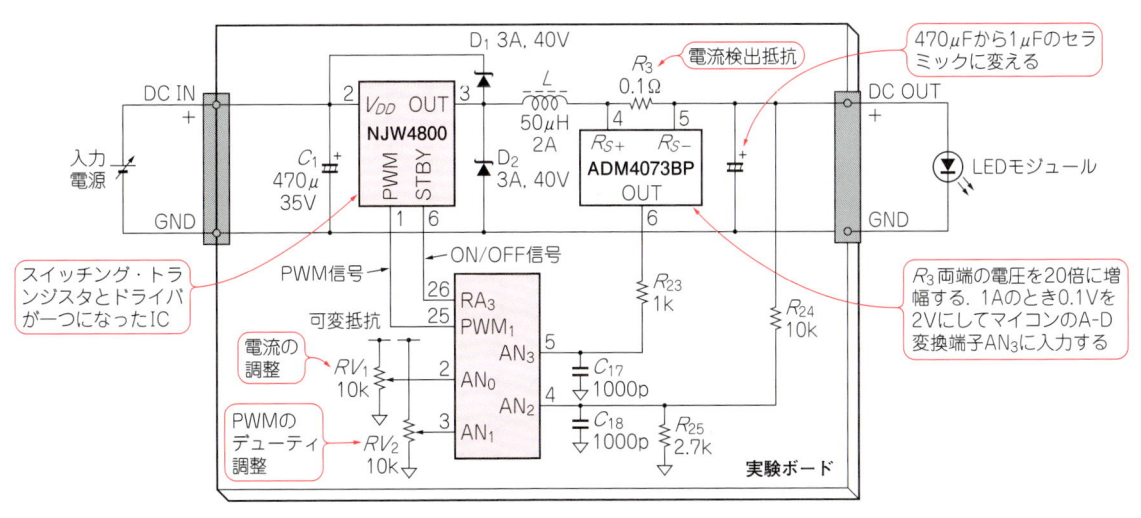

図8 図7で求めたアナログの伝達関数を離散化して得られたディジタル伝達関数のボード線図
1/2サンプリング周波数が制御帯域外に設定されていれば，アナログ制御もディジタル制御も同じ．

図9 dsPICマイコンとパワー・ボードとLEDモジュールの接続
プログラムを作る前に，dsPICマイコンのA-D変換端子周辺の接続を確認する．

表3 電流制御の演算に使う定数,変数,フラグの一覧

記号	名称	種類	型	内容
DD1_CURR_K0	K_0	定数	unsigned int	差分方程式のK_0
DD1_CURR_K1	K_1	定数	unsigned int	差分方程式のK_1
DD1_CURR_CTL_MAX	最大制御量	定数	unsigned int	演算結果の最大比較値
DD1_CURR_CTL_MIN	最小制御量	定数	unsigned int	演算結果の最小比較値
shDcDc1RefCurr	基準電流	変数	unsigned int	基準電流
nDcDcCurrCtrlVal	制御量	変数	long	演算結果
shDcDcCurrE1	1回前誤差	変数	int	1回前の電流誤差
fControl	制御許可	フラグ	unsigned int	電流制御許可フラグ
ctrlval	制御量	変数	long	ローカルの演算結果
er	今回誤差	変数	int	ローカルの今回の電流誤差
ADCBUF3	AN_3変換値	変数	unsigned int	A-D変換結果3

● 電流とPWMのオン時間の両方で輝度調整が可能

図10に示すように,RV_1でLEDに流す電流を変えて,RV_2でPWMのオン時間を調整します.

電流値はRV_1の0～100%に対して0～1Aまで調整できます.PWMのオン時間は,RV_2の0～100%に対して0～100%まで調整できます.

PWMがONしたときは,RV_1で設定した電流がLEDに流れるようにし,PWMがOFFしたときは完全に0Aにします.

LEDは応答が速いので,PWMのON/OFFに応じて点滅します.PWMの周波数は100～200Hzにすれば,人の目ではちらつきを認識できなくなります.

A-D変換端子に入力される可変抵抗(RV_1とRV_2)の設定値はわずかに変動しているので,A-D変換のたびに,電流をコントロールするとLEDがちらついてしまいます.そこで,A-D変換値を複数回読み込んで平均化します.

● PWMの周波数や調整の分解能

PWMの周波数は,ちらつきを感じないように100Hz以上とします.ここでは設定結果がそのまま使えるように1周期を6.4ms(周波数は156Hz)としました.PWMのクロックを100μsとすると分解能は64です.つまり,100μsのクロックで64カウントすると,デューティは100%になります.かなり粗い調整になりますが問題ありません.

可変抵抗が最大のときPWMのデューティが100%になるようにしたいので,A-D変換値が最大のときA-D変換値が63(0～63で数が64)になるようにスケールを変換します.A-D変換値が最大になるのは,A-D変換入力端子に電源電圧に等しい電圧値が入力されたときで,このときの変換値は1023(10ビットだから)です.

1023を16で割るとだいたい63ですが,16で割るのではなく,4ビット・シフトしてPWMパルス幅に変換します.これで,A-D変換値0～63に対して,PWMのデューティ0～100%が関連づけられます.

● PWMのオン時間の制御

PWMのオン時間を制御するプログラムは,メイン・ループの中に関数として記述します.PWM用のカウント・クロックは,グローバル・タイマの100μsクロックを使います.

設定値がちょうどオン・カウント(LEDがONしている時間カウント)になるようにしてあるので,設定値をカウントダウンして,0になったときPWMのオン時間は終了します.そして,周期からオン・カウント値を引き算したオフ・カウント値を設定して,同様にカウントダウンします.このようにONとOFFのカウントの合計が6.4msの周期になるように繰り返します.

LEDのON時間とOFF時間は,100μsのクロックをカウントして決めており,

　PWMの1周期(6.4ms)
　＝オン時間＋オフ時間＝64カウント

の関係があります.LEDのオン時間が4msのときのオン・カウントは40です.

● 電流制御の基準電流値

出力電流は,PWMがONのときRV_1の設定値になるようにします.また,PWMがOFFのときは0Aにします.これで基準電流(出力電流の目標値)に追随するように電流が自動制御されます.このプログラムで使う定数,変数,フラグの一覧を表4に,輝度調整プ

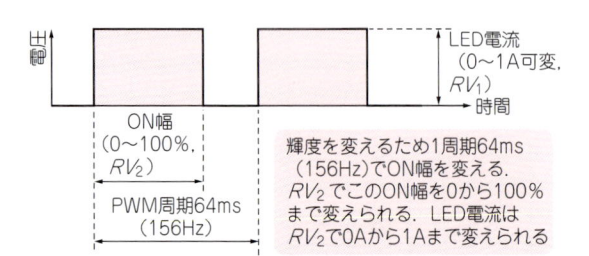

図10 LEDの輝度を調整する方法にはPWMの振幅を変える方法とデューティを変える方法がある

表4 PWMのON時間制御で使う定数，変数，フラグの一覧

記号	名称	種類	型	内容
LED1_PERIOD	PWM周期	定数	unsigned int	64
LED1_OFF_CURR	OFF電流	定数	unsigned int	LED OFF時の電流0
shcLED1On	ONカウント	変数	unsigned int	LED ON時間カウンタ
shcLED1Off	OFFカウント	変数	unsigned int	LED OFF時間カウンタ
shLED1SetOn	ON時間セット	変数	unsigned int	LED ON時間設定値
shDcDc1SetCurr	設定電流	変数	unsigned int	LED ON時の設定電流
shDcDc1RefCurr	基準電流	変数	unsigned int	パワー・ボード1の基準電流
fLEDOn	LEDONフラグ	フラグ	unsigned int	LEDのONを示すフラグ

ログラムのフローチャートを図11に示します．

きれいな方形波状の電流で駆動する

● 電流波形が方形波でないと色合いが変わる

3色LEDを白色で光らせるには，LEDに流れる電流がきれいな方形波になっていなければなりません．三角波やのこぎり波のような波形になっていると，白色になりません．

例えば，三つのLEDに図12(a)に示す台形波状の電流I_Dが流れているとします．I_Dが50mAのときのLEDの電流制限抵抗の電圧降下は次のとおりです．

赤色：10Ω × 50mA = 0.5V
緑色：1Ω × 50mA = 0.05V
青色：0Ω × 50mA = 0V

一方，図4から50mA時のLEDの電圧降下は次のとおりです．

赤色：約1.88V，緑色：約2.64V，青色：約2.76V
LEDと抵抗の電圧降下を加えると次のようになります．

赤色：2.38V，緑色：2.69V，青色：2.76V

このように赤色のLEDはほかより低い電圧で点灯します．今回のLEDモジュールでは，赤色，緑色，青色の各LEDに同じ電圧が加わるので（図2），赤色LEDに流れ込む電流が大きくなり，全体として赤みがかって見えます．

電流が100mAになると，抵抗の電圧降下とLEDの電圧降下を足した値が同じになり色合いがバランスします．図12(b)のように，0mAから一気に100mAまで電流値が変化する電流をLEDに流せば，LEDモジュールは白色に光ります．

● パワー・ボード上の470μFがLEDに流れる電流を三角波にする

出力電圧を安定化するために，パワー・ボード上のパワー・アンプIC NJW4800の出力に，チョーク・コイルに流れるリプル電流が負荷に流れないようにする電解コンデンサ（470μF）が接続してあります．

図13に示すのは，チョーク・コイルとLEDに流れる電流の波形です．上側はLEDに流れる電流，下側はチョーク・コイル電流を検出した電圧波形です．

チョーク・コイルに流れる電流は方形波に制御されていますが，LEDに流れる電流は，パワー・ボード上の470μFの電解コンデンサの影響で三角波になっています．

前述の理由から，このような電流では色合いが崩れますから，この電解コンデンサは取り除く必要があります．

図11 LEDの輝度を調整するプログラムのフローチャート

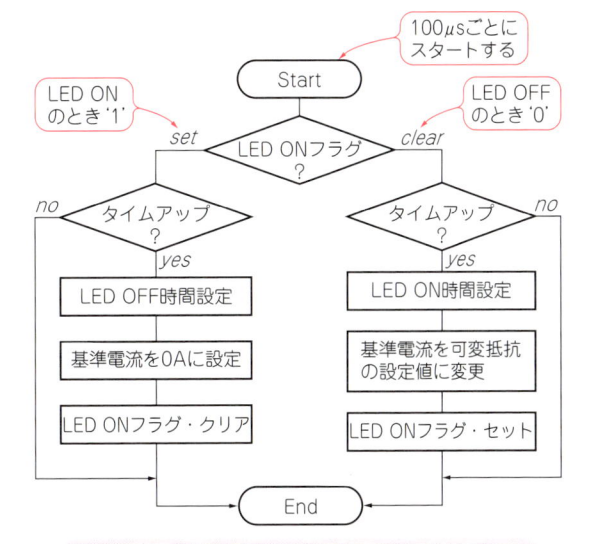

100μsごとにカウンタをインクリメントして，設計値に達した（タイムアップ）ときLEDの状態を反転する

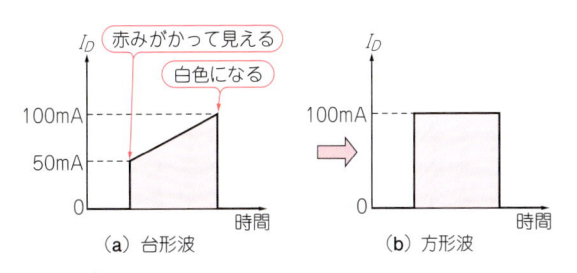

図12 LEDに流す電流はきれいな方形波にしないと白色で光らない

● ディジタル演算のゲインを調整する

　試作した実験ボードでは，電流検出アンプとロー・パス・フィルタがフィードバック・ループの中に組み入れられています．

　ロー・パス・フィルタのカットオフ周波数は制御に影響を与えない周波数に設定されているため問題ありませんが，20倍の電流検出アンプのゲインが，ディジタル演算のゲインと掛け算された形になります．そ

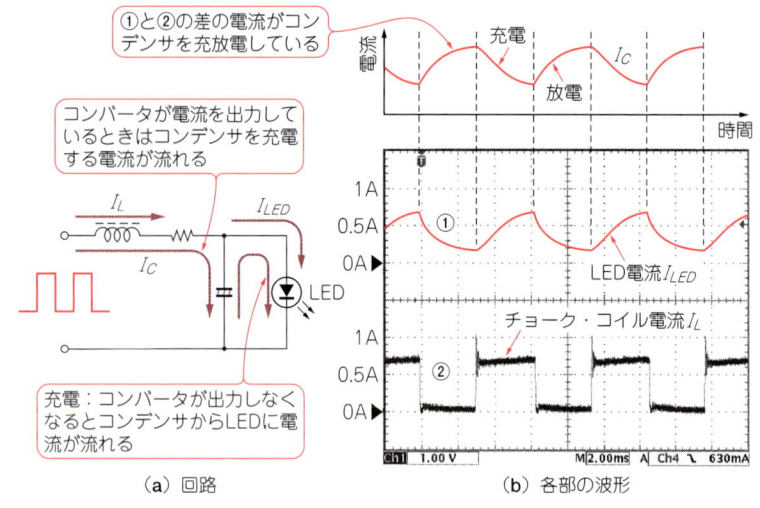

図13　コンバータの出力に電解コンデンサがあるときのLEDの電流波形
チョーク・コイルに流れる電流は方形波だが，LEDに流れる電流は三角波になっている．これではLEDの色合いが崩れる．

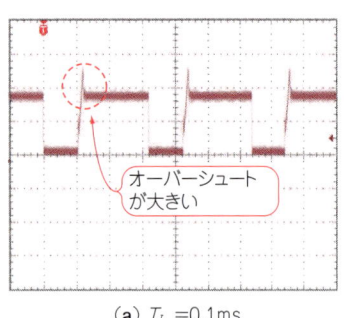

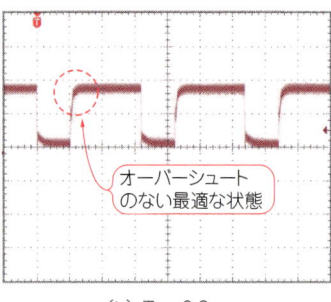

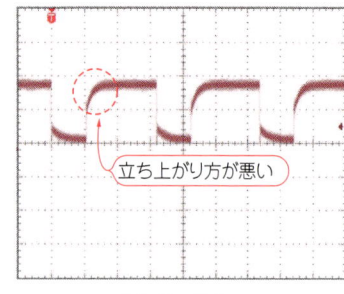

(a) 回路
(b) 各部の波形

(a) T_I =0.1ms　オーバーシュートが大きい
(b) T_I =0.3ms　オーバーシュートのない最適な状態
(c) T_I =0.5ms　立ち上がり方が悪い

図14　ディジタル演算のゲインを調整したときの電流波形（K_P = 0.5 一定）
積分時間が短くなると，波形の立ち下がりがシャープになるが，立ち上がり時にオーバーシュートが出る．積分時間は0.3msが良好．

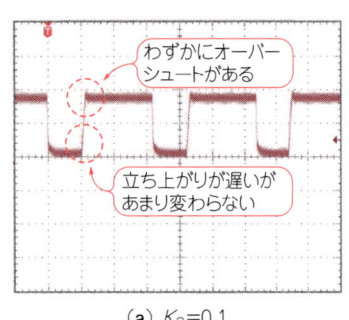

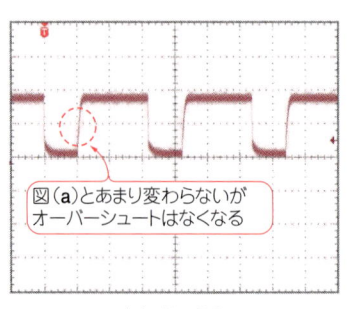

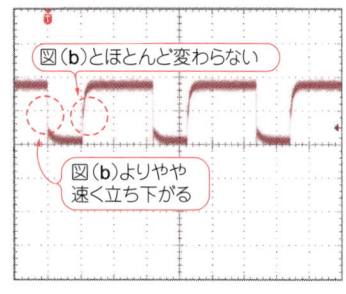

(a) K_P=0.1　わずかにオーバーシュートがある／立ち上がりが遅いがあまり変わらない
(b) K_P=0.2　図(a)とあまり変わらないがオーバーシュートはなくなる
(c) K_P=0.5　図(b)とほとんど変わらない／図(b)よりやや速く立ち下がる

積分時間一定のまま，比例ゲインを変えても，目立って電流波形は変わらない．電流制御の場合，比例ゲインより積分時間の方が特性への影響が大きい

図15　図14の結果を受けて，積分時間（T_I）を0.3msに固定し比例ゲインを変える
比例ゲインを大きくすると，電流の立ち下がりと立ち上がりが急峻になる．

こで，表2の演算回路の定数は20倍のゲインを見越して低いゲインにしてあります．

図14と図15に示すのは，PI電流制御パラメータの比例ゲインK_Pと積分時間T_Iを変化させて観測した電流波形です．

図14は，比例ゲインK_Pを0.5に固定し，積分時間を0.1 msから0.5 msまで変化させたときの波形です．積分時間を小さくすると，波形の立ち下がりがシャープになりますが，立ち上がり時にオーバーシュートが出ます．積分時間は0.3 msが良好と言えます．

図15は，積分時間を良好な0.3 msに固定し，比例ゲインを0.1から0.5まで変化させたときの電流波形です．比例ゲインを大きくすると，電流の立ち下がりと立ち上がりが急峻になりますが，全体的な波形の形は大きく変わりません．

以上から，比例ゲインより積分時間のほうが電流波形に影響が大きいことがわかります．比例ゲインと積分時間のどちらが制御結果に影響を与えるかを確認し，影響を与える制御パラメータを調整しないと最適な特性が得られません．

(初出：「トランジスタ技術」2010年10月号　特集第4章)

定電圧定電流電源のメリット　　　Column

● 定電圧定電流特性とは

図A(a)に示すように，定電圧定電流特性の電源回路は，負荷の電流が少ないときは定電圧で動作し，負荷の電流が増加し設定した電流を越えると定電流で動作します．

このような特性の電源を必要とする応用に，鉛蓄電池やリチウム・イオン蓄電池の充電器があります．第7章 図5に示すように，電池が放電して空のときは過電流が流れないように一定電流で充電し，充電が進んで電池電圧が設定電圧に達すると定電圧充電になります．

図A(b)に示すように，出力電圧と出力電流の両方を検出して，出力電圧が低くなる方が優先的にフィードバック制御します．

● 一定以上の電圧と電流にならないから安全

特集では，LEDドライブと鉛蓄電池の充電(第7章)で，パワー・ボードを定電圧定電流特性で動作させました．一見，両方は必要がないように見えますが，回路を破壊から守る働きがあります．

例えば，定電圧モードで動作している最中に負荷が短絡されたとき，パワー・ボードに搭載したハーフ・ブリッジIC NJW4800内のスイッチング・トランジスタに過大な電流が流れるのを避けることができます．NJW4800は過電流保護回路を内蔵してはいますが，より安全です．

一方，定電流モードで動作している最中に負荷の配線が外れると，電源は出力電圧を上げて一定電流を流そうとします．その結果，出力電圧は入力電圧と等しくなるまで上昇します．入力電圧がICの耐圧を超えているような場合は，ICを壊してしまいます．このようなとき定電圧制御回路を動作させれば，ICを破壊から守ることができます．

(a) 電圧と電流の関係

(b) 実際の回路

出力電流のフィードバック
$V_{IF} = R_S I_{out}$

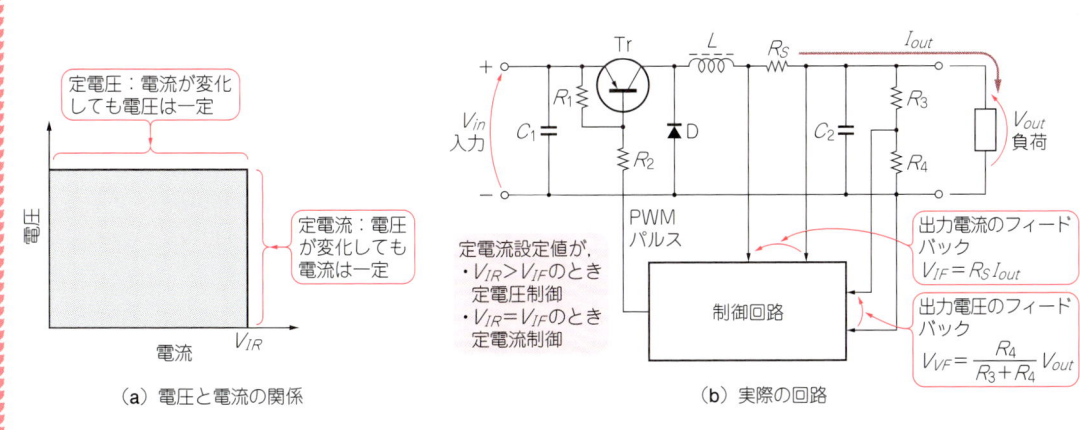

出力電圧のフィードバック
$V_{VF} = \dfrac{R_4}{R_3+R_4} V_{out}$

定電流設定値が，
・$V_{IR} > V_{IF}$のとき
　定電圧制御
・$V_{IR} = V_{IF}$のとき
　定電流制御

図A　定電圧定電流特性と実際の電源回路

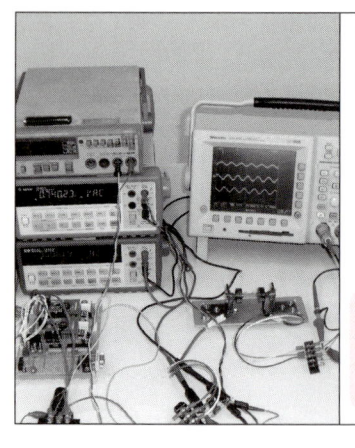

第5章 マイコンによるモータの回転コントロール

電圧と周波数を上手に制御して低速から高速までスムーズに

田本 貞治

本章では，3相のブラシレス・モータの回転数を制御する方法を紹介します．実験ボードに搭載された二つのパワー回路を上手に動かして，モータに加える交流の周波数と電圧を制御し，回転数を上げ下げします．

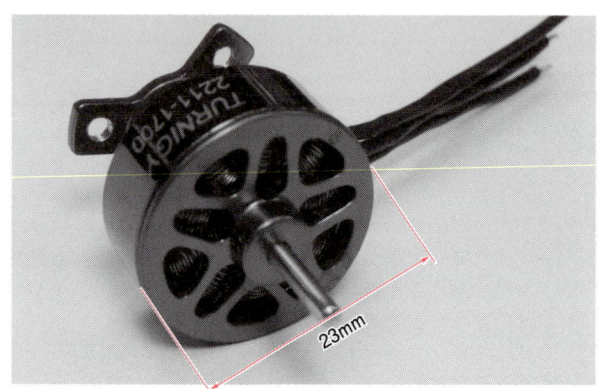

(a) 外側が回転する構造

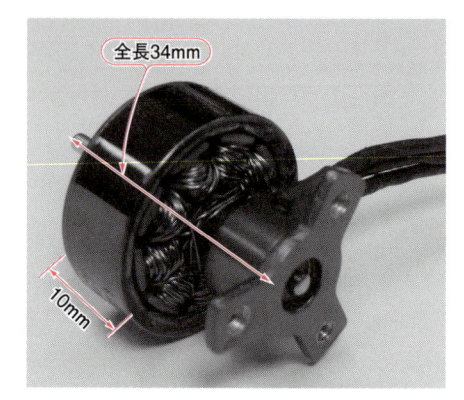

(b) 9個の磁極に巻き線されている

写真1　実験に使った3相ブラシレス・モータ Turnigy 2211 1700kv
ラジコン飛行機用，最大18870 rpmまで回せる．インターネットのRCパーツ・ショップ Lipo屋で購入．

　マイコンを使ったディジタル制御の代表的なアプリケーションといえば，モータ・ドライブです．エアコン，冷蔵庫，洗濯機に内蔵されているモータのほとんどが，マイコンで制御されています．

　本章では，実験ボードでモータに加える交流の周波数と電圧を制御し，回転数を上げ下げします．試作した実験ボードは直流だけでなく，少しの回路変更で簡単に交流も生成できます．これはマイコン制御ならではのメリットです．

　実験に使ったモータはラジコン飛行機用の3相ブラシレス・タイプ(**写真1**)です．ブラシレス・モータは，ブラシの消耗がないことによる長寿命化や保守性がよいことから，いろいろな分野で使われています．

マイコン制御だからこそできること

① 周波数と電圧の両方で低速から高速までスムーズ制御

　モータの回転数の制御範囲が低速から高速まで広い範囲にわたる場合は，周波数と電圧の両方を同時に制御します．

　ゆっくり回すときは，周波数を下げただけでは磁束が飽和するため，駆動電圧も下げます．速く回すときは，周波数だけでなく，駆動電圧も上げます．

　このような周波数と電圧を連動させた制御回路は，アナログでは複雑になりますが，マイコンを使えばプログラムで簡単に実現できます．

② 位相が120°ずつずれた3チャネルの正弦波の生成が簡単

　交流モータをスムーズに回すには，PWM制御で生成したなめらかな正弦波を加える必要があります．今回使うモータは3相なので，3相の正弦波電圧を発生させます．これはマイコンを使ったディジタル制御でなければ実現は困難です．

　アナログ回路で3相の交流電圧を発生する方法に，3個のOPアンプを使うリング・オシレータがあります．これは，周波数を変えるには，3連の可変抵抗で，3回路の抵抗を同時に変える必要があります．同様に電圧も3連の可変抵抗で同時に変えます．しかし，周

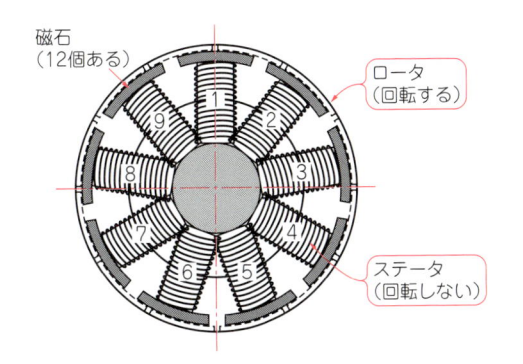

図1 実験に使った3相ブラシレス・モータの構造と内部接続

(a) 磁石は全部で12個，巻き線は全部で9個ある

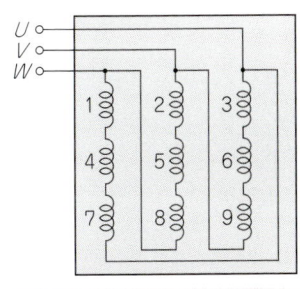

(b) 巻き線方法

コイルは2個おきに3個直列に巻き線されている．3回路がΔ（デルタ）結線されて3相構成になっている

波数と電圧を連動させることはできませんし，各OPアンプのコンデンサにばらつきがあると位相が一致しません．波形もひずみの少ない正弦波を出すのはたいへんです．

マイコンを使うと，正弦波の発生も，電圧や周波数の調整もソフトウェアで簡単に実現できます．

モータを回す準備

● 実験に使ったモータの性能を実測する

実験で使ったのは，DCブラシレス・モータ Turnigy 2211 1700 kv（写真1，以下，Turnigy）[1]です．

9個の固定子に巻き線が施され，外周に貼り付けられた12枚の磁石が回転します．図1のように，9個の磁極に対して2個おきに3個直列に巻き線され，それを3回路にして，Δ（デルタ）結線されています．3相の交流信号を3周期分加えると1回転します．

ホビー用なのできちんとした仕様書がありませんが，K_V値は1700でリチウム・イオン蓄電池3個で使えるようです．リチウム・イオン蓄電池の充電電圧は，1セル当たり3.7 V，3個で11.1 Vですから，次式のとおり最大18870 rpmまで回せることがわかります．

1700 × 11.1 = 18870 rpm

rpm（revolution per minute，アール・ピー・エム）は，1分間の回転数を示す単位です．

● 三つのコイルに120°ずつずれた交流電圧を加える

図2に示すように，U，V，Wの三つのコイルをもつ3相モータは，六つのパワー・トランジスタで構成された3相ブリッジ回路で駆動するのが一般的です．

U，V，Wの各相の出力電圧は，180°導通する方形波ですが，コイルに加わるのはこの電圧ではなく，各相間の電圧，つまりU-V間，V-W間，W-U間の電圧です．この三つの相間電圧が導通する位相角は，120°です．

実験ボードにはパワー回路が二つしかないのでちょっとした工夫が必要です．

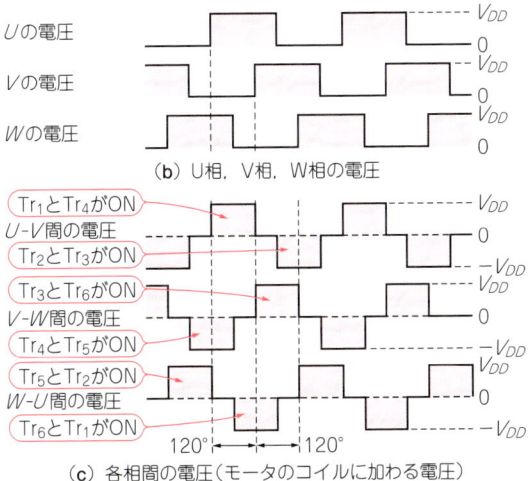

(a) 接続図

U：Tr_1とTr_2の接続点の電圧
V：Tr_3とTr_4の接続点の電圧
W：Tr_5とTr_6の接続点の電圧

(b) U相，V相，W相の電圧

(c) 各相間の電圧（モータのコイルに加わる電圧）

3相のインバータで120°ずれた方形波を出力する．振幅は0〜V_{DD}．U-V，V-W，W-Uの各相間に120°ずれた$-V_{DD}$〜$+V_{DD}$で変化する交流電圧が生じる

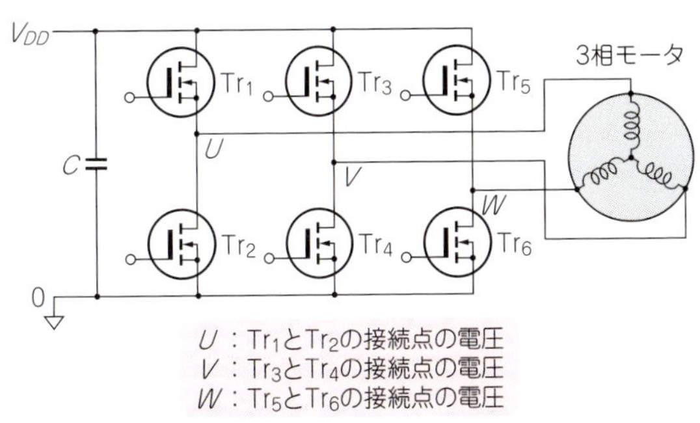

図2 一般的な3相ブラシレス・モータの駆動回路
六つのトランジスタで構成された3相ブリッジ回路で駆動する．

● パワー・ボードの部品を交換して交流を出力できるように改造

前述のように，モータは最大18870 rpmで回すことができます．このモータは，3サイクルで1回転するため，最大回転数のときにパワー・ボードが出力すべき交流信号の周波数は，次式から943 Hzです．

$$\frac{18870 \text{ rpm}}{60秒 \times 3サイクル} = 943 \text{ Hz}$$

試作したパワー・ボードは，直流を出力することを目的に設計されており，出力フィルタに470μFが使われています．パワー・ボードから交流を出力できるように，470μFを外して1μ～3μFのセラミック・コンデンサに交換します．セラミック・コンデンサは内部インピーダンスが低いので1kHz程度の交流電圧で問題なく使えます．

コンデンサに交流を流すと，電圧を$1/(2\pi f_C)$のインピーダンスで割り算した電流が流れるので，高周波になると容量を大きくできません．電解コンデンサは内部インピーダンスが大きいので発熱します．

● 二つのパワー・アンプで3チャネル分の交流信号を出力する

二つのパワー・ボードで，3チャネルの交流を作り出す定番の方法にV結線があります．

図3(a)のように，二つのパワー・ボードを，直流を交流に変換するDC-ACインバータとして動かし，各出力電圧の位相を変えます．

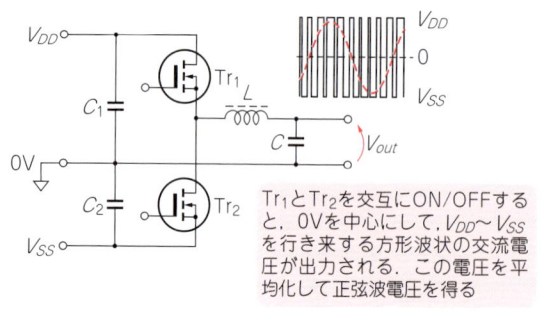

2回路で3チャネルの信号を出力するには，図3(b)のように，パワー・ボードの出力端子とグラウンド間に容量の等しい電解コンデンサを2個(C_3とC_4)直列に接続します．コンデンサに加わる電圧が同じになるように，同じ抵抗(R_1とR_2)をコンデンサ(C_1とC_2)と並列に接続し，接続点Ⓐの電位を電源電圧の1/2にします．

図4に示すのは図3の点Ⓐを基準にみた各相の位相の関係です．パワー・ボード1の出力電圧の位相を0°，パワー・ボード2の出力電圧の位相を60°とします．パワー・ボード1とパワー・ボード2の出力電圧の最大値が等しくなるようにPWM信号を制御します．

パワー・ボード1の出力Uとコンデンサ(C_1とC_2)の中間点Vとパワー・ボード2の出力Wから3本引き出すことで，3相の交流を取り出せます．この交流を加えると，DCブラシレス・モータが回り出します．

▶V結線インバータの欠点
(1) 最大出力は電源電圧の半分
V結線では，出力電圧の最大は電源電圧の1/2です．
(2) 出力信号は正弦波でなければならない
U相とW相の差が残りの1相になるため，二つのパワー・ボードの出力信号は正弦波である必要があります．図2に示す方法ならば，駆動信号は方形波でも問題ありません．

● パワー・ボードの出力仕様を決める
▶出力電圧の上限を23Vとする
前述のように，モータには最大11.1Vの方形波を加えることができます．図5に示すように，一つのコイルに加わる電圧の位相角は120°なので，実効値$V_{M(RMS)}$は次のように9.07 V_{RMS}です．

$$V_{M(RMS)} = \sqrt{\frac{120}{180}} \times 11.1 = 9.07 \text{ V}_{RMS} \cdots\cdots (1)$$

(a) ハーフ・ブリッジ・インバータ回路

Tr_1とTr_2を交互にON/OFFすると，0Vを中心にして，V_{DD}～V_{SS}を行き来する方形波状の交流電圧が出力される．この電圧を平均化して正弦波電圧を得る

モータ内部の中性点（観測できない）

中性点を基準にU，V，Wの電圧を観測するには，抵抗を3本使って中性点を疑似的に作る

パワー・ボード1　パワー・ボード2

(b) V結線インバータの回路

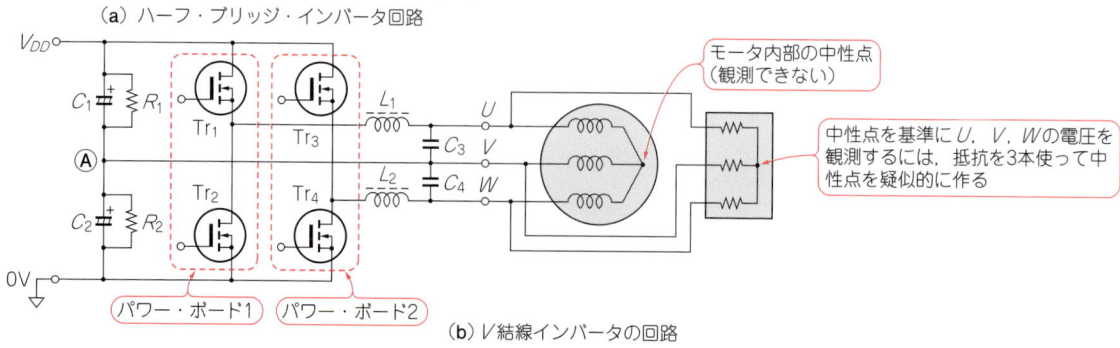

図3　二つのブリッジ回路で3相モータを回せるV結線3相インバータ回路
ハーフ・ブリッジ・インバータ2回路と抵抗とコンデンサを使った中性点で駆動する．

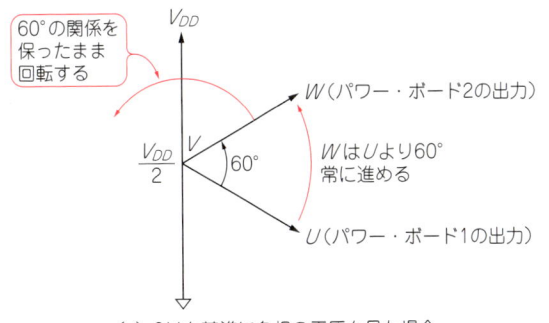

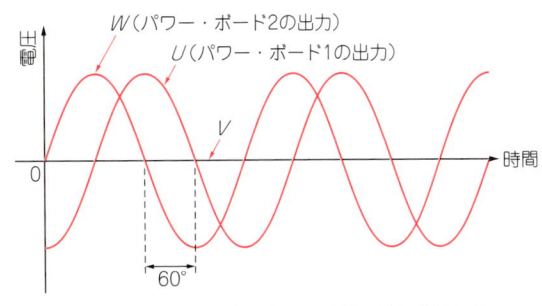

図4 図3(b)のV結線3相インバータ回路の各相の電圧を0V基準に見るとこうなる

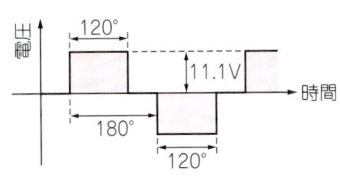

(a) 0Vを基準に各相の電圧を見た場合

(b) オシロスコープのグラウンドをV点に接続してUとWを観測するとこうなる

図5 パワー・ボードの出力仕様を決める①
モータに供給可能な最大電圧(11.1 V)の方形波の実効値を求める．導通するのは120°なので9.07 V_{RMS}．

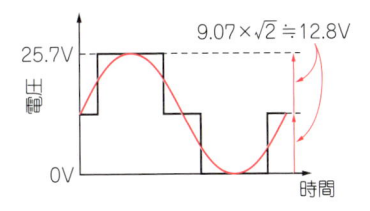

図6 パワー・ボードの出力仕様を決める②
パワー・ボードの最大出力を図5と同じ実効値するには，振幅25.7 Vの正弦波を出力する必要がある．

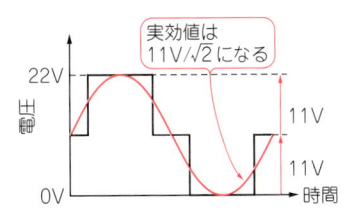

図7 パワー・ボードが出力できる正弦波の実効値
最大振幅は22 V．

パワー・ボードが出力する正弦波の最大出力の実効値をこの値と等しくするには，**図6**に示すように，パワー・ボード上のNJW4800に，次式で求まる25.7 Vを電源として加える必要があります．

$$V_{DD} = 2\sqrt{2} \times V_{M(RMS)} \fallingdotseq 25.7\ V \cdots\cdots\cdots\cdots (2)$$

実験に使ったACアダプタの出力は，24 V，2.7 A (STD-2427PA，65 W)です．少し電圧が低いですが，OKとしました．実際には回路部品による損失があるため，パワー・ボードから出力されるのは約1～23 Vです．

▶周波数範囲を50～1000 Hzとする

前述のように，モータに加えることができる周波数の上限は約943 Hzです．そこでパワー・ボードで出力する最高周波数を1 kHzとしました．

磁石タイプのモータは，駆動周波数が低すぎると回転が止まります．そこで，最低周波数を50 Hz (1000 rpm)としました．

▶モータに加わる電圧を確認

図7に示すように，パワー・ボードから振幅22 Vの正弦波を出力してモータに加える場合，コンデンサ分割点をニュートラルとする線間の電圧 V_{out} の実効値は次のように，7.8 V_{RMS}になります．

$$V_{out} = \frac{22}{2\sqrt{2}} \fallingdotseq 7.8\ V_{RMS} \cdots\cdots\cdots\cdots (3)$$

図8に示すのは，中性点からみた各相の電圧です．

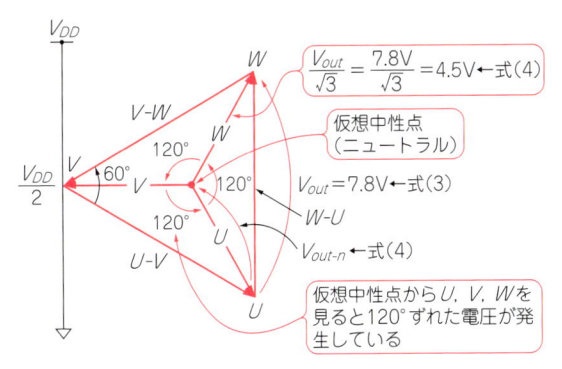

図8 中性点からみた各相の電圧

中性点に対する出力電圧 V_{out-n} は次のとおりです．

$$V_{out-n} = \frac{7.8}{\sqrt{3}} \fallingdotseq 4.5\ V_{RMS} \cdots\cdots\cdots\cdots (4)$$

以上の検討の結果，パワー・ボードの出力仕様を**表1**のように決めました．スイッチング周波数は300 kHzです．

実験1…モータの特性を調べる

■ チェック項目

前述のように，モータの仕様の詳細がわからないた

め実測します．実測するのは次の三つの項目です．
（1）1 kHz（20000 rpm）まで安全に回るか
　回転数が大きくなると，構造的な限界を越えて軸ぶれなどが発生して危険です．そこで，使用範囲内の周波数で，モータが暴れることなく安定していることを確認します．
（2）周波数と電圧の関係
　モータに低い周波数で高い電圧を加えると，コアの磁束が飽和して過電流が流れます．そこで，入力電圧と周波数の変化に対して入力電流がどのように変化するかを調べます．モータに加えることのできる電圧と周波数の範囲がわかれば，実験ボードによる電圧‐周波数制御に必要なデータが得られます．
（3）同じモータを負荷としてつないで取り出せる電力を調べる
　同じモータをもうひとつ用意して，回転軸どうしをつなぎ，1台を駆動用（モータA），もう1台を負荷用（モータB）として利用します．回転数やトルクを測る道具がなかったので，モータAの回転数を測る目的でモータBを接続しました．
　モータBに抵抗負荷を接続して電圧を測定し，どの

表1　モータ・ドライブの実験におけるパワー・ボードの出力仕様

項目	仕様
入力電圧	24 V_{DC}
中性点に対する出力電圧範囲	0～4.5 V_{RMS}
出力周波数	50 Hz～1 kHz（1000～20000 rpm）
周波数の変更速度	100 Hz/s
電圧の変更速度	0.1 V_{RMS}/s
回転方向	一定
スイッチング周波数	300 kHz

程度の電力が取り出せるかを調べます．パワー・ボードの出力電圧は実験ボードのRV_1で，出力周波数はRV_2で個別に変えることができます．

① 1 kHzまで安全に回るか
　パワー・ボードにモータAをつなぐ前に，図9に示す接続で，実験ボードの出力電圧をチェックします．
▶中性点を基準にU，V，Wの波形を観測
　3相出力に抵抗をスター結線して仮想中性点を作ります．この中性点を基準に，各相の電圧をオシロスコ

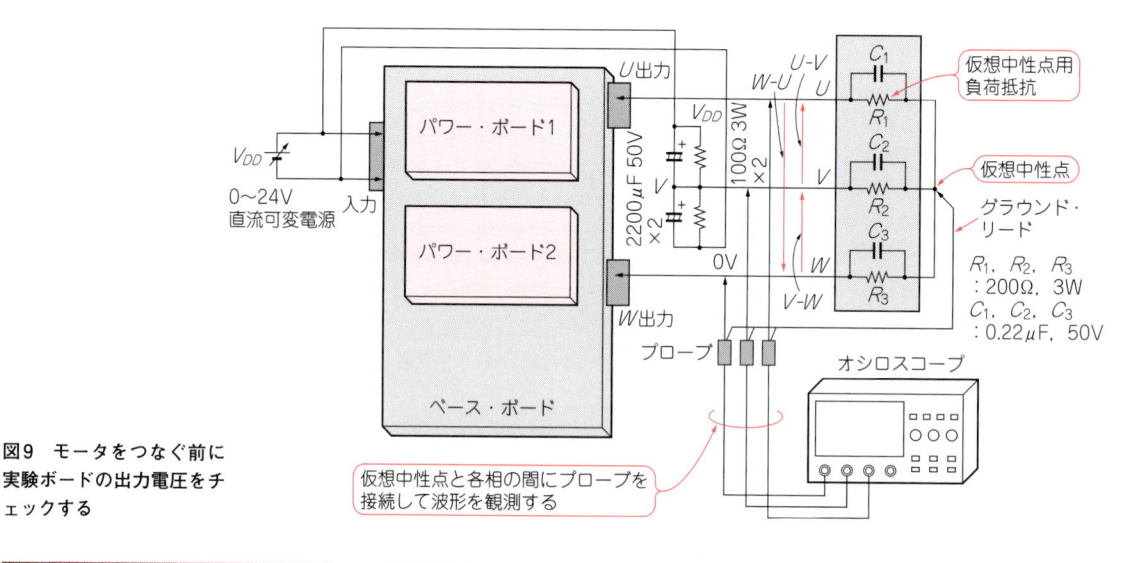

図9　モータをつなぐ前に実験ボードの出力電圧をチェックする

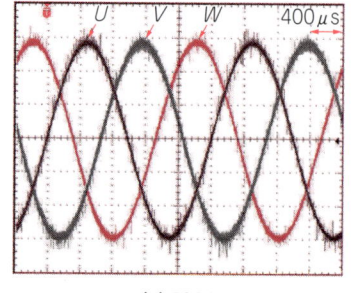

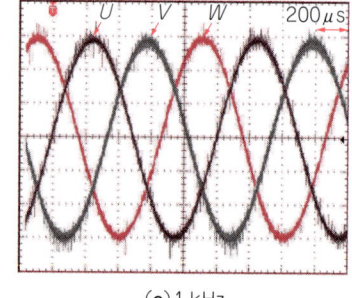

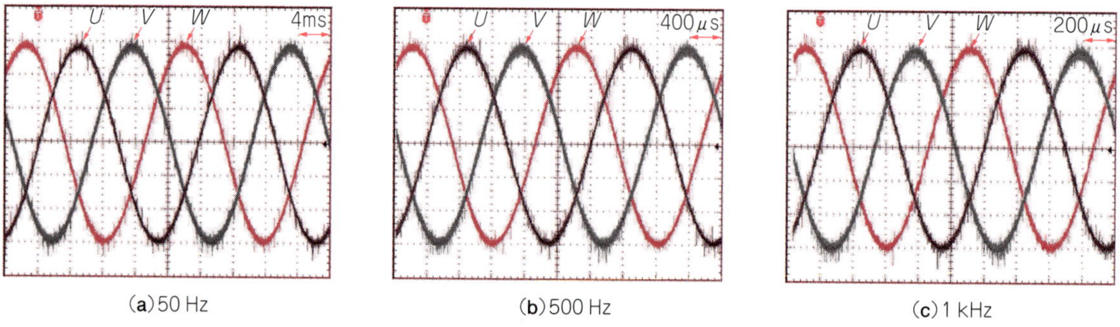

(a) 50 Hz　　(b) 500 Hz　　(c) 1 kHz

図10　V結線インバータとして動作していることを確認①（1 V/div）
図9の接続で中性点を基準にU，V，Wの波形を観測．周波数を変えても波形が変わらず，ひずみも小さい．

ープで観測すると，図10のような波形が観測されます．周波数を50 Hz，500 Hz，1 kHzと変えてみると，波形の変化はほとんどなく，ひずみが増えることもありません．

▶ V相を基準にU相，W相の波形を観測

図11に示すのは，V相を基準に見たUとWの電圧波形です．W相はU相より60°進んでいることがわかります．

モータAに加える3相交流電圧を確認したら，モータAを鉄の台の上に取り付けて回します．図12に実験時の接続を示します．図9と同様に電圧を測定するための仮想中性点はそのまま使います．

図13に示すように，モータAに加わる電圧波形はひずんで三角波になっていましたが，モータAはき

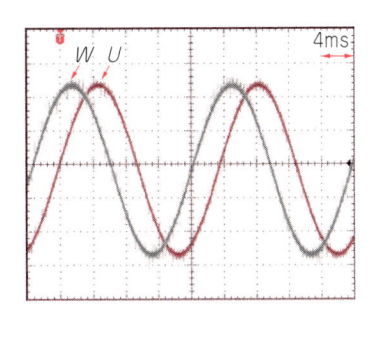

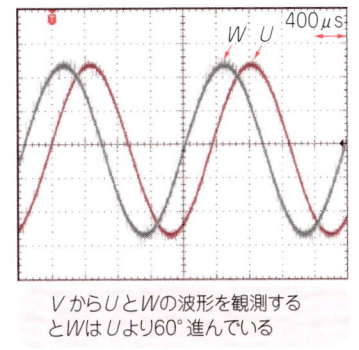

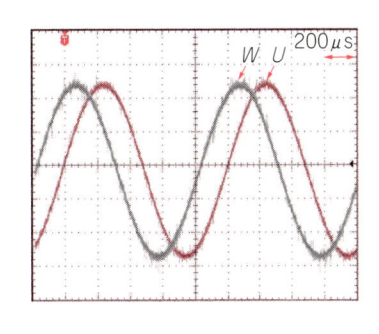

(a) 50 Hz　(b) 500 Hz　(c) 1 kHz

図11　V結線インバータとして動作していることを確認②（2 V/div）
図9の接続で0Vを基準にUとWの波形を観測．

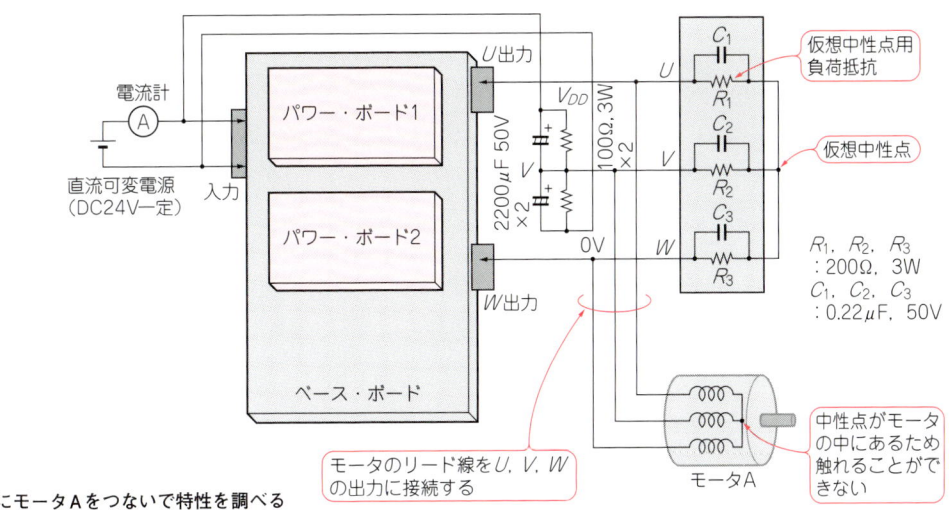

図12　実験ボードにモータAをつないで特性を調べる

(a) 50 Hz　(b) 500 Hz　(c) 1 kHz

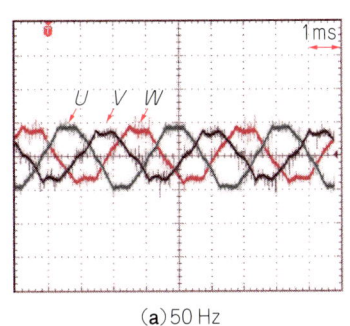

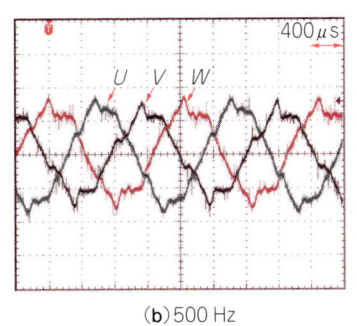

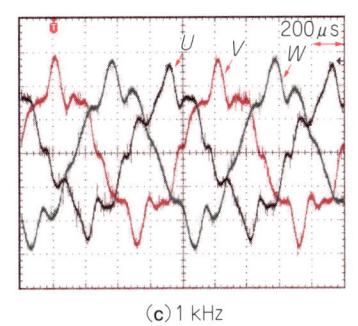

図13　モータAに加わる電圧波形はひずんでいる（2 V/div）
入力電流を一定にすると，モータに加わる電圧は周波数に比例する．波形はU, V, Wともバランスしており，三角波になっている．

ちんと回っていました．

この実験で，V結線を使った3相インバータの周波数を50～1 kHzの範囲で変えても，問題なく追従することがわかりました．1 kHz（20000 rpm）でも異音の発生や異常な入力電流は流れませんでした．

② **周波数と電圧の関係**

図14に示すのは，モータAに加える交流の周波数と電圧の関係です．実験用電源装置を使って，二つのパワー・ボードに供給する電圧をDC24 Vに固定し，電流を0.4 A/0.6 A/0.8 A一定にして測定しました．二つのパワー・ボードに供給される電流が一定なので，3相のコイルに流れる電流の総和も一定になります．

図14の特性線のうち，入力電流が0.6 Aのときの特性をこのモータAへの入力周波数と入力電圧特性とします．0.6 Aは，モータAの周波数を変えても安定に回転できる入力電流です．0.4 Aでは，素早く周波数を上げたときに，パワー不足でロックすることがあります．

0.6 Aのときの特性線を式で表すと次のようになります．

$$y = 0.028x \quad \cdots\cdots\cdots (5)$$

ただし，y：モータAへの印加電圧，x：周波数

300 Hzのとき0.86 V，500 Hzのとき1.4 V，1 kHzのとき2.8 Vとなるように，周波数と入力電圧を制御します．

図9において，300 Hz以下では特性線の傾きが変化しており，低い周波数でのトルクを得るため，300 Hz以下では0.86 V一定とします．

③ **モータBを負荷にして発電させ取り出せる電力を調べる**

入力電流と得られるパワーの関係を調べるために，同じモータをつないで負荷用として動作させます（写真2）．実験の接続を図15に示します．負荷用モータBには8.2 Ω，4.7 Ω，2.2 Ωの負荷（R_{L1}～R_{L3}）を接続

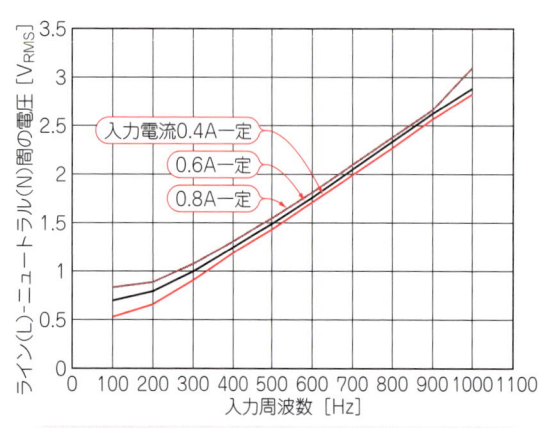

図14 モータAへの入力電流が一定のときの駆動信号の周波数と入力電圧の関係（負荷なし）

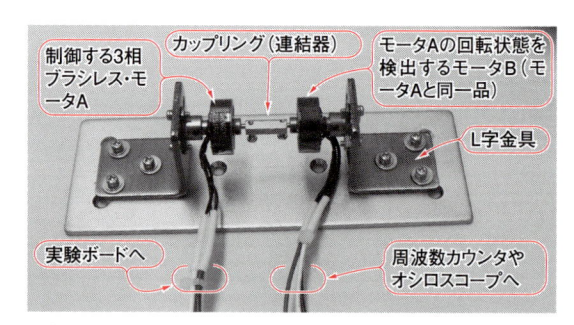

写真2 駆動用モータAに負荷用モータBを取り付けたところ
右側のモータは発電機として利用する．

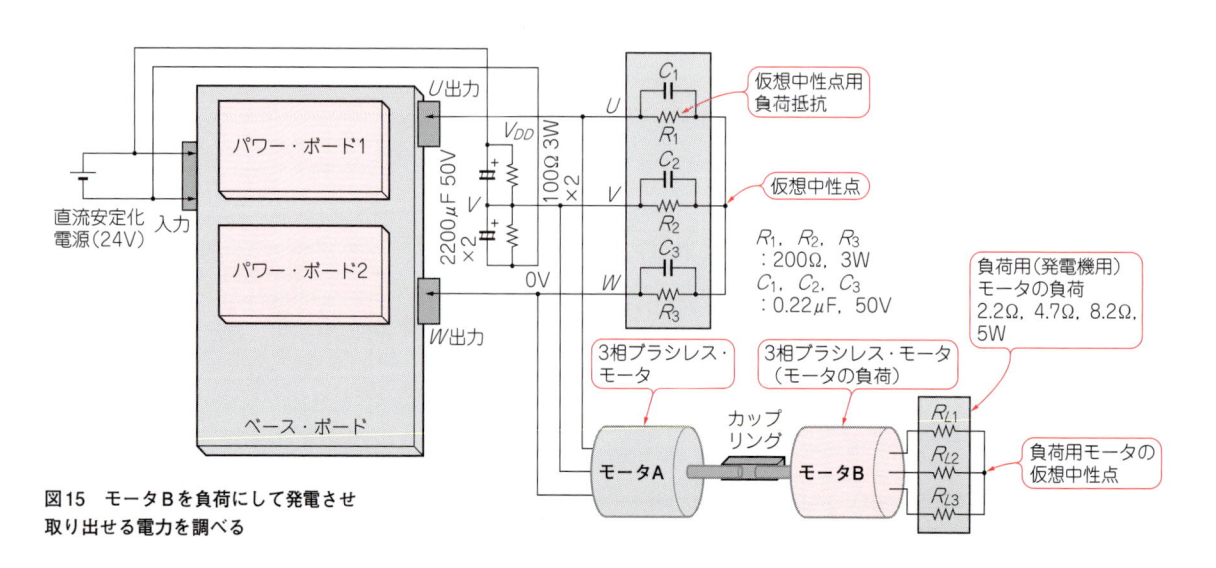

図15 モータBを負荷にして発電させ取り出せる電力を調べる

します．

図16に示すのは，パワー・ボードの入力電流を0.6 A，0.8 A，1.0 Aに一定にしたときのモータAに加える交流の周波数と入力電圧の関係です．図14と比べると，周波数と電圧の関係はほぼ同じですが，入力電流が増えています．これは，モータBがモータAの負荷となっているからです．

図17に示すのは，モータBの周波数と出力電圧の関係です．発電電圧は周波数に比例して増加します．周波数はモータAに加える交流の周波数と一致しており，発電電圧はモータAに加える電圧に依存せず周波数だけに依存しています．負荷を増加するとモータBの出力電圧は巻き線の抵抗により少し低下しています．図18に示すのはモータBの出力電圧波形です．

● 損失の計算

発電した電力を計算すると，図17から2.2 Ωの負荷のとき，2.4 V × 2.4 V/2.2 Ω × 3相で7.7 Wです．入力電力はDC24 V × 0.6 Aで14.4 Wです．2回路のパワー・ボードとモータAとモータBの損失の合計は6.6 W（= 14.4 W − 7.8 W）です．パワー・ボードの効率を90%とすると，13 W（= 14.4 W × 0.9）がモータBに加わる電力です．13 Wから負荷抵抗の電力を引き算すると，5.2 W（13 W − 7.8 W）がモータAとモータBの電力損失です．モータAもモータBも同じ電力損失とすると，このモータの電力損失は2.6 Wということになります．

図17から，実際の発電出力は次のとおり7.8 Wです．

2.4 V × 2.4 V/2.2 Ω × 3相 = 7.8 W

入力電力は図16から14.4 Wですから，半分以上が発電電力となっています．

24 V × 0.6 A = 14.4 W

ソフトウェアの作り方

モータの回転数を制御するには，パワー・ボードから出力する正弦波の周波数と振幅をリニアに変える必要があります．電圧と周波数の変更は，実験ボードのRV_1とRV_2で行います．実験ボード上のRV_1とRV_2の電圧をA-D変換した値で，出力電圧と出力周波数を変えます．実験ボードでは，RV_1はAN_0に，RV_2はAN_1に接続しています．

■ 正弦波変調されたPWMパルスを出力する方法

● パルス幅を変える方法
▶ 正弦波データ・テーブルを使う

正弦波の値をテーブルから読み出してパルス幅を決めます．1周期の正弦波を360（= 1°）等分します．

$$y = 1023 \times \sin(2\pi x/360)$$

で正弦波の振幅を計算します．xは0 ～ 359の値で，yは正弦波の振幅です．0 ～ 359までの正弦波の振幅をテーブルに格納しておき，順番に読み出してPWMパルスに変換します．

● 周波数を変える方法
▶ dsPIC内蔵のタイマを使う

前述のように，周波数の可変範囲は，50 Hz ～ 1 kHzと広範囲です．dsPICマイコンに搭載されているタイマの時間を変更することで対応します．

正弦波の分解能は360なので，0 ～ 359までカウントアップし，各カウントの周期をタイマで調整します．

タイマのカウント・クロックは，内部クロック周波数（F_{cy}）である39.6288 Mzです．したがって，タイマ

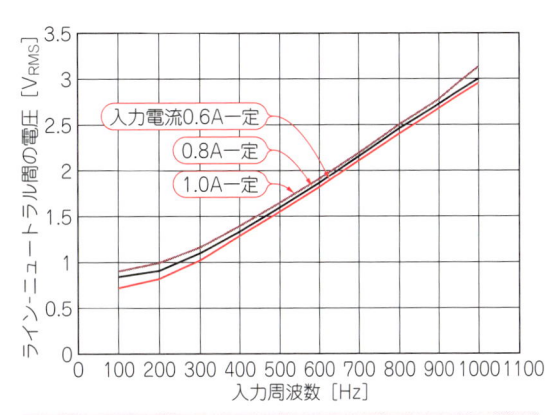

無負荷時の特性（図14）と比べると，入力電流が増加しても特性は変わらない

図16 モータAへの入力電流が一定のときの駆動信号の周波数と入力電圧の関係（モータBを接続）

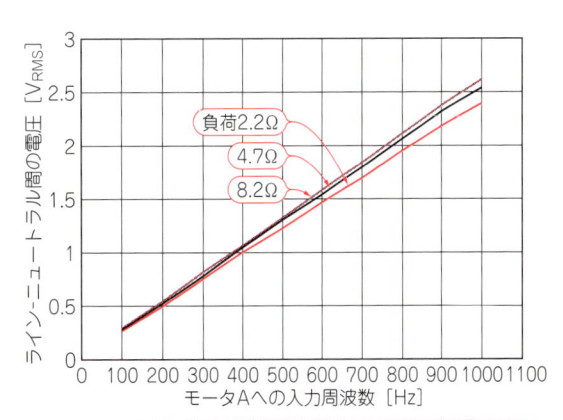

モータBの出力電圧は周波数に比例する．モータAへの入力電圧を大きくしても，入力電流が増加するだけで出力電圧は変わらない．負荷を8.2Ω→4.7Ω→2.2Ωと変えると出力電圧は若干低下する．これは巻き線抵抗による電圧降下と考えられる

図17 モータAへの入力電流が一定のときの駆動信号の周波数と入力電圧の関係（負荷用モータBにも負荷をかける）

ソフトウェアの作り方

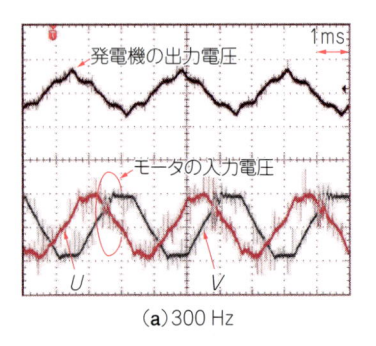

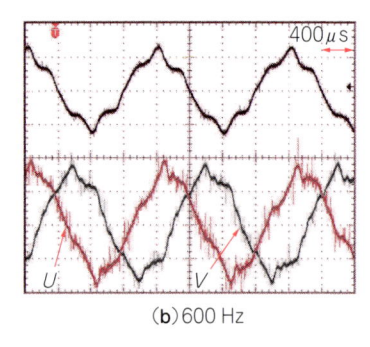

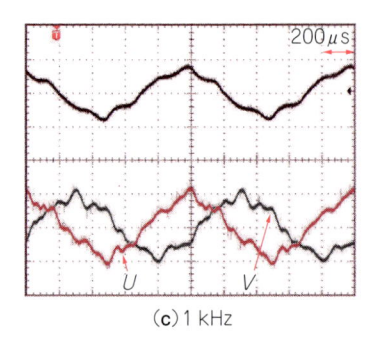

図18 モータBが発電する電圧波形(5 V/div)

(a) 300 Hz　　(b) 600 Hz　　(c) 1 kHz

のカウント数 n は，50 Hzのとき式(6)，1 kHzのとき式(7)で表されます．

$$n = \frac{3962880}{50 \times 360} = 2202 \cdots\cdots\cdots\cdots(6)$$

$$n = \frac{3962880}{1000 \times 360} = 110 \cdots\cdots\cdots\cdots(7)$$

式(6)から1 kHzの出力周波数のときのタイマ時間 t_m は次のようになります．この値が最小タイマ時間となり，この時間の中でU相とW相のPWMに値を設定して正弦波の振幅を変えていきます．

$$t_m = \frac{1}{29.6288 \text{ MHz}} = 2.8 \ \mu\text{s} \cdots\cdots\cdots\cdots(8)$$

● **振幅を変える方法**

テーブルから読み出した正弦波の値に係数を掛けます．PWMのクロック周波数(f_{clk})は，次式のとおりマイコンのクロック周波数7.3728 MHzが逓倍された周波数です．

$$f_{clk} = 7.3728 \text{ MHz} \times 32 \times 4 = 943.718 \text{ MHz} \cdots(9)$$

パワー・ボードのスイッチング周波数は300 kHzなので，PWM周期 T_m として設定する値は次のとおりです．

$$T_m = \frac{943.718 \text{ MHz}}{300 \text{ kHz}} = 3146 \cdots\cdots\cdots\cdots(10)$$

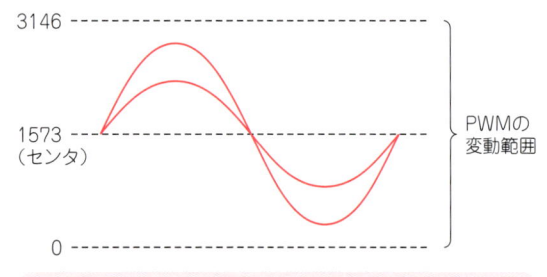

ハーフ・ブリッジの場合は，0VのときPWMの中心値(1573)になるように値を設定する．PWMに設定する値は，センタ値+正弦波テーブルの読み出し値×係数

図19 PWMのオン・デューティ0%のとき0，100%のとき3146になるようにプログラムを作る

PWMのオン・デューティが0%のとき0，100%のとき3146です(**図19**)．

正弦波テーブルの読み値に RV_1 の値から得られる係数を掛けます．係数は RV_1 の値が最大のとき3146にします．また，PWM信号のデューティが50%のときに出力電圧が0Vになるように，PWMの1/2を中心に正弦波で変調をかけます．

RV_1 で設定するモータAへの印加電圧が，その時の周波数で決まる電圧より大きいときは周波数で決まる電圧に制限して，式(5)の周波数と出力電圧の関係を維持します．その結果，RV_1 を最大にして周波数を変えると，式(5)の電圧がモータAに加わって，**図14**の0.6 A一定の電圧と周波数の関係を維持します．また，300 Hz以下のときはモータAへの印加電圧を0.86 V一定にします．これで，50 Hzでも始動できるようになります．

■ パワー・ボードを動かすための初期設定

二つのパワー・ボードは，dsPICマイコンのタイマ3の時間ごとに，PWM1とPWM2によりU相とW相の正弦波電圧を出力します．

▶ **PWM1，PWM2の初期設定**

表2にPWM2モジュールで使うレジスタを示します．PWM1の初期設定の方法は，Appendix Aを参照してください．

300 kHzのスイッチング・パルスをPWM1とPWM2から出力します．このときのレジスタの具体的な設定内容を**表3**，レジスタ・ビットの設定内容を**表4**に示します．

▶ **タイマ3の初期設定**

タイマ3で使うレジスタを**表5**に，レジスタに設定する内容を**表6**に，レジスタ・ビットを**表7**に示します．

▶ **割り込み関係の初期設定**

タイマ3割り込みを使います．これはカウントアップが完了した後，割り込みを発生させます．**表8**に使うレジスタの内容を，**表9**にレジスタ・ビットの設定を示します．

■ 正弦波を出力するプログラム

● A-D変換値を出力電圧と周波数に変換する

RV_1とRV_2の電圧をA-D変換した値を出力電圧と出力周波数に変換します．

▶出力電圧

図19に示すように，ハーフ・ブリッジ・インバータIC NJW4800の出力電圧は，PWMの最大値の1/2（1573）のとき0Vです．PWMの値が1573±1573，つまり0～3146まで変化すると100％の出力が得られます．

前述のように，正弦波テーブルには-1023～+1023の値が格納されているので，RV_1の値は10ビットの値（0～1023）に変換されます．そこで，RV_1が最大（1023）のときPWMに設定する値が1573になるように係数を掛ける必要があります．

まず，RV_1の値に1573/1023 = 1.538の係数を掛け算します．1.538は整数ではないため，この値を2^{10}倍した1573の値を掛け算し，後から2^{10}で割ります．この値とテーブルから読み出した値を掛けます．正弦波の値は10ビットなので，同様に2^{10}で割ることにより，出力電圧が正しく調整されるようになります．2^{10}の割り算は，10ビットの右シフトで実現します．

以上の結果，可変抵抗が0のとき0，可変抵抗が最大のとき最大振幅の正弦波が得られます．

表2 PWM2を動作させるために必要なPWMモジュールのレジスタ

レジスタ名	名　称	内　容
PDC2	PWM2ジェネレータ・デューティ・サイクル・レジスタ	PWM2にパルス幅を設定する
IOCON2	PWM2 I/O制御レジスタ	PWM2の出力端子，極性などの出力方法を制御する

表3 PWM1のレジスタ設定

レジスタ名	設定値	内　容
PDC1	1573	出力電圧制御の演算結果によりパルス幅を設定する．ここでは，スイッチング周期の50％の値を設定する例を示す．50％のとき出力電圧は0Vになる． PDC1 = 0.50 × PTPER = 0.50 × 3146 = 1573
PDC2	1573	PDC1と同じ50％すなわち0Vの値を設定する

表4 PWM1とPWM2のレジスタ・ビットの設定

レジスタ名	ビット番号	ビット名	設定値	内　容
PWMCON2	7～6	DTC	2	デッド・タイムは使わない
	0	IUE	1	PDC2の更新を即時反映する．この設定によって，同一周期内でPWMパルス幅の変更が可能になる
TRGCON2	15～12	TRGDIV	0	ADCトリガは使わない
IOCON2	15	PENH	1	PWM2H端子からPWMパルスを出力する

表5 タイマ3を動作させるために必要なレジスタ

レジスタ名	名　称	内　容
T3CON	タイマ3制御レジスタ	タイマ動作を制御する．クロックをカウントするタイマ・モードで動作するように設定する
TMR3	タイマ3レジスタ	クロックをカウントした値が入る．初期状態ではクリアしておく
PR3	周期レジスタ	TMR3と比較する周期を設定する

表6 タイマ3のレジスタ設定

レジスタ名	設定値	内　容
TMR3	0	初期状態としてカウント値をクリアしておく
PR3	2202	50Hzの出力周波数が得られる値を設定する．システム・クロックを使用してカウントする．システム・クロックは，7.3728 MHz × 43/4/2 = 39.6288 MHz PR2 = 39.6288 MHz/50 Hz/360 = 2202

表7 タイマ3のレジスタ・ビット設定

レジスタ名	ビット番号	ビット名	設定値	内　容
T3CON	15	TON	0	タイマ3を有効化する．ここでは無効にして後から有効にする
	5～4	TCKPS	0	タイマ・クロックのプリスケーラを設定する．ここでは，1:1に設定する
	1	TCS	0	クロック・ソースを選択する．ここでは内部クロックを選択する

表8　割り込みに使うレジスタ

レジスタ名	名　称	内　容
IFS0	割り込みステータスレジスタ0	割り込みの要求ステータスが設定される．ここでは，タイマ3を使う
IEC0	割り込み許可制御レジスタ0	割り込みの許可/禁止を設定する．ここでは，タイマ3を使う
IPC2	割り込み優先度制御レジスタ	割り込み優先順位を設定する．ここではタイマ3割り込みの優先順位を設定する

表9　割り込み関係レジスタの設定

レジスタ	ビット番号	ビット名	設定値	内　容
IFS0	8	T3IF	0	タイマ3割り込み要求，初期設定ではクリアしておく
IEC0	8	T3IE	1	タイマ3割り込みを許可する
IPC2	2～0	T3IP	4	タイマ3の優先度を4に設定する

表10　A-D変換値を出力電圧と周波数に変換するプログラムの定数，変数，フラグの一覧

記　号	名　称	種　類	型	内　容
PWM_MAG	周波数補正係数	定数	unsigned int	RV_2の値を周波数に変換する係数，値は951
NUM_SINE	正弦波の分割数	定数	unsigned int	正弦波の分割数．値は360
MOTOR_FREQ_MIN	最低電圧時周波数	定数	unsigned int	モータの最低電圧にする周波数値は300 Hz
MOTOR_VOLT_MIN	最低電圧	定数	unsigned int	モータに加える最低電圧
VOLT_MAG	PWM補正係数	定数	unsigned int	RV_2の値をPWMに補正する係数
shRV1Val	RV_1A-D変換値	変数	unsigned int	RV_1をA-D変換し平均化した値
shRV2Val	RV_2A-D変換値	変数	unsigned int	RV_2をA-D変換し平均化した値
shMotorFreq	モータ周波数	変数	unsigned int	モータに加える交流電圧の周波数
shMotorVolt	モータ電圧	変数	unsigned int	モータに加える交流電圧
shTM3Cnt	タイマ3設定値	変数	unsigned int	タイマ3設定値（周期）
fFreqChange	電圧・周波数変更フラグ	フラグ	unsigned int	RV_1とRV_2の平均化計算が終了し，値が確定したことを示すフラグ

表11　正弦波を出力するプログラムで使う定数，変数の一覧

記　号	名　称	種　類	型	内　容
MUM_SINE	正弦波の分割数	定数	unsigned int	正弦波の分割数．値は360
W_PHASE	Wの位相差	定数	unsigned int	UとWの位相差．値は60
CENTER	正弦波のCENTER	定数	unsigned int	正弦波の0のPWMの値
shNumSineU	U相の位相	変数	unsigned int	U相の位相．$x/360$
shNumSineW	W相の位相	変数	unsigned int	W相の位相．$x/360$
shSineData	正弦波データ	定数	int	正弦波のテーブル・データ
shMotorVolt	モータ電圧	変数	unsigned int	モータに加える交流電圧の電圧
shTM3Cnt	タイマ3設定値	変数	unsigned int	タイマ3設定値（周期）
PR3	タイマ3比較値	sfr	unsigned int	タイマのカウント値と比較する値
PDC2	PWM2設定値	sfr	unsigned int	PWMのパルス幅を設定する値

▶周波数

RV_2のA-D変換値が0のとき50 Hz，最大の1023のとき1 kHzになるようにします．したがって1023のとき950 Hzになるように係数を掛けます．すると950/1023になりますが，1以下の値になるので，2^{10}した値を掛け算して，あとから2^{10}で割り算します．その結果，係数は$950/1023 \times 1024 = 951$になります．よって，モータAに加える交流電圧の周波数はRV_2の値に951の係数を掛け2^{10}で割り算し，最低周波数の50を加えるとでき上がります．

▶タイマ3に設定する値

タイマ3に設定する値は式(6)，(7)を使って求めます．式(6)，(7)の50 Hzと1 kHzの代わりに上記で計算したモータ周波数を代入します．すると1サイクルのタイマ値が得られます．1サイクルは360分割しているので，さらに360で割り算するとタイマ3に設定する値が得られます．これにより，計算した周波数が実際の周波数として動作します．

▶A-D変換値を出力電圧と周波数に変換するプログラム

RV_1とRV_2で電圧と周波数を可変するプログラムは，メイン・ループの中に関数として記述します．この関数は可変抵抗の平均値計算が完了したあと実行します．表10に，A-D変換値を出力電圧と周波数に変換するプログラムの定数，変数，フラグの一覧を示します．また，プログラムのフローチャートを図20に示します．

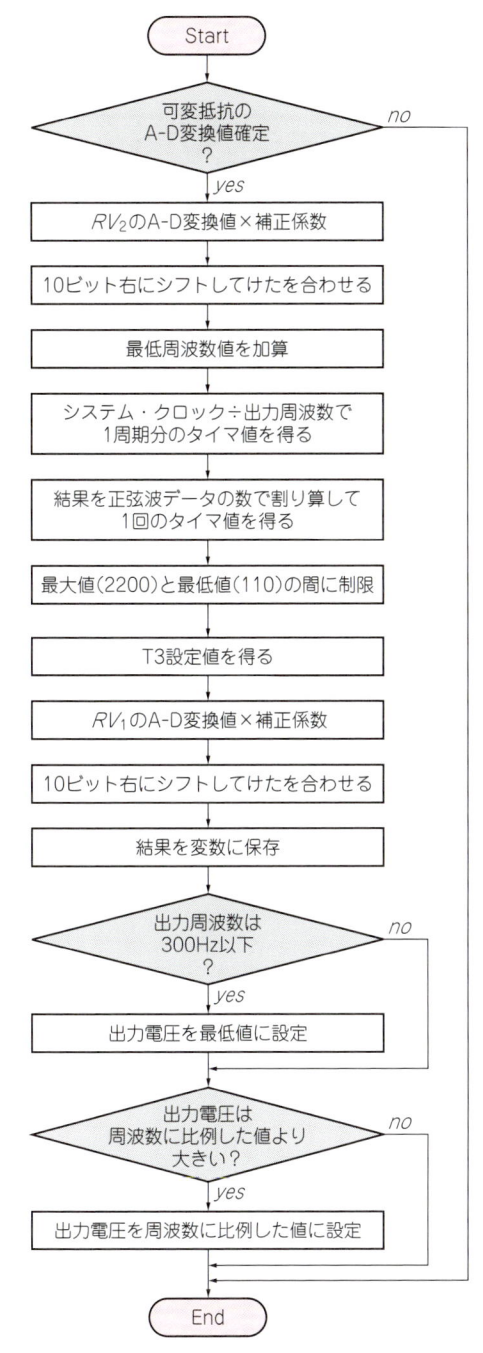

図20 ベース・ボード上の可変抵抗RV_1とRV_2の値を出力電圧と周波数に変換するプログラムのフローチャート

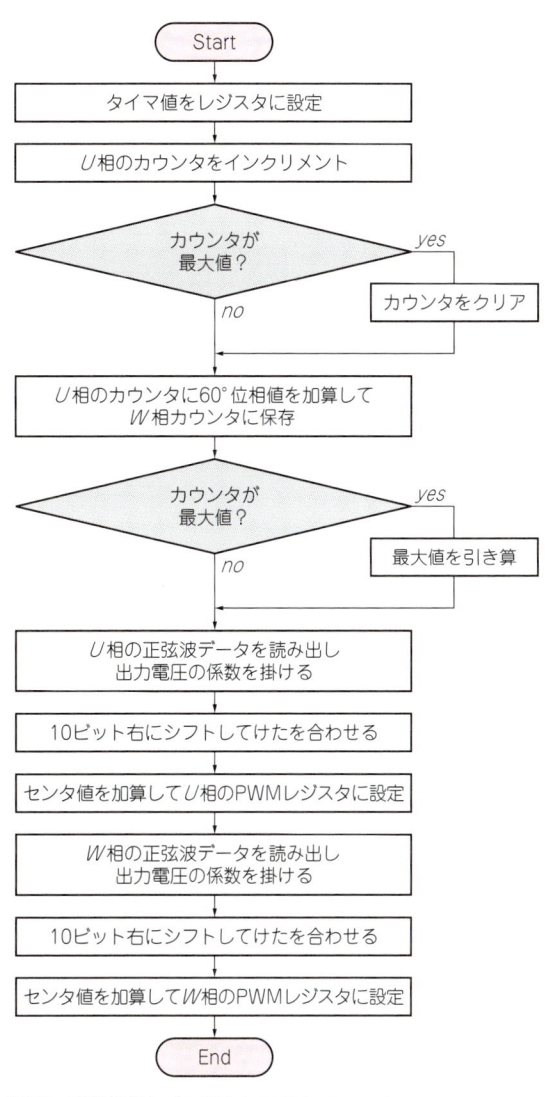

図21 正弦波出力プログラムのフローチャート

● 正弦波を出力するプログラム

U相とW相の2相の正弦波を出力するプログラムを作ります．

このプログラムはタイマ3割り込みの中に記述します．これにより，一定の周期ごとに割り込みが発生してPWMパルスが更新され正弦波が出力されます．

このプログラムでは，正弦波データの数を360としているため，1°位相がずれるごとに出力電圧が更新されます．

U相とW相はつねに60°の位相差を保持します．U相とW相は，読み出された正弦波データにRV_1に比例する値を掛け算し，桁合わせをするために10ビット右シフトします．続いて，CENTER値を加えてPWMレジスタに設定されます．

正弦波を出力するプログラムで使う定数，変数の一覧を**表11**に，プログラムのフローチャートを**図21**に示します．

（初出：「トランジスタ技術」2010年10月号　特集第5章）

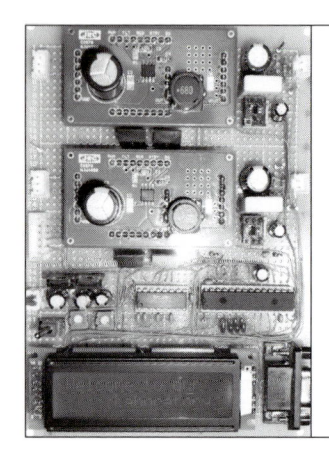

第6章 ディジタル・フィルタリングとPWM生成のテクニック
音質調整機能付き高効率パワー・アンプの製作

笠原 政史

発熱が小さく小型・薄型化できるD級増幅と呼ばれる方式の交流アンプを作ります．マイコンやパワー・アンプICの動作周波数が上がり，20kHzまでの低ひずみ再生が求められるオーディオにも利用できる時代になりました．

本章では，第2章で試作した実験ボードを使って，出力9W@4Ωのオーディオ用D級アンプを作ります（写真1）．dsPIC33は信号処理も可能なので，音楽信号の周波数特性を変化させて音質を調整する機能「グラフィック・イコライザ（グライコ）」も作り込みました．

● 小型化を実現する高効率パワー・アンプ「D級アンプ」の時代

スピーカを駆動するオーディオ用パワー・アンプの増幅方式には次の二つがあります．

（1）スイッチング方式
（2）リニア方式

スイッチング方式のアンプはD級アンプとも呼びます．図1(a)に示すように，出力段を構成するパワー・トランジスタの電流がゼロ(OFF)か，流れる(ON)かのどちらかの状態にしかなりません．

放熱器が不要になることもあるくらい発熱が小さいため，小型で高出力なアンプを作ることができます．自動販売機やアミューズメント機器，音声案内，薄型テレビなど大音量を出す機器が，このD級アンプを採用しています．

D級アンプが誕生する前はリニア・アンプがほとんどでした．リニア・アンプは，出力段のパワー・トランジスタが，常に電圧が加わった状態で電流が流れているため発熱します．回路がシンプルで性能も良いため，OPアンプなどはこの方式を採用しています．OPアンプは出力が小さいため発熱は問題になりませんが，数十～数百W出力のパワー・アンプでは大きな放熱

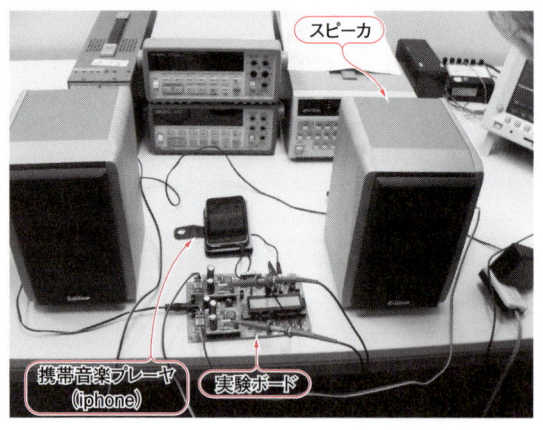

写真1 高効率な交流アンプ「D級アンプ」と信号処理の実験

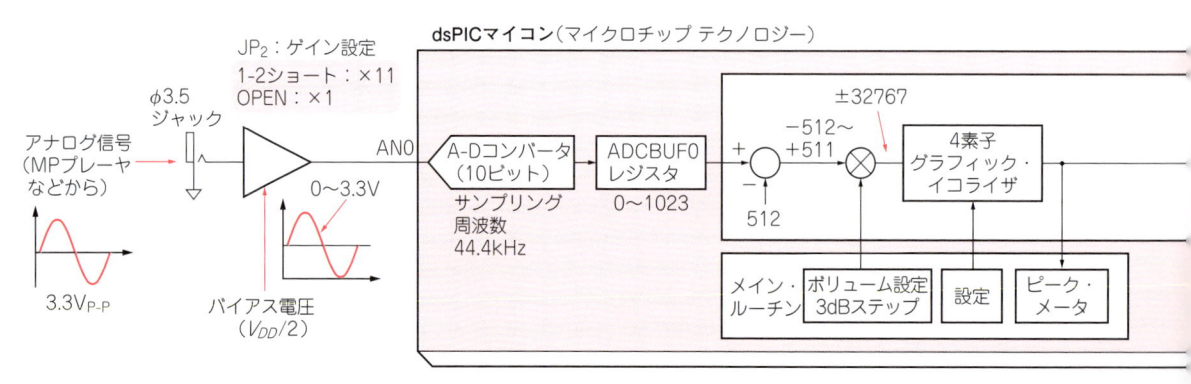

図2 製作したD級アンプの信号の流れ

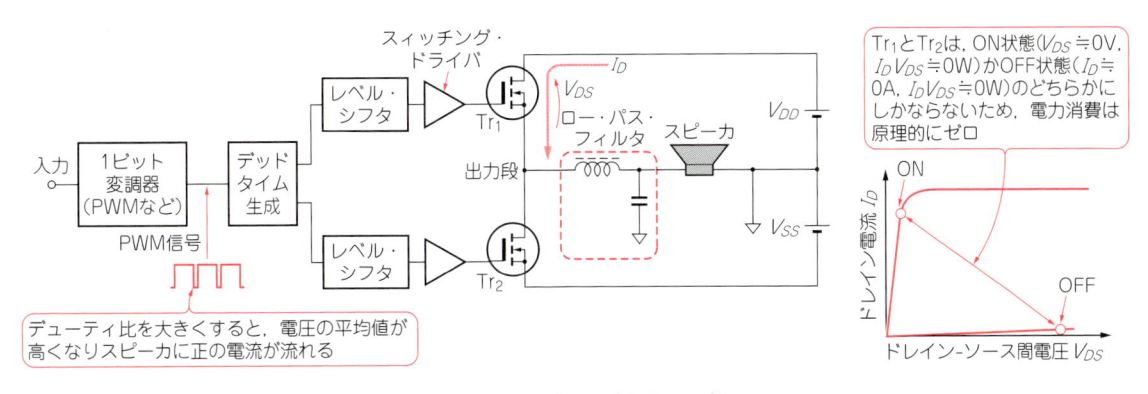

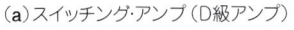

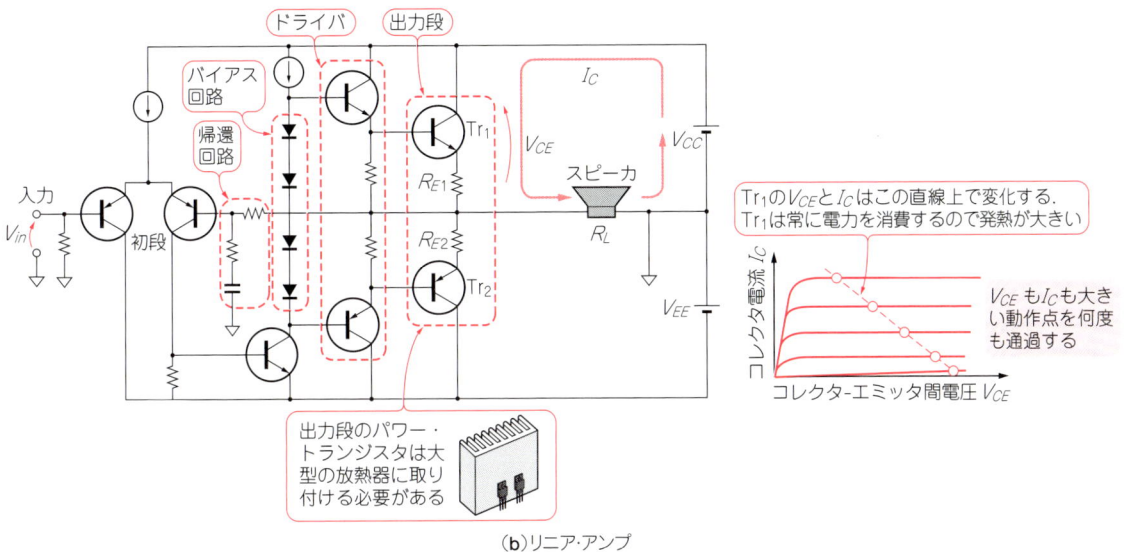

図1 高効率アンプ「スイッチング・アンプ」と従来のアンプ「リニア・アンプ」の構成と動作
スイッチング・アンプは損失が小さく発熱も小さい．パワー・デバイスの進化によって特性が良くなり，最近は多くの電子機器に採用されている．

器が必要です．

信号の流れ

図2に示すのは，製作したD級アンプの信号の流れです．オーディオ信号が実験ボードに入力されて，出力されるまでの流れを示しています．

リスト1に，制作したプログラムの主な流れを示します．

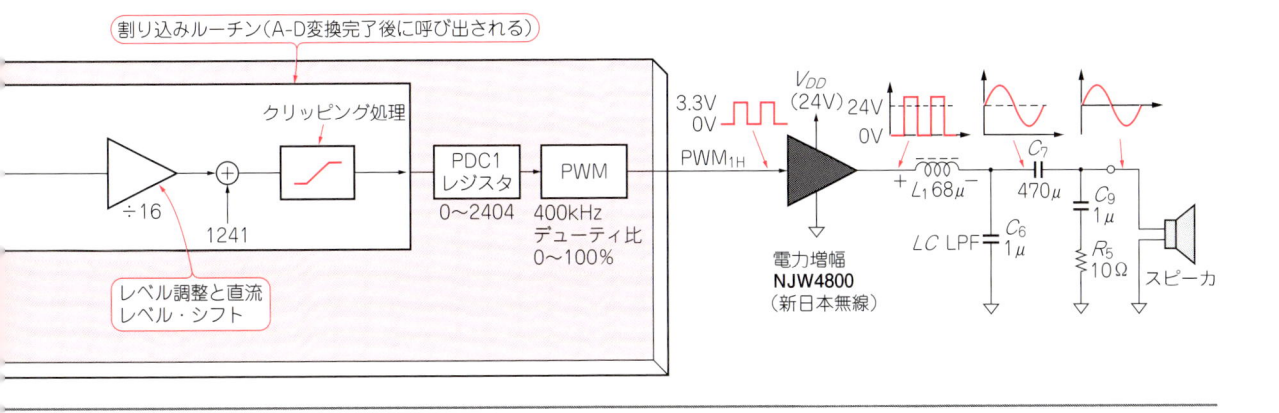

信号の流れ　69

リスト1　制作した信号処理プログラム(Lチャネル)

```
    extern IIRTransposedStruct GraphicEqualizer[2];        // グライコ用IIRフィルタ変数

    void __attribute__((interrupt, no_auto_psv))_ADCP0Interrupt(void)   // ADCペア0割り込み
    {
        static unsigned left;         // static変数なら関数を抜けても値が保存されている
        fractional value;             // MPLAB C30 DSPライブラリの信号で使われる16bit整数型

        LED = 0;                      // TP9をオシロスコープで観測すれば割り込み処理時間が分かる

        PDC1 = left;                  // 前回の計算結果を出力

        value = ADCBUF0 - 512;        // AD変換結果を符号付きに変換(数値範囲±511)

        value *= (volume&0x0001)? 64: 45;   // volume制御(3dB step)
        value >>= (15-volume) / 2;    // (数値範囲 ±32767)

        IIRTransposed(1, &value, &value, &(GraphicEqualizer[0]));   // グライコ

        left = (value>>4) + 1241;     // レベル調整・DAC出力用に直流レベルシフト

        _ADCP0IF = 0;                 // ADCペア0割り込みフラグクリア
        LED = 1;
    }
```

● A-D変換

dSPICの内蔵A-Dコンバータは，0～+3.3Vのアナログ電圧を0～1023の整数値に変換して，ADCBUF0レジスタに出力します．オーディオ信号は負にも振れるので，OPアンプ回路の基準電圧をバイアス電圧($V_{DD}/2$)でオフセットさせてから，A-Dコンバータに入力します．

● 音質調整とボリューム

A-D変換が完了したら，_ADCP0Interrupt()という関数が呼ばれます．ADCBUF0から$V_{DD}/2$相当を差し引くと，-512～+512(約±511)の整数になります．この整数に，音量を調節するボリュームの設定値に相当する値を掛けます．例えば0.5を掛ければ，±255の整数になり，音量が半分になります．

ボリュームの後ろで行うグラフィック・イコライザは，後述するノイズ(リミット・サイクル・ノイズ)を発生させます．ボリュームを絞ったときに信号がこのノイズに埋もれないように，信号のフルスケールを逆に±32767に大きくもち上げています．

PDC1レジスタに0～2404の間の整数を書くと，dsPICから自動的にデューティ比0～100%のPWM信号が生成されます．

● PWM信号を増幅する

PWM出力をパワー・ボード上のNJW4800で電力増幅して，LCロー・パス・フィルタ(LPF)に入力します．このLPFは，PWM信号に含まれているスイッチング・ノイズを除去します．NJW4800は，振幅が0～24Vの矩形波を出力するので，平均値は+12Vです．スピーカに直流を加えると壊れるので，C_7で直流成分をカットします．

PWM信号の生成モードとスイッチング周波数の検討

● ひずみは大きいがダイナミック・レンジが広いエッジ・アライン・モードを使用

dsPIC33FのPWM出力には，のこぎり波と比較するエッジ・アライン・モードと，三角波と比較するセンタ・アライン・モードがあります．ここではデューティ比を高分解能に設定できるエッジ・アライン・モードを使います．

図3(b)に，エッジ・アライン・モード時のPWM出力端子PWM_{1H}の出力波形を示します．

dsPICは，内部カウンタPTMRを1.06nsごとに1ずつカウントアップします．PTMRは，レジスタPTPERの値に達するとゼロ・クリアされます．PWM_{1H}端子は，PTMR≦内部レジスタの間"H"になります．

即時更新は無効にする設定にしているので，PWMサイクルの開始時にPDC1レジスタが取り込まれます．PWMサイクルの途中で，ソフトウェアがPDC1レジスタを書き換えたとしても，1サイクル中にパルスを二つ出力するなどの誤動作はありません．

▶ひずみの原因

図3(b)に示すように，カウンタがゼロ・クリアされる時間間隔は，つねに2.5μsです．それに対してPWM出力パルスの中心は，デューティ比が小さいときはaの位置，デューティ比が大きいときはbの位置，といったようにずれていきます．

(a) PWMモジュールの模式図

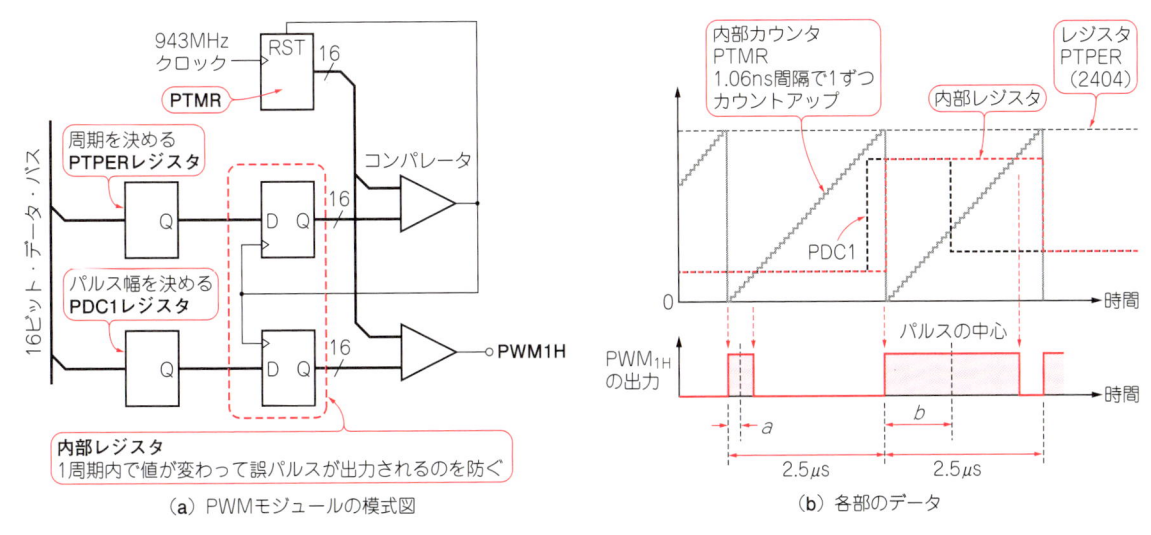

(b) 各部のデータ

図3 製作したD級アンプのPWM生成法
出力したい値とのこぎり波をコンパレータに入力して大きさを比較する．dsPICにはエッジ・アライン・モードとセンタ・アライン・モードの二つのPWM生成モードが備わっている．今回はエッジ・アライン・モードを採用した．マスタ・タイム・ベース，相補出力モード，極性ビットPOLH＝0，デッド・タイムなし，即時更新有効化ビットIUE＝0，APLL出力117.9 MHz．

　信号周波数が低い場合は信号の周期もmsオーダで長いので，2.5 μsずれても大きな問題ではありません．しかし，周波数が10 kHzの場合は周期が100 μsなので，2.5 μsずれると2.5%ずれることになり，波形ひずみの原因になります（**図4**）．

▶**センタ・アライン・モードではノイズだらけの音が再生される**
　センタ・アライン・モードはエッジ・アライン・モードよりも低ひずみですが，時間分解能が8.32 nsと粗いため，400 kHzスイッチングでの出力部のダイナミック・レンジは51 dBしかありません．これではノイズまみれの音になります．
　ダイナミック・レンジとは増幅回路などで扱うことのできるもっとも大きい信号と，もっとも小さい信号のレベル差です．この場合はフルスケール正弦波を出力した時の信号と量子化ノイズの比です．

● **スイッチング周波数は400 kHz**
　今回は，エッジ・アライン・モードを使い，2次高調波ひずみを抑えるためにスイッチング周波数を高めに設定しました．LCフィルタでスイッチング・ノイズを十分減衰させる都合からも，スイッチング周波数を高くしたいところですが，そうするとPWMの分解能が下がります．これらのトレードオフに配慮して，スイッチング周波数は400 kHzにしました．

● **ダイナミック・レンジは62 dB**
　PDC1を0～2404まで変化させると，デューティ比は0～100%まで変わります（0%付近と100%付近は誤差が大きくなる）．つまり，2404ステップで出力電

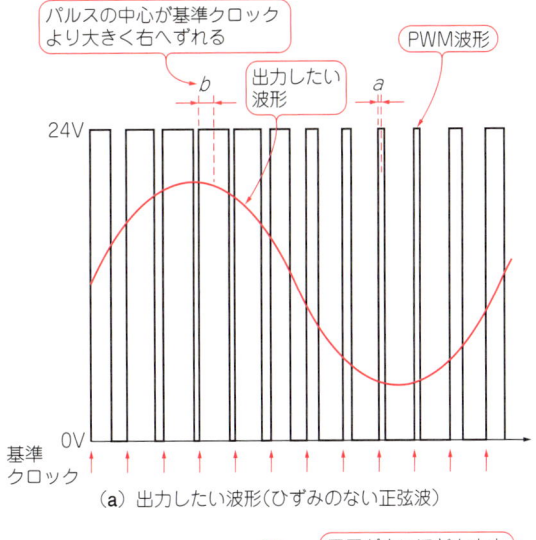

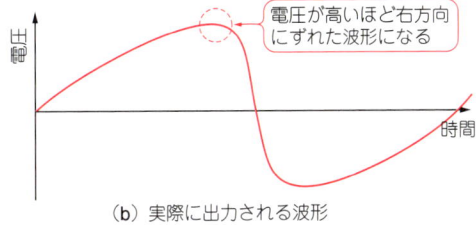

(a) 出力したい波形（ひずみのない正弦波）

(b) 実際に出力される波形

図4 エッジ・アライン・モードで生成したPWM信号を再生した波形はひずんでいる

圧を変えられるので，dsPICマイコンは，400 kHzのPWMで分解能が約11.2ビット（＝$\log_2 2404$）のD-A変換が可能です．nビットで量子化したときのダイナミック・レンジは$6.02n + 1.76$ dBなので，ダイナミッ

表1 実験ボードに音楽信号を入力してスピーカを鳴らす接続

基板名	配線番号	状態, 設定など
パワー・ボード1と パワー・ボード2	JP_1	ショート
	JP_2	オープン
ベース・ボード	JP_1, JP_4	2-3間をショートする
	JP_2, JP_5	1-2間をショートする ($V_{DD}/2$)
	$JP_3, JP_6,$ JP_8, JP_9	1-2間をショートする
	JP_{10}, JP_{11}	ショート
	SW_4	PICkit
	TB_5, TB_8 (AUDIO)	スピーカをつなぐ
	J_1 (AUDIO IN)	MP3プレーヤなどの出力 をつなぐ
	J_2 (PICkit2/3)	PICkit2 または PICkit3 を つなぐ

図5 制作したプロジェクトDclassAmpのファイル構成
DSPライブラリをリンクする必要がある.

ピーク・レベル：
出力信号のピークによって0〜7を表示. 出力がクリップすると大文字のC, 入力がクリップすると小文字のcを表示. 入力がクリップする場合は, ベース・ボードのJP_2とJP_5のショート・ピンを外す

グラフィック・イコライザ
上段が周波数[kHz]
下段がゲイン
（−9〜+9dB）

液晶ディスプレイ

```
Pk0  .15   2   6   20
V10  +5    0   0   -2
```

ボリューム設定
(0〜15)

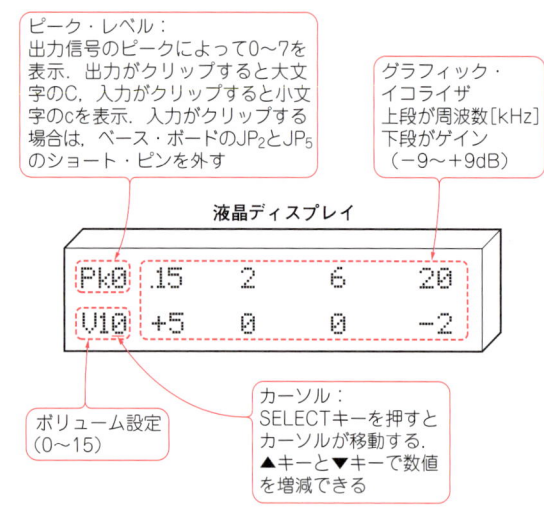

カーソル：
SELECTキーを押すとカーソルが移動する.
▲キーと▼キーで数値を増減できる

図6 dsPICにプロジェクト"DclassAmp"を書き込んで動かしたときの液晶ディスプレイの表示

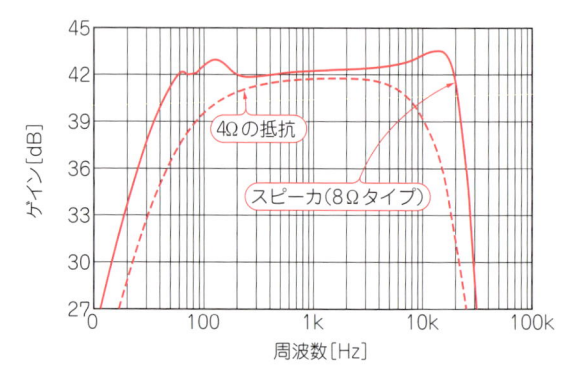

図7 スピーカ(8Ω)を接続したときのゲインの周波数特性
帯域は, ゲインが-3dBになる35 Hzと22 kHz. FRA5096(エヌエフ回路設計ブロック)にて測定. 低域はC_7, 高域はL_1とC_6のロー・パス・フィルタで遮断される.

ク・レンジは69 dBです(PWMキャリア除く).

しかし, dsPIC33に内蔵されたA-Dコンバータの分解能は10ビットなので, 実際に実現できるダイナミック・レンジは, 62 dB($\fallingdotseq 6.02 \times 10$ビット + 1.76 dB)です. これはだいたいカセット・テープ並みです.

音楽を再生してみる

● 再生の方法

実験ボードに, 携帯音楽プレーヤとスピーカをつないで音楽を再生してみます.

実験ボードのジャンパを表1のように設定し, J_3 (POWER) に, 24 V 出力のACアダプタ(STD-2427PA)を接続します.

MPLABでプロジェクトDclassAmpを開きます.

このソフトウェアはC30に付属するDSPライブラリを使っています. ライブラリのインストール先がプロジェクトDclassAmpの設定と違っている場合は, コンパイル時にエラーが出ます. その場合は, 図5を参照してください. dsPICにソフトウェアを書き込みdsPICを起動させると, 図6のように液晶ディスプレイに表示されます.

信号が大きすぎてクリッピングしているときは, 液晶ディスプレイに"pkc"と表示が出ます. ボリュームを下げても表示が消えないときは音源のボリュームを下げてください. A-DコンバータとPWMの分解能が低いのでノイズが大きく聞こえますが, 意外と良い音だと感じました.

● LCフィルタは負荷によって変動する

図7に示すのは, 製作したD級アンプの周波数特性です. 負荷によって変化しているのは, LCフィルタの出力インピーダンスとスピーカのインピーダンスの周波数特性の影響です.

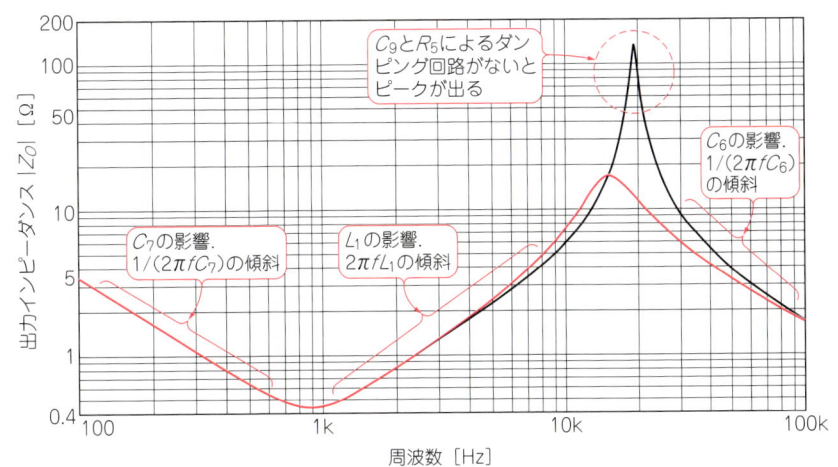

図8 パワー・ボード上にある LC フィルタの出力インピーダンス
カットオフ周波数付近で高くなる.

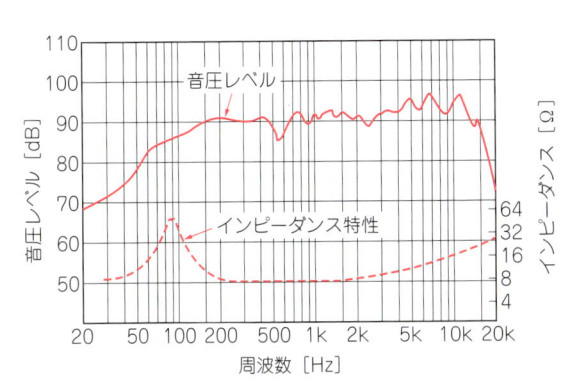

図9 スピーカのインピーダンスの周波数特性
一定ではない.

パワー・アンプIC NJW4800の出力は，LC フィルタの出力インピーダンスとスピーカのインピーダンスで分圧されます．LC フィルタの出力インピーダンスの周波数特性は，**図8**のように低域と20 kHz付近で大きくもち上がっています．また**図9**に示すように，スピーカのインピーダンスも一定ではありません．もし，LC フィルタの出力インピーダンスが0 Ωだったらこのような変動は発生しません．そこで，負荷による変動を少しでも抑えるため，コンデンサ（C_9）と抵抗（R_5）を組み合わせた CR ダンパを付けて，LC フィルタの出力インピーダンスを下げています．

C_6にはフィルム・コンデンサを使用しました．高誘電率系のセラミック・コンデンサを使うと小型化できますが，ひずみ率が高くなる可能性があります．

周波数特性調整機能「グラフィック・イコライザ」を実現する

● 特定の帯域を強めたり弱めたりできる

製作したD級アンプはスピーカによって周波数特性が変わります．その特性を補正したいこともあるでしょう．高音域と低音域を強調して，歯切れの良い音にしたり，中域を強調して音声を明瞭化したいこともあります．

このようなとき利用するのが，周波数特性調整機能「グラフィック・イコライザ（グライコ）」です．**図10**に示すのはグライコの周波数特性です．特定の帯域のゲインをもち上げたり弱めたりできます．

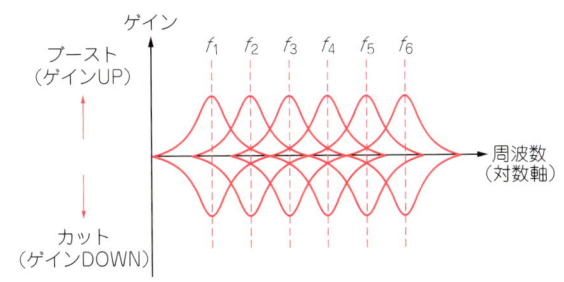

図10 市販のグラフィック・イコライザのゲインの周波数特性例
六つの周波数でゲインを上げ下げできる．6エレメントのグラフィック・イコライザ．

● dsPIC に IIR フィルタを作り込む

グライコのゲイン特性は，ディジタル・フィルタで実現できます．ディジタル・フィルタには IIR フィルタと FIR フィルタがあります．

FIR フィルタは周波数特性や位相特性を柔軟に設計でき，計算精度も高いのですが，サンプリング周波数に対して低い周波数特性を実現しようとすると，膨大な積和演算が必要となり，サンプリング周期内で計算が終わりません．

グライコを実現するディジタル・フィルタは，サンプリング周波数よりとても低い周波数を扱います．また，ユーザ操作に応じて周波数特性を自由にもち上げたり下げたり設定できる必要があります．

そのような場合はFIRフィルタではなく，**図11**に示す IIRフィルタを使います．a_1とa_2のようにフィー

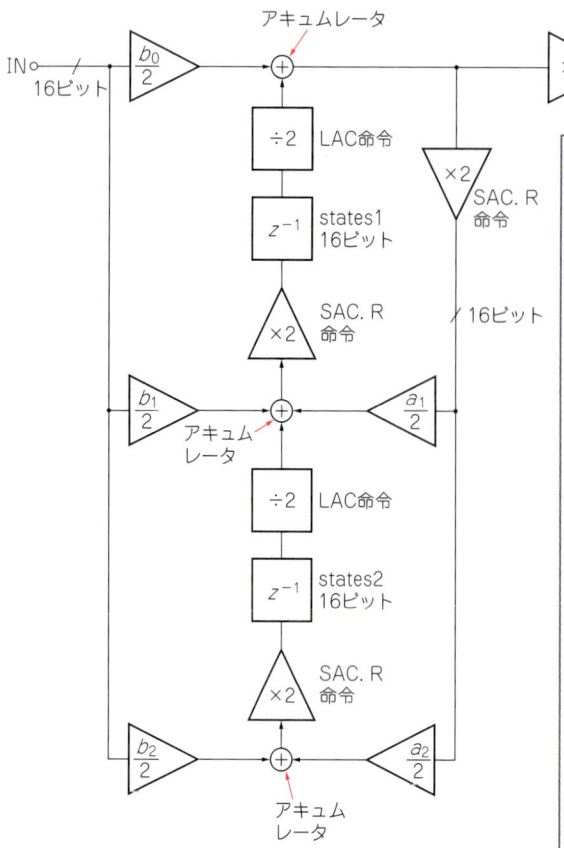

図12 dsPICのDSPライブラリ"IIRTransposed()"で作ったグラフィック・イコライザのブロック図

ドバック・ループがあるのが，IIRフィルタの特徴です．2次IIRフィルタ1個でグライコの一つの周波数の山と谷を作ることができます．4個直列に接続すると，四つの周波数ポイントのゲインを可変できる4エレメント・グライコを実現できます．

グライコの各係数は次のようにします．

$$b_0 = \frac{k_0(B)}{k_0(A)}, \quad b_1 = a_1 = \frac{k_1}{k_0(A)}$$

$$b_2 = \frac{k_2(B)}{k_0(A)}, \quad a_2 = \frac{k_2(A)}{k_0(A)}$$

$$k_0(u) = 4f_S^2 + \frac{2f_S\omega_0}{u} + \omega_0^2$$

$$k_1 = -8f_S^2 + 2\omega_0^2$$

$$k_2(u) = 4f_S^2 - \frac{2f_S\omega_0}{u} + \omega_0^2$$

$$\omega_0 = 2\pi f_0$$

ただし，f_S：サンプリング周波数 [Hz]，f_0：中心周波数 [Hz]，u：引き数

AとBは峰形状のパラメータで，今回は，

$$B = 1.5 + 0.45 - A$$

とし，Bを0.45 - 1.5まで操作できるようにしました．

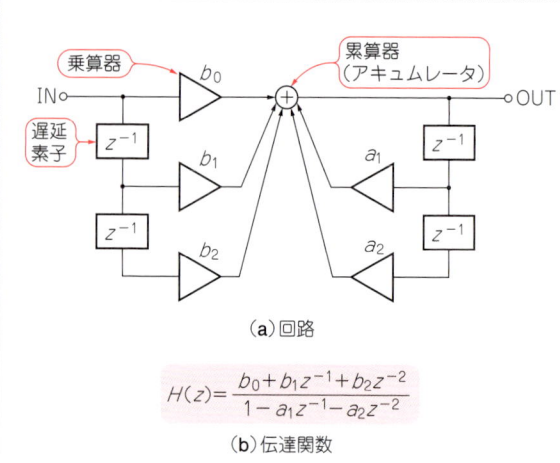

図11 グラフィック・イコライザは2次のIIRフィルタで作る

$$H(z) = \frac{b_0 + b_1 z^{-1} + b_2 z^{-2}}{1 - a_1 z^{-1} - a_2 z^{-2}}$$

（b）伝達関数

● **dsPICのライブラリを使う**

dsPICのDSPライブラリIIRTransposed()を使えば，dsPICのアーキテクチャを熟知していなくても高速演算が可能です．アセンブラを使う必要はありません．ライブラリを使わず，C言語でIIRフィルタを記述することもできますが，C言語変数のビット幅とdsPICのアキュムレータ長が異なるため，DSP機能が使われず低速になります．

伝達関数の係数aやbは，文献によって使い方が逆だったり符号が付いていたりするので，伝達関数の定義式 [**図11(b)**]，またはブロック図を見て使い方を確認する必要があります．**図12**に示すのは，プログラムIIRTransposed()のブロック図です．係数b_0，b_1，b_2，a_1，a_2は，1.15固定小数点フォーマットで1/2倍して与えます．ただし，C言語上では固定小数点という型はありませんから，16ビット整数として扱われます．そこで，32768/2倍してソース・ファイルに書きます．

図13に示すように，各係数を掛けた結果は32ビットです．それを40ビットのアキュムレータに積算します．

states1とstates2は，現在の状態をメモリに保管し，次のサンプル時間に取り出す1サンプル遅延です．ここで16ビットに丸められます．

● **実際の周波数特性**

図14に，dsPICにグライコを実装して測定した周波数特性を示します．

先ほどの係数は双1次変換で計算されているため，

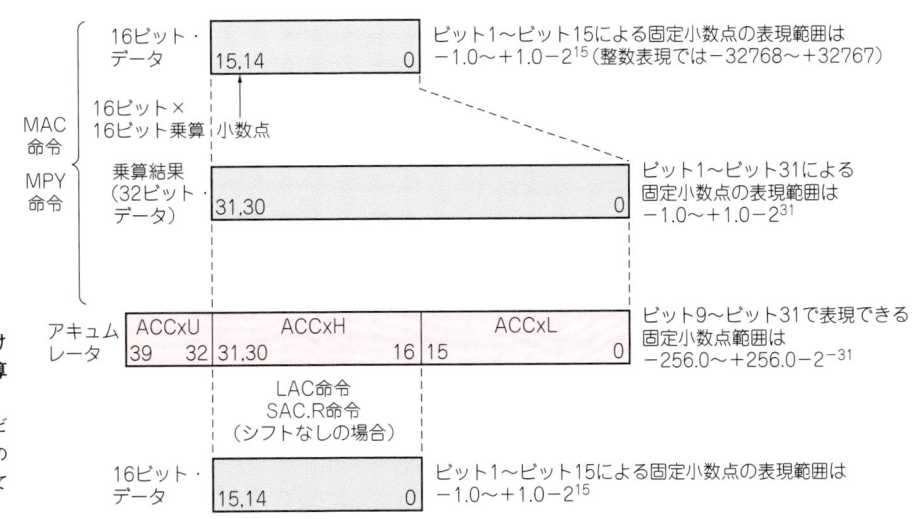

図13 IIRフィルタにおけるデータどうしの掛け算とビット幅
係数を掛けて得られる32ビットのデータを40ビットのアキュムレータに入力して積算する.

MAC命令／MPY命令: 16ビット×16ビット乗算

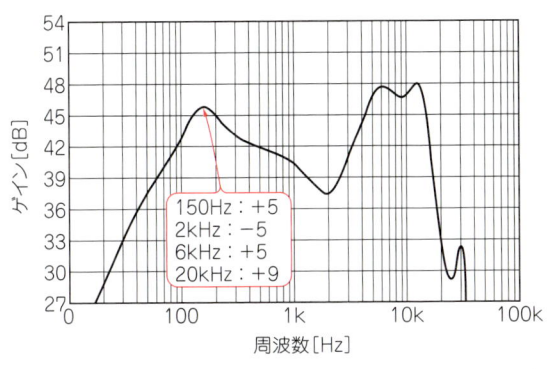

16ビット・データ [15,14 ... 0] ビット1〜ビット15による固定小数点の表現範囲は $-1.0 \sim +1.0-2^{15}$(整数表現では$-32768 \sim +32767$)

小数点

乗算結果(32ビット・データ) [31,30 ... 0] ビット1〜ビット31による固定小数点の表現範囲は $-1.0 \sim +1.0-2^{31}$

アキュムレータ ACCxU [39...32] ACCxH [31,30...16] ACCxL [15...0] ビット9〜ビット31で表現できる固定小数点範囲は $-256.0 \sim +256.0-2^{-31}$

LAC命令 SAC.R命令(シフトなしの場合)

16ビット・データ [15,14 ... 0] ビット1〜ビット15による固定小数点の表現範囲は $-1.0 \sim +1.0-2^{15}$

図14 制作したグラフィック・イコライザの周波数特性設定例(4Ω抵抗負荷, 実測)
エヌエフ回路設計ブロックFRA5096を使用. 20 mV$_{peak}$入力. Vol＝15.

150Hz：+5
2kHz：−5
6kHz：+5
20kHz：+9

20 kHzでは中心周波数がやや低くずれています．

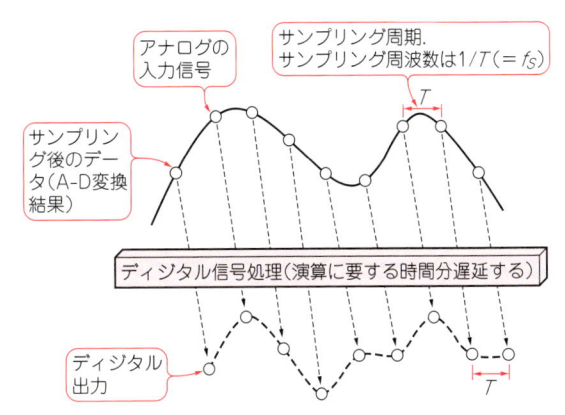

図15 信号処理装置はサンプリング周期ごとに入力と出力を行う
通常のディジタル信号処理では，アナログ入力信号を一定のサンプリング周期でA-D変換する．A-D変換で得られたディジタル信号を演算処理し，同じく一定のサンプリング周期で出力する．

アナログの入力信号
サンプリング周期．サンプリング周波数は$1/T(=f_S)$
サンプリング後のデータ(A-D変換結果)
ディジタル信号処理(演算に要する時間分遅延する)
ディジタル出力

信号処理プログラムのポイント

● サンプリング周波数を低くして演算時間を確保する

dsPICは，PWMスイッチング周波数を間引いて，A-D変換する機能をもっています．この機能を利用すると，スイッチング周波数は高速のままA-Dコンバータのサンプリング周波数を低くできます．LCフィルタを小型化でき，かつDSPの演算時間を稼ぐことができます．

図15に示すように，ディジタル信号処理を行う装置は，一定のサンプリング周期で信号を入力したり，出力したりします．今回の実験ボードは，PWM周波数が400 kHzなので，サンプリング周波数も400 kHzとするのが自然です．

サンプリング周波数が400 kHzの場合，1サイクル(2.5 μs＝1/400 kHz)で，

グライコ→ボリューム→ピーク・メータ

の三つの処理を終えなければなりません(図16)．また，IIRフィルタの中心周波数とサンプリング周波数がかけ離れるとノイズ(リミット・サイクル・ノイズ)が発生します．

▶リミット・サイクルとは

IIRフィルタには，図11のようにa_1とa_2のループがあります．

入ってきた一つめのデータとa_1とa_2の係数を掛けると，図13のように16ビットの変数と16ビットの係数の掛け算なので，32ビット・データになります．続いて，二つめのデータが入ってきたとき，先ほどの32ビット・データと16ビット係数を掛けると，48ビット・データになります．

しかしdsPICで高速に処理できる乗算は，16ビット×16ビットまでなので，前回の32ビット・データは，下位の16ビットを捨てられてしまいます．すると，ビット切り捨てによるわずかな計算誤差がループ内に

信号処理プログラムのポイント 75

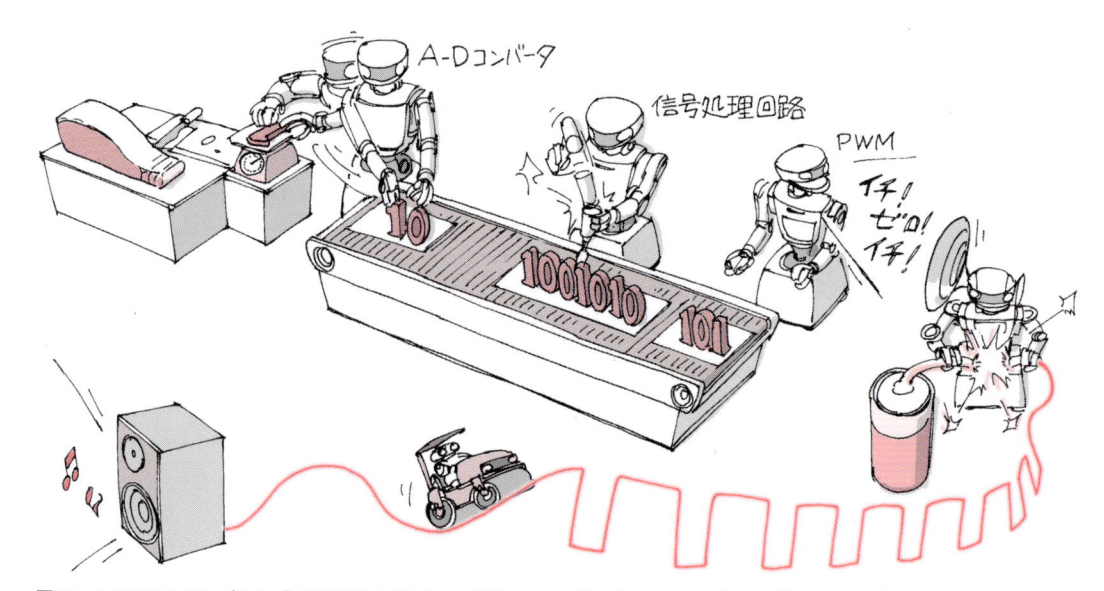

図16 dsPICは1サンプリング周期の間にグライコ/ボリューム/ピーク・メータの処理を終えなければならない
周波数が400 kHzの場合，1サンプリング周期は2.5μs（＝1/400 kHz）．

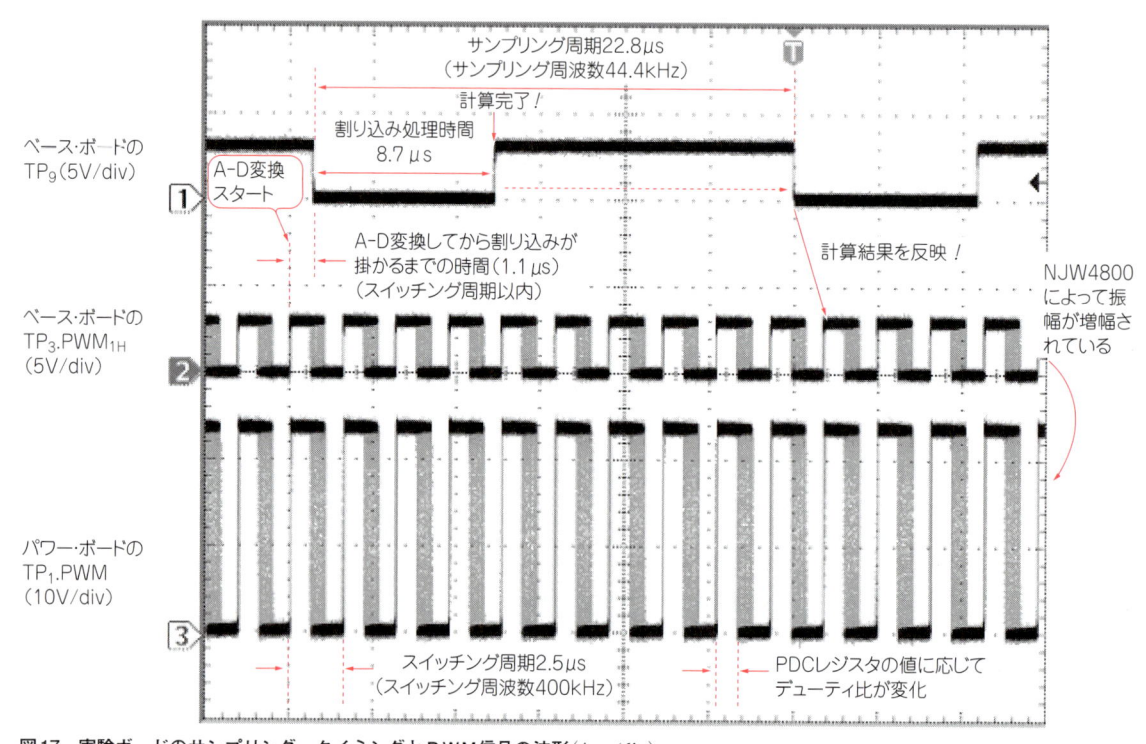

図17 実験ボードのサンプリング・タイミングとPWM信号の波形（4μs/div）
割り込み処理は，データが入ってきて割り込まれてから，次のデータが入ってくるまでに計算を終える必要がある．つまりサンプリング周期（22.8μs）以内で終わらせる必要がある．現状の割り込み処理時間は8.7μsなので，22.8μs/8.7μs＝2.6倍程度に処理時間が増えても問題ない．しかし処理時間が2.6倍になると，main()関数で行っているキー入力の受け付けやグライコ係数計算処理ができなくなるので，マージンを取る必要がある．

ずっと残留します．この計算誤差は，一定周期の繰り返しパターンをもち，リミット・サイクルと呼ばれるノイズになります．

● プログラム・ソースの説明

　図17に示すように，サンプリング周波数をPWM周波数の1/9（44.4 kHz）にしました．リスト2に初期設定用のプログラム・ソースを示します．

リスト2 制作したプログラムにおけるPWM生成とA-D変換のタイミングの設定
PWMパルス9回に1回，自動的にA-D変換して，変換終了したら割り込みを掛けてくれる．

```
~中略~
// クロックをFRC+PLLに切り替えて39.6MIPSにする
// ADC/PWMモジュール用補助クロック(ACLK)をFRC+補助PLL(16倍)で117.9MHzにする。

// PWM設定
PWMCON1bits.ITB = 0;          // マスタータイムベースモード
PWMCON1bits.CAM = 0;          // エッジアラインモード
IOCON1bits.PMOD = 0;          // 相補出力モード
PTCONbits.PTEN = 1;           // PWMモジュール有効
PWMCON1bits.DTC = 2;          // デッドタイム機能無効
PTPER = 2404;                 // マスタータイムベース スイッチング周波数400kHz
IOCON1bits.PENH = 1;          // PWMモジュールがPWM1Hピンを制御

// ADC 同期サンプリング
ADCONbits.FORM = 0;           // A/D結果は 0:unsigned int/1:固定小数
ADCONbits.SLOWCLK = 1;        // ACLK(117.92M)を使用
ADCONbits.ADCS = 4;           //  ADクロック分周FADC/5 = 23.584MHz
TRIG1bits.TRGCMP = 0;         // PWMジェネレータ1、PWM位相0°でトリガを出す
TRGCON1bits.TRGDIV = 8;       // PWMパルス9回に1回1次トリガを出す(44.4ksps)
_TRGSRC0 = 4;                 // PWMジェネレータ1の1次トリガでADCペア0(AN0,AN1)を変換
ADPCFG = 0;                   // 全アナログ入力ピンをADCとして使用。アナログモードに
IPC27bits.ADCP0IP = 2;        // ADCペア0割り込みレベル2
IFS6bits.ADCP0IF = 0;         // ADCペア0割り込みフラグクリア
IEC6bits.ADCP0IE = 1;         //ADCペア0割り込み許可
ADCONbits.ADON = 1;           // ADCモジュールイネーブル
SET_CPU_IPL( 0 );             // 割り込み許可
```

A-D変換を開始してから約1.1μs後に，ADCペア0割り込みが掛かります．約8.7μs後に右チャネルと左チャネルのグライコなどの演算が終わります．そのタイミングでPDCレジスタに結果を書き込んで，PWMのデューティ比に反映させてもよいのですが，もし，グライコなどの演算時間8.7μsが変動して，PDCレジスタに書き込むタイミングがPWMサイクルの開始をまたぐと，スイッチング周期2.5μsの時間ずれが発生します．

たかが2.5μsと思うかもしれませんが，わずかな時間揺らぎ（ジッタ）がS/Nの大幅な低下につながります．**図18**に示すように20 kHzの信号を入れるとS/Nは10 dBまで下がります．

そこで，**リスト1**のようにstatic変数を駆使して，今回の計算結果を次回の割り込みの先頭でPDCレジスタに書き込み，正確なタイミングで出力しています．

なお，サンプリング周波数は44.4 kHzなので，その半分の22.2 kHz以上を入力するとエイリアシングひずみを生じます．

制作したオーディオ・アンプの ひずみ率

● 約1％

図19に，1 kHzの正弦波を出力したときのひずみ率を示します．

制作したD級アンプは，6.2 V_{RMS}(8.8 Vpeak)以上出力できません．それ以上はクリップしてひずみます．

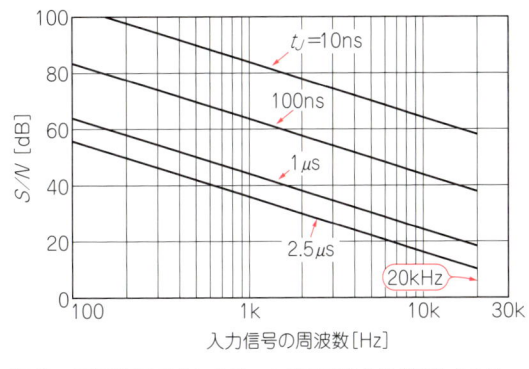

図18 PWM信号の少しのジッタがS/Nを大きく悪化させる

図20に出力波形(3 kHz，5 V_{RMS}，4Ω負荷)を示します．LCフィルタの効果で，400 kHzのスイッチング周波数成分はきれいになくなっていますが，サンプリング周波数である44.4 kHzは波形に重畳しています．LCフィルタの44.4 kHzでの減衰量は18 dBしかないからです．44.4 kHz成分が残っていたとしても電波障害もなく，可聴周波数外なので問題にはなりません．

● ひずみの原因

図21に示すのは，入力信号の周波数を変えながら測定したひずみ特性です．測定するときは，D級アンプの出力を減衰傾度の急峻なロー・パス・フィルタに通して，次の二つのノイズ成分を除去してからひずみ率計に入力しています．

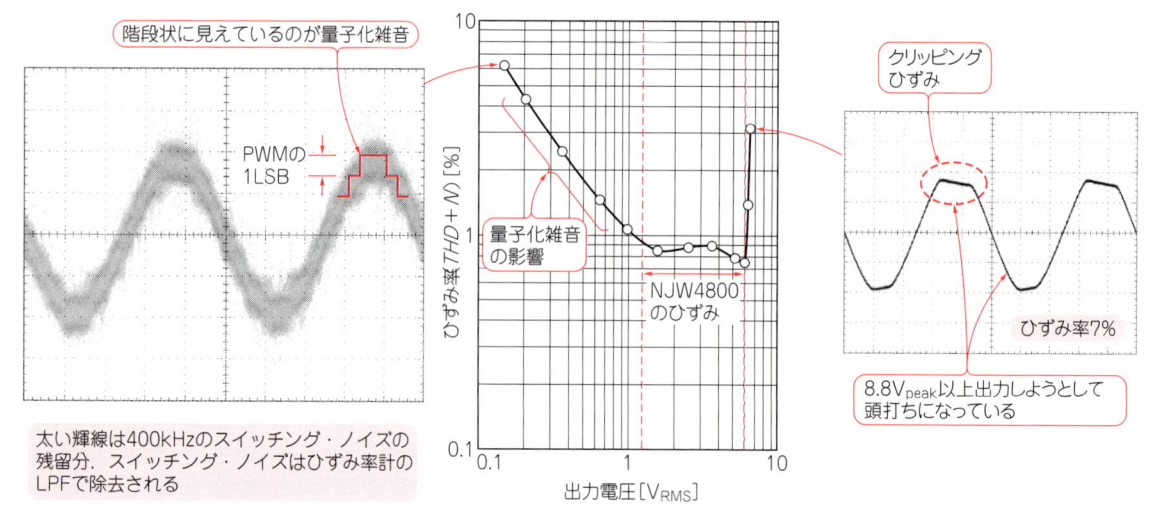

図19 製作したD級アンプのひずみ率-電圧特性
波形の観測レンジは2 V/div, 40 μs/div, 入力信号の周波数：1 kHz, 負荷：4 Ω抵抗, VP-7722A(LPF = 30 kHz, パナソニック)で測定.

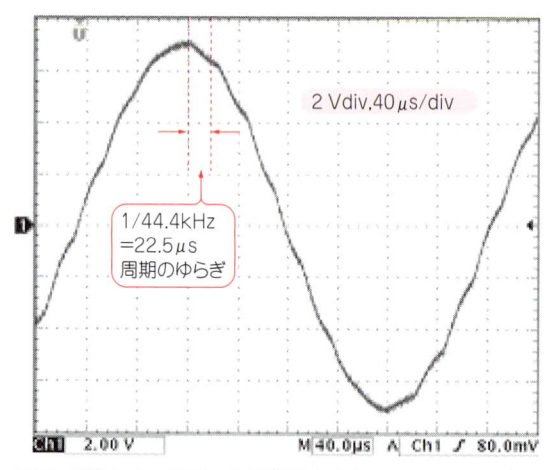

図20 製作したD級アンプの正弦波出力 (2 V/div, 40 μs/div)
3 kHz, 5 V_{RMS}, 4 Ω抵抗負荷. 400 kHzのスイッチング周波数成分は除去されているが，サンプリング周波数成分44.4 kHzが少し残っている.

- サンプリング周波数(f_S)
- 相互変調($f_S - f_{in}$)

17 kHz付近では，ひずみ率($THD + N$)が急激に悪化しています．これは$f_S - f_{in}$(27.4 kHz)と，相互変調成分が追加したロー・パス・フィルタのカットオフ周波数に近づき，大きい減衰量が取れなくなったからです．非可聴周波数ですから音質には影響しません．

5 V_{RMS}時のPWM$_{1H}$ピンは，500 Hz〜7 kHzの間，周波数が上がるとひずみも増えます．図4に示したエッジ・アライン・モードPWMによるひずみです．

7 kHz以上で，PWM$_{1H}$端子よりも出力端子のほうが低ひずみである理由は，4 Ω負荷により高域の周波数特性が低下して高調波成分も下がっているためです．

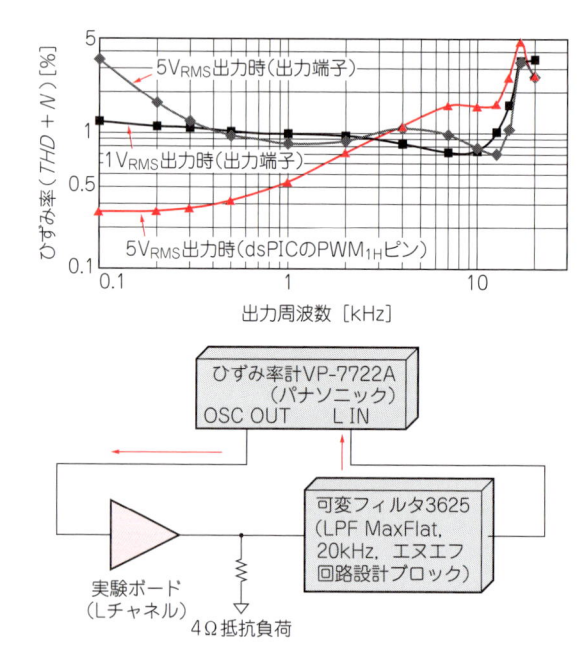

図21 製作したD級アンプのひずみ率-周波数特性
約1%である.

5 V_{RMS}, 100 Hz出力でひずんでいる理由は，+ 24 V電源電圧が信号周波数で変動するからです．

今回は無帰還としたため，電源電圧が変動するとアンプのゲインが変動します．そのため，波形がひずみます．出力電圧を帰還して低ひずみ化に挑戦してみるのも面白いでしょう．

(初出：「トランジスタ技術」2010年10月号　特集第6章)

第7章 刻々と変化する発電と充電状態をパソコンに転送&解析

太陽光パネルによる鉛蓄電池の高効率充電

田本 貞治

本章では，太陽光パネルで発電した電力を鉛蓄電池に充電する実験をします．発電電力や充電状態の時間変化をパソコンと液晶ディスプレイに転送してモニタします．

表1 実験に使った太陽光パネル(CN-SM-013)の仕様

項　目	仕　様
外形寸法	$W\,310 \times H\,615 \times D\,17$ mm
最低動作電圧	16 V
最小出力電流	660 mA
開放電圧	20 V
短絡電流	750 mA
最大出力電力	10 W
測定条件	分光分布 AM1.5，放射照度 1000 W/m^2，モジュール温度 25℃注(1)

注(1)▶分光分布：光の波長の分布．AM(Air Mass, エアマス)：太陽光が大気をどれだけ通過してきたかを示す数値．放射照度：太陽光の強さのこと．1 m^{2}当たり1000 Wのエネルギーが入ってくることを示す．

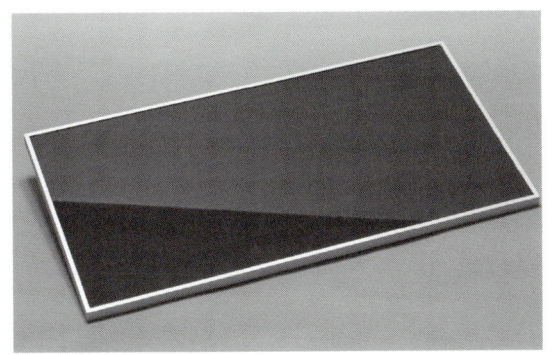

写真1　実験に使った太陽光パネル(CN-SM-013，リンクマン)
スペックは表1を参照．

本章では，注目の発電デバイス「太陽光パネル(**写真1**)」で発電した電力を鉛蓄電池に充電する実験を行います．

実験では，太陽光パネルの発電電力を測定して，データを蓄積し，解析するのに最適なツール「パソコン」に転送し保存します．最近のパソコンは大容量のデータを蓄積できるので，太陽光パネルの発電状況を終日調べたり，電池の充放電の経過を調べるのに最適です．

ここでもマイコンを使って，パワー・ボードを定電圧定電流で制御すると同時に，出力電圧や出力電力を測定してリアルタイムにパソコンに送信します．このような処理は，アナログ部品では実現できません．発電中の電圧と電流は，実験ボード上の液晶ディスプレイにも表示します．

鉛蓄電池に充電した電力は，第4章のLED照明の電源として実際に利用しました．このようにdsPICマイコンに書き込まれていたプログラムを書き換えるだけで，実験ボードは，鉛蓄電池の充電回路からLED点灯回路に生まれ変わります．二つのプログラムを実装してしまえば，一つの電源で，充電とLED点灯が可能です．これはマイコン制御ならではの応用です．

予備実験1…太陽光パネルの発電性能を実測

● いろいろな気象条件で測定する

パワー・ボードの制御のしかたは，太陽光パネルと蓄電池の性能しだいです．まず最初に，太陽光パネルの仕様を確認します．

太陽光パネルは，出力10 W程度の小型品(CN-SM-013，リンクマン)[1]を使いました．**表1**に仕様を示します．簡単な仕様書しかないので実測することにしました．

太陽光パネルの発電電力は，天候に大きく依存しますから，快晴，薄曇り，曇りの日の三つの条件で出力電圧と出力電流特性を測定しました．

● 実験結果

図1と**表2**に測定結果を，**図2**に測定回路を示します．定電流負荷装置を使って，太陽光パネルから取り出す電流を段階的に変化させ，太陽光パネルの出力電圧を測定します．そして出力電圧と出力電流から電力を求めます．

図1から，快晴の昼ごろのもっとも日射が強いときに，**表1**の仕様を満足することがわかりました．出力

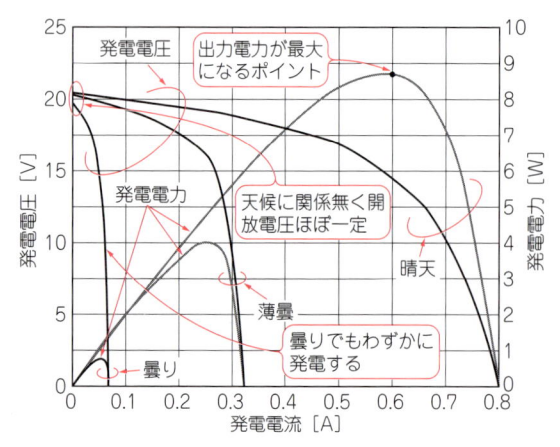

図1 実験に使った太陽光パネル(CN-SM-013)の発電性能(実測)
快晴の昼，日射が強いときに仕様を満足．日射量で変わるのは最大電力と短絡電流．開放電圧はあまり変わらない．

表2 実験に使った太陽光パネルの発電性能(実測)

日射条件	開放電圧	短絡電流	最大電力
快晴	20.6 V	0.80 A	8.8 W
薄曇り	20.3 V	0.32 A	4.1 W
曇り	19.9 V	0.06 A	0.8 W

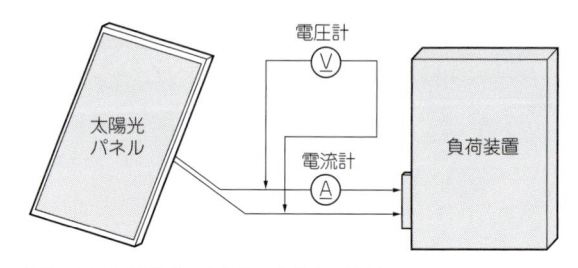

図2 図1の実験データを採ったときの接続

電力が最大になる電圧と電流のポイントが一つあります．このポイントを外れると発電効率が悪くなります．これはどんな太陽光パネルにも見られる特性です．

表2からわかるように，太陽光パネルの開放電圧は，曇りの日でも日射が強い日でもあまり変わりません．日射量で変わるのは，最大電力と短絡電流です．つまり，日射が弱くなると発電電力は弱まりますが，まったく発電しなくなるわけではありません．

予備実験2…パワー・ボードの試運転

■ 鉛蓄電池の充電電圧と充電電流を下調べ

鉛蓄電池は市販されている12Vの小型シール鉛蓄電池(HV7-12，新神戸電機，**写真2**)[(2)]を使います．**表3**にカタログに記載されている仕様を示します．

写真2 実験に使った鉛蓄電池(小型シール鉛蓄電池，HV7-12，新神戸電機)
スペックは表3を参照．実験には，NP7-12(GS ユアサ，7.0 Ah，DC12 V，151×65×97.5 mm，2.7 kg)も使える．

表3 実験に使った鉛蓄電池(HV7-12)の仕様

項　目	仕　様
型名	HV7-12
メーカ名	新神戸電機
容量(0.05 C 放電)	7 Ah
容量(1 C 放電)	4.7 Ah
内部抵抗	22 mΩ
充電電圧(20℃)	13.65 V ± 0.15 V
最大充電電流	2.1 A
最大放電電流	105 A
外形寸法 [mm]	W 65 × H 100 × D 151
重量	2.7 kg

● 13.65 V ± 0.15 Vで充電する

周囲温度が20℃のとき，13.65 V ± 0.15 Vで充電しなければなりません．許容範囲がとても狭いので，出力電圧精度の高い電源が必要です．

● 0.3 CA以下で充電すべし

最大充電電流 2.1 A (0.3 CA) 以下で充電する必要があります．一般に 0.7 A (0.1 CA) 程度で充電します．CAとは，電池容量 [Ah] を電流 [A] に読み替えた値で，1 CAは，この電池の場合，7 A (= 7 Ah × 1 CA) の充電電流のことを意味します．

■ パワー・ボード単体の試運転と性能チェック

鉛蓄電池と太陽電池をつなぐ前に，パワー・ボード単体の出力特性を調整します．

鉛蓄電池はその充放電特性にあった定電圧定電流特性の電源で充電しなければなりません．しかし前述のように，高精度な電圧で充電しなければなりません．パワー・ボードが充電用電源として使えるかどうか，その性能を調べます．

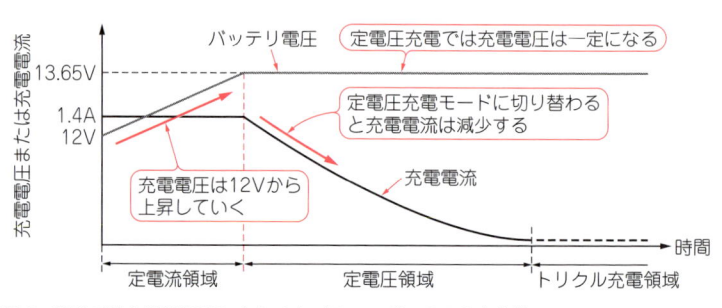

図3 実験で使う鉛蓄電池に合わせたパワー・ボードの出力仕様

● **実験ボードに持たせる機能**

　実験ボードを鉛蓄電池の充電回路として機能させるために，パワー・ボードを定電圧定電流で動かします．

　出力電圧は，実験ボード上の可変抵抗 RV_1 で，出力電流は RV_2 で設定できるようにプログラムします．出力電圧と出力電流は，液晶ディスプレイに表示します．さらに，パワー・ボードの出力電圧と出力電流を測定して，RS-232-C(EIA-232-E)のシリアル通信でパソコンに転送しモニタします．

● **パワー・ボードの仕様の決定**

　表1に示すように，太陽光パネルは0.75 Aしか出力できません．鉛蓄電池の最大充電電流2.1 Aより小さいので，実は実験ボードには定電流制御機能がなくても問題ありません．

　実際に使われる太陽光パネルはもっとサイズが大きく，電池の許容充電電流以上に流れることがほとんどです．実用的には，定電流制御機能は必須です．

　実験ではこのような使用状況を想定しつつ，また表1の仕様に合うように，パワー・ボードの仕様を次のように決めました．

- 充電仕様
  出力電圧：13.65 V　出力電流：1.4 A(0.2 CA)
- 調整範囲

鉛蓄電池の取り扱い方　Column

(1) 直射日光を避ける

　実験で使った電池に期待できる寿命は，周囲温度20℃で使ったとき5年です．しかし，鉛蓄電池は電池の温度が上昇すると，図Aに示すように寿命が短くなるため，直射日光が当たらず，温度上昇の少ないところで使います．

(2) 電源ラインにヒューズを入れる

　内部抵抗が小さく，大きな電流が流せるので，電池の端子間をショートすると大きな電流が一気に流れます．配線が燃えて火傷をしたり，火災になる危険があります．

　図Bに示すように，充電する場合は，必ず電池と直列にダイオードとヒューズを挿入します．仮にパワー・ボード内部で短絡が起きたり，作業中に端子間をショートしても，ヒューズが切れるので，過大な電流が流れることはなくなります．

(3) 過放電状態が続かないようにする

　実験で使った鉛蓄電池は，充電電圧が8 V以下に放電すると劣化するので，8 Vまで低下したら必ず放電を中止します．また，放電状態で放置すると同様に劣化するので，早めに充電しておきます．

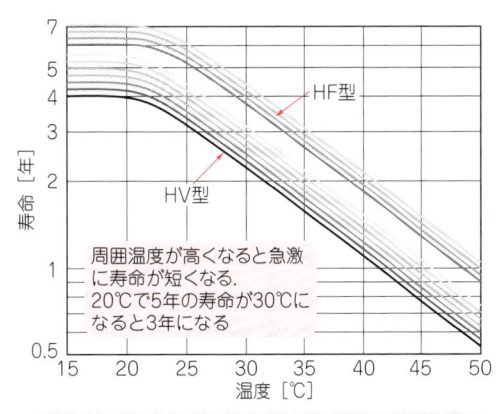

●試験条件
充電：3.275V×6＝13.65Vで定電圧制御．各温度にて
放電：0.25CA，終止電圧1.70V/セル，25℃．容量が7Ahの場合，0.25CA＝1.75A，10.2V 6セルの終止電圧は10.2V
判定：放電試験において放電時間が2時間未満となったときを寿命とする

図A　鉛蓄電池は温度が上がらないように使えば長持ちする

逆流防止ダイオードが必要な理由は次のとおり．
(1) 充電しない間，コンバータ内部の抵抗によりバッテリが放電しないようにする．
(2) 入力電圧がなくなるとTr₁に逆電圧が加わって破損する恐れがある．（場合によってはTr₁の内蔵ダイオードに過電流が流れてダイオードが破損することがある）
(3) パワー・ボードが破損した場合，例えば，Tr₂が短絡破壊した場合，電池から大きな短絡電流が流れ込む

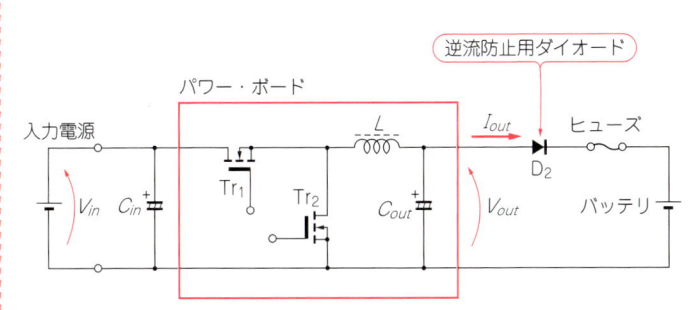

図B　鉛蓄電池を充電するときは必ず電池と直列にダイオードを入れる

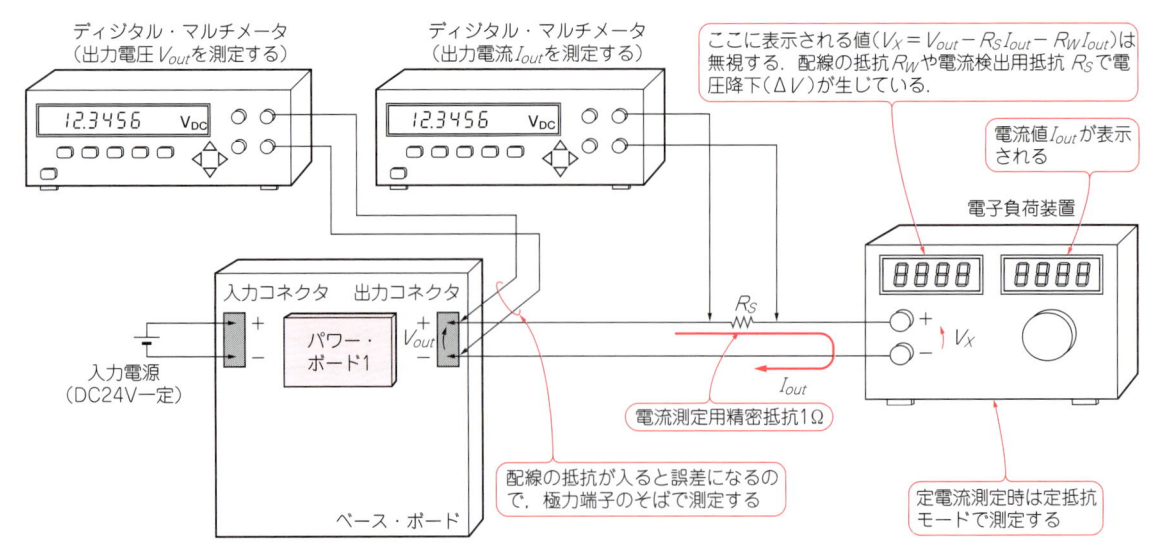

図4 パワー・ボード単体の出力特性を測定する接続
鉛蓄電池をつなぐ前に図3のような定電圧定電流特性になっているかどうかを調べる．

出力電圧：0～14 V　出力電流：0～1.5 A

　放電された電池の充電電圧は約12 Vですから，いきなり13.65 Vの定電圧で充電を始めると，パワー・ボードから鉛蓄電池に向かって過大な電流が流れて，鉛蓄電池を傷めてしまいます．充電初期は，図3のように定電流で充電して，過大電流が流れないようにします．

　電池を充電していくと，やがて電池の両端電圧が定電圧充電の13.65 Vに達します．そのあとは定電流ではなく定電圧充電を行います．すると，充電電流は減っていきます．

　最終的に，わずかな充電電流が流れます．これをトリクル充電と呼び，電池内部の漏れ電流を補償する電流が流れます．

● **パワー・ボード単体の定電圧定電流特性を測定**

　上記で動作させたパワー・ボードに太陽光パネルと鉛蓄電池を接続して，いきなり充電してもうまく動作するかわかりません．

　まず，パワー・ボードに直流電源装置と電子負荷装置を接続して，パワー・ボード単体の出力特性を測定します（図4）．この場合，電子負荷装置は定電流モードではなく，定抵抗モードに設定します．

▶ **測定前の調整**

　パワー・ボードの出力電圧は，無負荷時に可変抵抗RV_1で，正確に13.65 Vに合わせます．出力電流は，可変抵抗RV_2で，出力電圧が10 V近辺にまで垂下したとき1.4 Aになるように調整します．これで，負荷電流が1.4 Aに達するまでは出力電圧が13.65 V一定になり，それ以上の負荷電流を流そうとすると，1.4 Aの一定電流で出力電圧が垂下し始めるはずです．

▶ **測定開始**

　図5に測定結果を示します．

　負荷電流が0 Aのときは，13.69 V，1.4 Aのとき13.79 Vの定電圧特性になりました．出力電流は，出力電圧が13 Vのとき1.4 A，10 Vのとき1.4 Aの定電流特性になりました．

　以上から，無負荷時の出力電圧は13.69 Vになり，仕様の13.65±0.15 Vを満足できていることが確認で

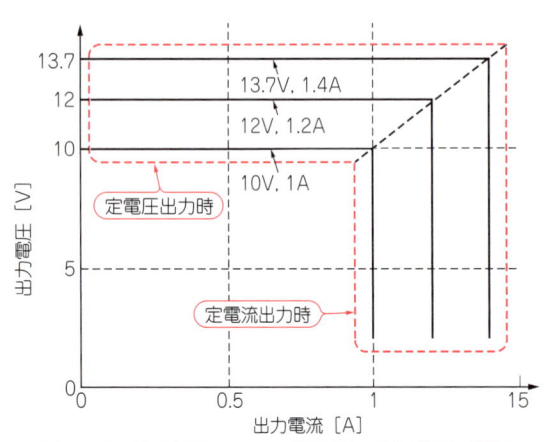

上図は，実際に負荷電流を変えて出力電圧と出力電流を測定した結果である．13.7Vの定電圧出力時，0～1.4Aの変動に対して出力電圧の変動は4mV（0.03%）である．
1.4Aの定電流出力時，2～13.7Vの電圧変動に対して出力電流の変動は4mA（0.2%）である．
10V，1.2Aと，10V，1Aも同様の特性が得られている

図5 実測したパワー・ボード単体の出力特性
定電圧定電流の特性が得られており，無負荷時出力電圧（13.69 V）も仕様（13.65±0.15 V以内）を満足．汎用的な実験評価用の安定化電源装置としても使える性能．

図6 実験で使った鉛蓄電池の充放電特性はパソコンにデータを自動転送して収集
ハイパー・ターミナルもどきのソフトウェアを自作．

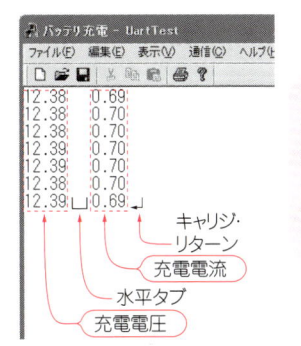

1分間隔で実験ボードから充電電圧と充電電流がパソコンに送られてくる．このデータをエクセルに貼り付けてグラフ化すれば鉛蓄電池の充電特性がわかる

図7 パワー・ボードで鉛蓄電池を充電した結果
パワー・ボードはねらい(図3)どおり，定電圧定電流特性で動いている．

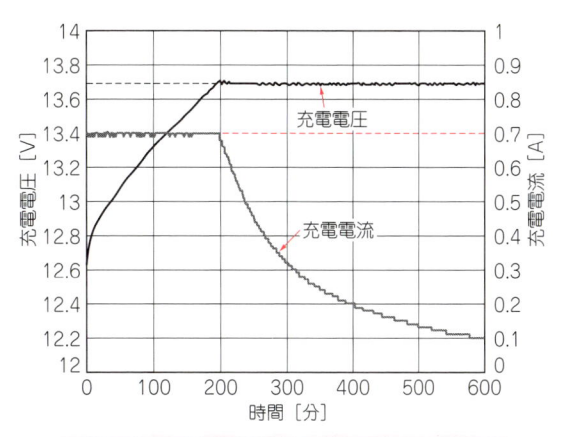

パソコンで収集したデータをグラフ化した結果．図3と同じ特性が得られた．電流の測定精度が2桁しかないので，階段状になっているが実際は連続している

きました．
▶実験用の安定化電源装置としても使える性能

図5には，12 V，1.2 Aの場合と10 V，1.0 Aの場合の定電圧定電流特性も併記しました．これは，汎用的な実験評価用の安定化電源装置として使えるのではないかと思い調べてみた結果です．いずれも特性は良好で，ちょっとした測定器としても使える性能です．

予備実験3…鉛蓄電池の充放電

太陽光パネルを使って鉛蓄電池を充電する前に，直流電源を使って，実験ボードのパワー・ボードで鉛蓄電池の充放電テストをします．鉛蓄電池に限らずどのような電池も，決められた方法で充電しないと，充電不足になったり過充電になったりします．過充電になると，発熱して火傷したり，寿命が短くなったりします．電池を利用するときは，必ず実際に充電放電試験を行わなければなりません．

● 充電時の特性
▶電池を空にしてから充電する

まず電池に負荷装置を接続して放電します．表2の仕様から，1 CAで放電したときの容量は4.7 Ahです．次式から，1 CA(7 A)で40分間，連続的に放電される計算になります．

　　　4.7/7 ≒ 0.67時間 ≒ 40分

ただし，電池が古くなると放電容量が低下してくるので，40分より短くなります．

パワー・ボードを充電器として0.1 CA(0.7 A)で定電圧定電流で充電します．0.1 CAで充電すると，ほぼ満充電になるまでに10時間以上かかります．
▶測定データをパソコンに自動転送

充電特性の測定は長時間に及ぶので，パワー・ボードのRS-232-CのDサブ・コネクタとパソコンとをケーブルで接続して，パソコンのモニタ・ソフトウェアで充電電圧と充電電流を記録していきます．

ベース・ボード上のdsPICマイコンには，1分おきに充電電圧と充電電流の測定データをパソコンに送るようにソフトウェアを書き込みます．

パソコンのモニタ・ソフトウェアは，Windows XPまで搭載されていたハイパー・ターミナルが使えます．ここではハイパー・ターミナルもどきのソフトウェアを自作しました(図6)．
▶定電圧定電流で充電されている

図7に充電時の充電電圧と充電電流の変化を示します．図3に示した定電圧定電流特性と同じ形になっています．

● 放電時の特性

鉛蓄電池を一定電流で放電して放電試験をします．実験ボードを使わず負荷装置を接続して定電流で放電します．図8に測定結果を示します．
▶37分で8 Vになる

始めは一定電圧で放電が進行しますが，放電末期になると急激に電池電圧が降下します．このように，鉛蓄電池は放電の進行に対する電圧変化が少なく，蓄電池としてとても良好な特性を示します．

電池電圧が8 Vに低下するまでに37分間放電できました．これは定格容量(40分)に対して約90%です．
▶放電電流が大きいほど利用できる蓄積量が減る

図8から放電電流が大きいほど放電時間が短くなることがわかります．放電電流が大きいと放電容量が減少し，放電時間は電池容量を電流で割り算した値より短くなります．

図9のように，実験ボードに太陽光パネルと鉛蓄電池を接続します．ベース・ボード上の液晶ディスプレイには，パワー・ボードの出力電圧と出力電流が表示されます．放電された電池を充電し始める初期は，充電電流が大きいため，太陽光パネルの発電カーブに沿った電圧と電流になります．

もし，太陽電池と鉛蓄電池を直結すると，充電電流は太陽電池の容量と電池の容量の関係で決まります．今回の場合，太陽電池パネルの容量のほうが小さいので，充電電流は太陽電池の出力電流で決まります．逆に，大きな太陽電池を使って鉛蓄電池を充電すると，鉛蓄電池の許容充電電流（7 Ahの電池の場合2.1 A）を超えるので，太陽電池と鉛蓄電池の間になんらかの電流制限（充電器）が必要です．

放電された空の鉛蓄電池は，約12 Vで充電します．空の鉛蓄電池はインピーダンスが低いので，大きな充電電流を引き込むことができます．したがって，容量の小さい太陽電池を接続すると，太陽電池の出力電圧は充電電圧に引っ張られて約12 Vになります．そのときの充電電流は，図1の日射によって決まる電圧-電流カーブの約12 Vの電流で充電されます．晴天のときは，12 V，0.65 Aで充電されます．

太陽電池の出力電圧が鉛蓄電池の満充電電圧（13.65 V）より低く，充電電流が大きい間は，充電回路（パワー・ボード）のPWM出力のデューティは100％になっています．NJM4800(3)内のトランジスタはON状態になっており，スイッチングは止まっています．

▶ 定電圧充電に移行

徐々に充電が進行して定電圧充電になると（図7の

図8　実験に使った鉛蓄電池の放電特性
放電電流が大きいほど放電時間が短くなる．

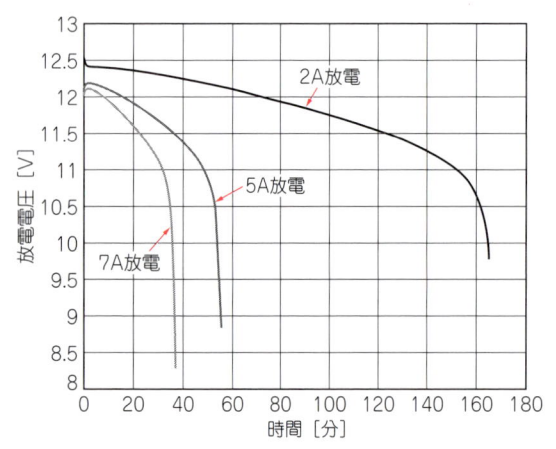

実際に一定電流で放電したときの出力電圧変化を示している．約12Vから11Vまではなだらかに電池電圧が降下するが，その後急激に電池電圧が低下する．
放電電流が大きくなると，内部インピーダンスの影響で端子電圧が低下して使用電圧範囲が狭くなる．その結果，放電時間がAh（この場合7Ah）を放電電流で割った値より小さくなる．また電池が古くなると放電時間は短くなる

本番の実験…太陽光パネルと鉛蓄電池を組み合わせる

準備が整いました．いよいよ太陽光パネルと鉛蓄電池をパワー・ボードに接続して充電してみます．先ほどと同様に，測定時の気象条件を変えながら鉛蓄電池を充電します．

● パワー・ボードの動作
▶ 充電初期

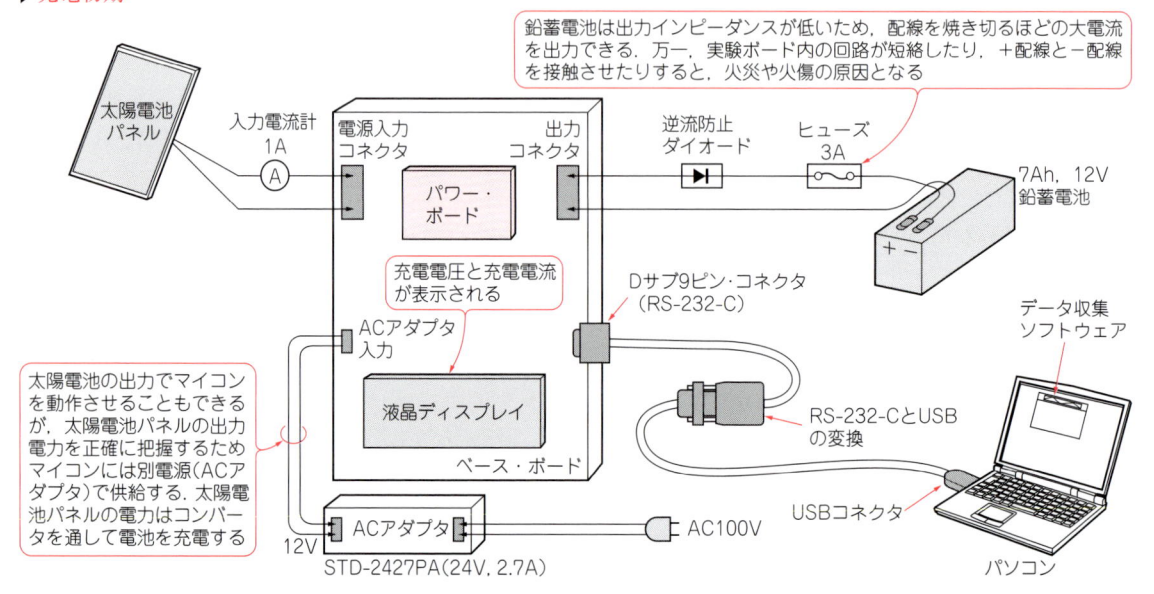

図9　太陽光パネルと鉛蓄電池を組み合わせた充放電システムの接続

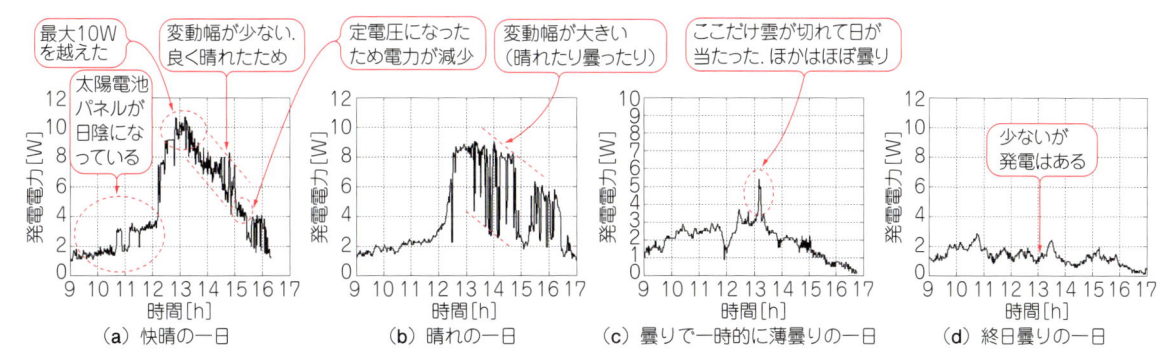

図10 太陽光パネルと鉛蓄電池を組み合わせた充放電システムの発電性能

(a) 快晴の一日 — 最大10Wを越えた／太陽電池パネルが日陰になっている／変動幅が少ない．良く晴れたため／定電圧になったため電力が減少

(b) 晴れの一日 — 変動幅が大きい（晴れたり曇ったり）

(c) 曇りで一時的に薄曇りの一日 — ここだけ雲が切れて日が当たった．ほかはほぼ曇り

(d) 終日曇りの一日 — 少ないが発電はある

表4 定電圧演算で使う定数，変数，フラグの一覧

記号	名称	種類	型	内容
DD1_VOLT_K0	K_0	定数	unsigned int	差分方程式のK_0
DD1_VOLT_K1	K_1	定数	unsigned int	差分方程式のK_1
DD1_VOLT_CTL_MAX	最大制御量	定数	long	演算結果の最大比較値
DD1_VOLT_CTL_MIN	最小制御量	定数	long	演算結果の最小比較値
shDcDc1RefVolt	基準電圧	変数	unsigned int	基準電圧
nDcDcVoltCtrlVal	制御量	変数	long	演算結果
shDcDcVoltE1	1回前誤差	変数	int	1回前の電流誤差
fControl	制御許可	フラグ	unsigned int	電流制御許可フラグ
ctrlval	制御量	変数	long	ローカルの演算結果
er	今回誤差	変数	int	ローカルの今回の電流誤差
ADCBUF2	AN_2変換値	変数	unsigned int	A-D変換結果2

200分経過後)，充電電流が減って太陽光パネルの発電電圧が上がり，定電圧充電電圧に必要な13.65V以上に上昇すると，パワー・ボードは定電圧制御を開始します．

● 太陽に当てて充電してみる

図10に，天候の違う1日の太陽光パネルの発電電力の測定結果を示します．太陽光パネルは西南に向けたので，昼近くまでは日陰になり十分な発電電力が得られていません．このように，太陽光パネルの発電能力は設置環境に左右されます．日陰がなくなると急激に発電量が増加して最大電力になります．

図10(a)の快晴の日の特性から，最大発電電力は仕様書(表1)にある10Wを超える発電電力が得られることがわかりました．最大電力に達したあと発電電力が直線的に低下しています．これは，実験ボードが定電流から定電圧制御に移行し，充電電流を減らしたからです．

図10(b)の一時曇りの日の特性から，雲で日が陰ると急激に発電電力が減少し，太陽が顔を出すと急激に電力が上昇することがわかります．また，太陽が西に傾くと発電電力が減少しています．

図10(c)は曇りの日の測定結果です．一時的に天候が回復して日差しが太陽光パネルに当たったときだけ発電電力が上昇しています．(d)は朝晴れていましたが，その後曇りとなり1日曇りの日の発電電力を示しています．

一般家庭に設置している本格的な太陽光パネルも，実験で使った今回の小型パネルと同様に，天候と日差しの強さに大きく影響を受けます．

実験で使った太陽光発電システムは，大きなシステムと比べて変換効率が悪くなります．パワー・ボードを除くベース・ボードだけの消費電流は約100 mAあります．そのため発電電力が約1.2 W (12 V × 100 mA)以下の場合は，ベース・ボードのマイコンを動作させるために消費され，電池を充電することはできません．

この条件は図10(d)の曇りの日に相当します．図10(c)のように，ある程度日差しがあり，2 W以上の発電が得られれば，本実験のような鉛蓄電池を充電できます．いずれにしても発電電力の変動が激しいので，発電電力をそのまま使うのではなく，電池に蓄えておき必要なときに使うのが賢明です．

プログラムの作り方

● 定電圧演算プログラムを作る

第4章では，Appendix Bで導出した差分方程式の係数を応用して電流制御を実現しました．ここでは，この電流制御に応用した伝達関数を電圧制御にそのま

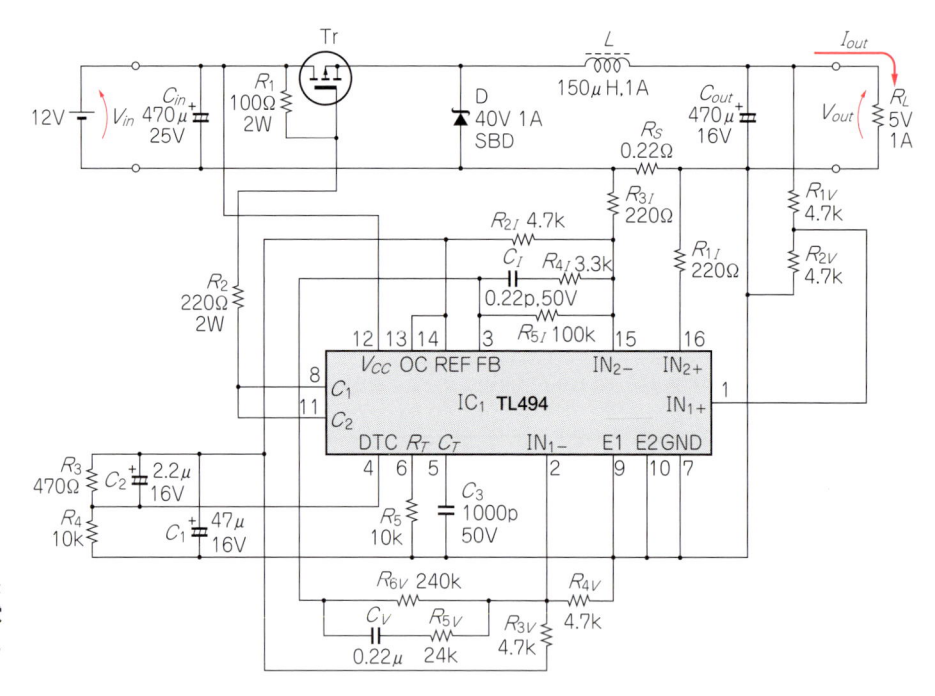

図11 定番ICを使った電源を参考にして定電圧と定電流の切り替えプログラムを作成する

図12 図11の肝になる誤差増幅回路部

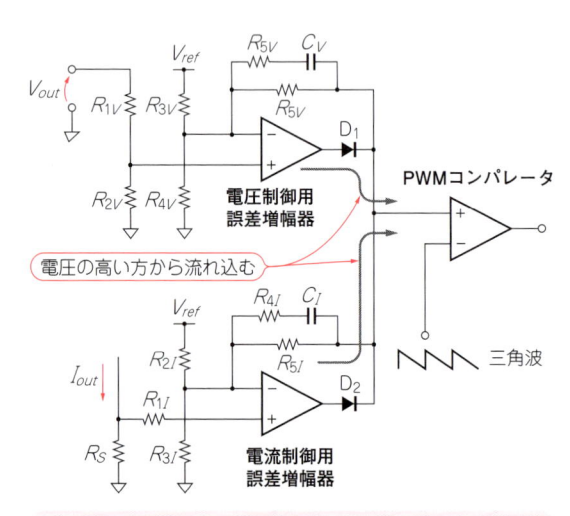

電圧制御と電流制御のOPアンプの出力電圧の高い方からダイオード（D_1またはD_2）を介してPWMコンパレータに電圧が加えられ，PWM制御される

ま適用します．ディジタル電源では電圧制御でも電流制御でも同じ演算式が使えます．これはディジタル制御の特徴の一つです．

演算プログラムは，Appendix Bの**図B-3**のフローチャートに沿って作ります．詳細は第4章の電流演算プログラムと同じです．

演算は，A-D変換割り込みの中に関数として記述します．パワー・ボード1の出力電圧はAN_2から取り込まれて演算が行われます．

表4に定電圧演算で使う定数，変数，フラグの一覧を示します．このプログラムではPWMパルスを戻り値として出力します．

● **定電圧と定電流の切り替え**

定電圧制御と定電流制御の切り替えをアナログ制御ICの回路を参考にして考えてみます．

▶**従来のアナログ電源を参考にする**

図11に示すのは，定番の電源制御IC TL494[4][5]を使った定電圧定電流制御の電源回路です．この回路は定電圧制御と定電流制御が自動的に切り替わります．これと同様に，定電圧と定電流が自動的に切り替えられるプログラムを作ります．

図12に定電圧定電流制御を司っている誤差増幅回路部を抜き出します．出力電流のコントロールに必要な出力電流検出アンプと，出力電圧のコントロールに必要な出力電圧検出アンプが，二つのダイオードでOR接続されており，出力電圧の大きいほうがコンパレータを動かします．

TL494の誤差増幅回路は，基準電圧よりフィードバック電圧のほうが大きくなると，その出力電圧が上昇します．電圧制御で考えると，フィードバック電圧が上がると，誤差増幅回路の出力電圧が上昇してPWMパルス幅を狭め，フィードバック電圧が基準電圧と一致するように制御します．つまり，誤差増幅回路の出力電圧が大きいときに，PWMパルスが狭くなるように動作します．

▶**実験ボードでは…**

実験ボードでも同様な方法で電圧制御と電流制御を切り替えます．制御プログラムでは，電圧制御と電流制御の両方を演算して制御量を求めます．それから両者を比較して制御量の小さいほうをPWMに設定します．ただし，dsPICマイコンはPWMに設定する値が大きくなるとパルス幅が広がり，値が小さくなるとパルス幅は狭くなるため，TL494とは逆の動作です．

（初出：「トランジスタ技術」2010年10月号　特集第7章）

晴れても曇ってもパネルが最大電力状態になる制御　　Column

● 太陽電池から取り出せる電力は電流で制御できる

図1のように太陽光パネルの出力電力は，日照条件によって大きく変化します．この特性をさらによく見ると，取り出す電流によっても，電力は大きく変化し，出力電力が最大になる点が一つあることがわかります．このことから日照の状態で出力電力が変化しても，出力電流を調整すれば，つねにこの出力電力の最大点に制御できることがわかります．

もう少し詳しく見ると，太陽光パネルから取り出す電流を増していくと，取り出せる電力も増えます．さらに電流を増すと，今度は取り出せる電力が減り始めます．もっと増やすと，短絡電流が流れて出力電力はゼロになります．

このように取り出す電流値を上げ下げしていくと，取り出せる最大電力点を見つけることができます．これをMPPT（Maximum Power Point Tracking，最大電力点追従）制御といいます．

● 制御の方法

具体的にはマイコンなどを使って，次の二つの操作を繰り返して最大電力点を見つけます．
（1）太陽光パネルから取り出す電流を0から増していく
（2）取り出す電流を増やしたとき，取り出せる電力も増えたら電流を増す．電力が減ったら電流を減らす

最大電力点を探すために電流を調整してばかりだと最大電力の利用率が下がるので，電力変化が少なくなるように制御します．

今回試作したパワー・ボードでは，MPPT制御はできません．なぜなら，太陽光パネルから取り出す電流は，鉛蓄電池の充電電圧で決まるからです．図Cのように，昇圧型DC-DCコンバータと降圧型DC-DCコンバータを組み合わせることにより，パワー・ボードの入力電圧が一定になるように充電電流を制御すれば実現できます．

● 200～300W以上でようやく効果が出る

MPPTを実現するには，昇圧コンバータで電力追従制御を行い，降圧コンバータで出力電圧を制御する必要があります．昇圧コンバータと降圧コンバータの2回路のコンバータを使うので，変換効率が悪くなります．また，今回のように制御にマイコンを使うと，その消費電力も無駄になります．

例えば，1回路のコンバータの効率を90%とすると2回路で80%です．制御回路の電力損失を仮に2Wとすると，発電電力が10W，制御回路の消費電力が2Wのとき，残りの8Wに0.8を掛け算した6.4Wが負荷に供給されます．実験ボードのような小電力システムでは，MPPTを追加しても，電力の増加と変換効率の低下が相殺されてしまいます．実際のところ200～300W以上ないとMPPTを採用するメリットはありません．

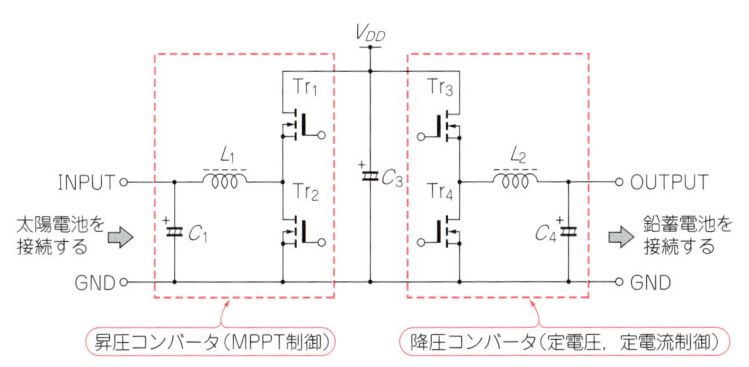

昇圧コンバータは，入力電圧と入力電流の積が常に最大になるように制御する．このように制御するとC_3の電圧が変化する．
C_3の電圧が設定値（V_m）を超えたら入力電流を絞る．C_3の電圧がV_m以下になるように蓄電池を定電圧，定電流充電する

図C　MPPT制御ができる充電回路

Appendix A 電源ONで実験ボードを動作状態にする
dsPICマイコンの初期設定
田本 貞治

電源ONでパワー・ボードを動作状態にするためのdsPICマイコンの初期設定プログラムの作り方を説明します[1][2].

① アナログ信号の入力設定

▶ A-Dコンバータを動かす

出力電圧と出力電流を取り込んでA-D変換するために，A-Dコンバータの初期設定を行います．

▶ A-D変換値を用いて演算する

A-D変換が完了したらすぐ演算が開始できるように，A-D変換完了割り込みを起動するための割り込み関係の初期設定を行います．

② アナログ信号の出力設定

PWMパルスが指定したスイッチング周波数で，指定した端子から出力されるように，PWMの初期設定を行います．実験ボードのスイッチを押したら，NJW4800のSTBY端子が"L"になるようにします．

③ 入出力端子の設定(表A-1)

▶ dsPICマイコンの入出力端子の入出力方向を指定する

▶ 出力に設定した端子の論理("H"か"L")を決める

▶ 使う端子にわかりやすい名前を割り付ける．ここでは，回路図と同じ名前をつける

1 アナログ信号の入力設定の詳細

● 回路構成と動作

図A-1に示すのは，dsPICマイコンのA-D変換モジュールのブロック図です．

偶数番号のA-D変換入力には個別のサンプル&ホールド回路が，奇数番号には1個の共通のサンプル&ホールド回路が接続されています．

偶数入力と奇数入力にはそれぞれ，A-D変換回路が接続されており，AN_0とAN_1，AN_2とAN_3というふうに，偶数と奇数のペアで，同時にサンプル&ホールドとA-D変換が行われます．このことを踏まえて，A-D変換の初期設定を見ていきます．

● 初期設定の方法

出力電圧と出力電流をA-D変換するには，dsPICマイコンに次の六つの設定をします．

表A-1 dsPICマイコンの入出力端子の初期設定

端子機能	名称	ポート番号	入力/出力	有効なレベル	初期レベル
スイッチ1	SW_1	RB_8	入力	"L"	"H"
スイッチ2	SW_2	RB_9	入力	"L"	"H"
スイッチ3	SW_3	RB_{10}	入力	"L"	"H"
STBY端子	STBY	RA_3	出力	"L"	"H"

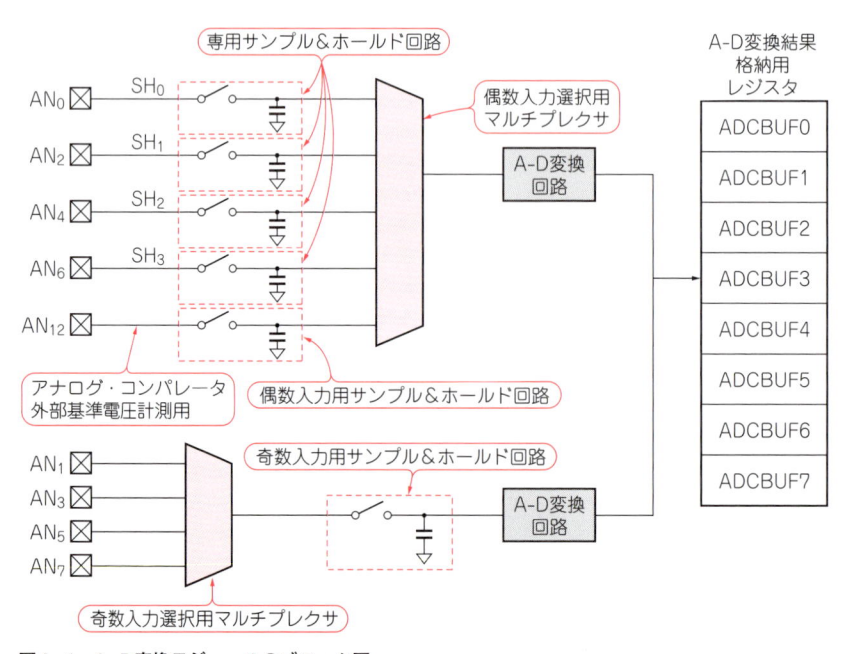

図A-1 A-D変換モジュールのブロック図

(1) A-D変換のクロック周波数を決める
(2) A-D変換が開始したとき，すぐに割り込みが掛からないようにA-D変換ステータス・レジスタをクリアしておく
(3) 使うA-D変換ポートを選択する
(4) A-D変換ペア割り込みを許可する
(5) A-D変換ペアの変換開始トリガをPWM1に設定する
(6) A-D変換を開始する

A-D変換モジュールで使うレジスタを**表A-2**に示します．出力電圧と出力電流はAN$_2$とAN$_3$に入力しているので，A-D変換ペアは1になります．ここでは，A-D変換ペア1に関係するレジスタだけ初期設定します．

次に各レジスタで使うビットを設定します（**表A-3**）．

2 アナログ信号の出力設定の詳細

図A-2に示すのは，dsPICマイコンのPWMモジュールのブロック図です．PWMジェネレータは4回路ありますが，実験ボードではPWM1しか使わないので，PWM1に関係する部分だけ示しました．

PWMモジュールには，共通のPWM周期を設定するマスタ・タイムベース，PWMパルスを発生させるPWM生成回路，A-Dコンバータ・モジュールにトリガ信号を送出する回路などで構成されます．PWM生成回路にはPWM$_{1H}$とPWM$_{1L}$の二つの出力がありますが，実験ボードでは，駆動するトランジスタは1個なのでPWM$_{1H}$だけ使います．

表A-2 A-D変換モジュールで使うレジスタ

レジスタ	名称	内容
ADCON	A-D制御レジスタ	A-D変換モジュール全体の動作を制御する
ADSTAT	A-Dステータス・レジスタ	A-D変換プロセスのステータスを表示する．A-D変換ペアによる変換が完了し，データが準備されると対応するビットがセットされる
ADCPFG	A-Dポート設定レジスタ	AN$_0$からAN$_7$の入力端子をA-D変換端子として使うか，汎用の入出力端子として使うかを選ぶ．A-D変換に使う端子に対応するビットを0に設定すると，その端子はA-D変換が行えるようになる
ADCPC1	A-D変換ペア制御レジスタ	A-D変換ペア0と1を制御する．各変換ペアの変換開始トリガのソース選択とA-D変換割り込みを発生させるかどうかを設定する

表A-3 A-D変換モジュールのレジスタ・ビット設定

レジスタ	ビット番号	ビット名	設定値	内容
ADCON	15	ADON	0	A-D変換を有効にする．ここでは無効とし，後から有効にする
	2〜0	ADCS	3	A-D変換クロックの分周比をデフォルトのFADC/4に設定する
ADPCFG	0	PCFG2	0	AN$_2$，AN$_3$に対応するPCFG2，PCFG3を0にしてA-D変換入力を有効にする．1にすると汎用の入出力端子になる
		PCFG3	0	
ADCPC0	7	IRQEN1	1	AN$_2$，AN$_3$のペア変換割り込みを許可する
	4〜0	TRGSRC1	4	A-D変換の開始として，PWMジェネレータ1のプライマリ・トリガを選ぶ

表A-4 PWM1を動かすのに必要なPWMモジュールのレジスタ

レジスタ	名称	内容
PTCON	PWMタイムベース制御レジスタ	PWMを発生させるためのタイムベースを制御する
PTPER	PWMマスタ・タイムベース・レジスタ	PWMのマスタ周期を設定する．PWMを共通の周期で動作させるときに使う
PWMCON1	PWM制御レジスタ	PWMの割り込みや制御の有効化と状態を表示する
PDC1	PWM1ジェネレータ・デューティ・サイクル・レジスタ	PWMにパルス幅を設定する
TRGCON1	PWM1トリガ制御レジスタ	A-D変換のトリガ方法を設定する
IOCON1	PWM1 I/O制御レジスタ	PWMの出力端子の極性などを制御する
TRIG1	PWM1プライマリ・トリガ比較値レジスタ	A-D変換開始トリガを発生させるタイミングを設定する

表A-5 PWM1のレジスタ設定

レジスタ	設定値	内容
PTPER	3146	スイッチング周波数を300 kHzに設定する．PTPERに設定する値は次式で計算する． $\text{PTPER} = \dfrac{\text{PWMクロック周波数}}{300 \text{ kHz}} = \dfrac{7.3728 \text{ MHz} \times 2 \times 32 \times 2}{300 \text{ kHz}} = \dfrac{943.7 \text{ MHz}}{300 \text{ kHz}} \fallingdotseq 3146$
PDC1	629	出力電圧制御の演算結果によりパルス幅を設定する．ここでは，スイッチング周期の20%の値を設定する例を示す． $\text{PDC1} = 0.20 \times \text{PTPER} = 0.20 \times 3146 = 629$
TRIG1	377	PWMパルスの出力からA-D変換を開始するまでの時間を設定する．この例では，PWMパルスの出力から400 ns後としている． $\text{TRIG1} = \dfrac{\text{PWMパルス出力からの時間}}{1.06 \text{ ns}} = \dfrac{400 \text{ ns}}{1.06 \text{ ns}} = 377$

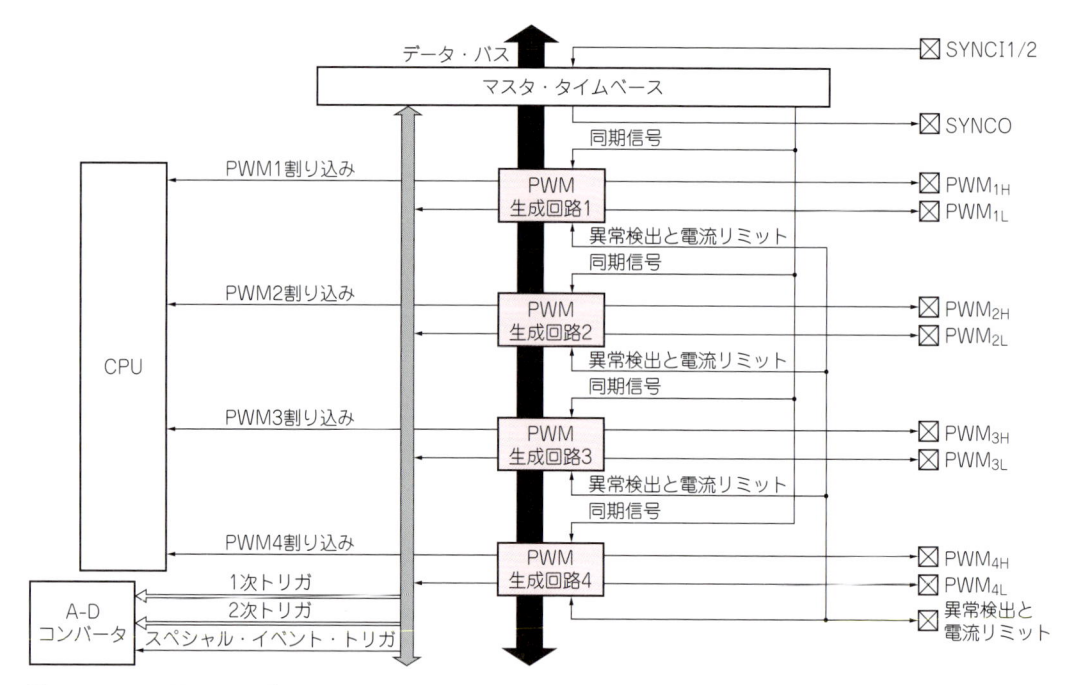

図A-2 PWMモジュールのブロック図

表A-6 PWM1のレジスタ・ビットの設定

レジスタ	ビット番号	ビット名	設定値	内容
PTCON	15	PTEN	0	PWMモジュールを有効化する．ここでは，無効とし後から有効にする
PWMCON1	7～6	DTC	2	デッド・タイムは使わない
	0	IUE	1	PDC1の更新を即時反映する．同一周期内でPWMパルス幅の変更が可能になる
TRGCON1	15～12	TRGDIV	2	PWMパルス発生の3回ごとにA-D変換をトリガする
IOCON1	15	PENH	1	PWM$_{1H}$端子からPWMパルスを出力する

表A-7 A-D割り込みに関係するレジスタ

レジスタ	名称	内容
IFS6	割り込みフラグ・レジスタ6	割り込みが発生すると対応するビットがセットされる
IEC6	割り込み許可制御レジスタ6	割り込みを許可/禁止する
IPC3	割り込み優先度制御レジスタ	割り込みの優先度を設定する

表A-8 A-D割り込み関係レジスタ・ビットの初期設定

レジスタ	ビット番号	ビット名	設定値	内容
IFS6	15	ADCP1IF	0	割り込みが発生しないようにクリアしておく
IEC6	15	ADCP1IE	1	割り込みを許可する
IPC3	6～4	ADC1IP	5	割り込み優先度を5に設定する

　dsPICマイコンのPWM1を動作させるには，次のように設定します．

（1）スイッチング周波数が300 kHzになるようにPWM周期を設定する
（2）デッド・タイムなどを設定する
（3）PWM周期に対してA-D変換のトリガを何回に1回送出するか設定する
（4）PWMの出力ポートを設定する
（5）PWM生成回路のレジスタの値を設定する
（6）PWMパルスの立ち上がりからA-Dコンバータのトリガが送出されるまでの時間を設定する
（7）PWM動作を許可する

　表A-4にPWMモジュールで使うレジスタを示します．PWM1を動作させる以外のレジスタを設定しないので省略します．スイッチング周波数300 kHzのPWM信号をPWM1から出力するときのレジスタの設定内容を表A-5に，レジスタ・ビットの設定内容を表A-6に示します．スイッチング周波数が300 kHzのため，毎回A-D変換割り込みが発生すると，演算時間が不足するため，A-D変換割り込みはスイッチングの3回に1回にしています．

● 割り込み関係の初期設定

　A-D変換終了後直ちに，定電圧定電流演算が始められるようにA-D変換割り込みをかけます．A-D変換割り込みに関係するレジスタの内容を表A-7に，レジスタ・ビットの設定を表A-8に示します．

（初出：「トランジスタ技術」2010年10月号 特集Apppendix A）

Appendix B シンプルかつ高精度な電源が作れる
誤差増幅回路をマイコンに作り込む方法　田本 貞治

■ 出力安定化のかぎ「誤差増幅回路」が シンプルかつ高精度に作れる

図B-1に示すのは，電源回路に必ず使われている誤差増幅回路と呼ばれる回路です．出力電圧と基準電圧を比べて，その差分（誤差）を増幅します．1個のOPアンプで誤差の計算とPI演算を同時に行っています．

ディジタル電源では図B-1のようなアナログ回路は不要で，図B-1の回路をディジタル化して，誤差演算とPI演算を行います．

OPアンプは，フィードバック電圧V_Fの基準電圧V_{ref}に対する誤差の計算とPI演算を同時に行います．図B-1に示すR_1とR_2の接続点Aの電圧V_Aと，R_3とR_4の接続点Bの電圧V_Bの差が誤差電圧V_Eです．

図B-2に示すようにディジタルでは，誤差の計算とPI演算を別々に行います．始めに誤差の計算を行って，V_Eを求め，図B-1の回路をディジタル化してPI演算を実行します．

図B-1のR_6はOPアンプの帰還回路に入っており，全体の直流ゲインを下げます．その目的は，次のとおりです．

- OPアンプのオフセットによる動作点のずれを減らす
- 温度ドリフトによる動作点のずれを減らす
- 経年変化による動作点のずれを減らす

動作点のずれは入力の変動にゲインを掛けた値になるため，ゲインが高いと動作点のずれが大きくなり，OPアンプの出力電圧範囲が狭くなります．ディジタル制御の場合は，オフセットも温度ドリフトも経年変化がないので補償する必要がありません．

■ 誤差増幅回路を ソフトウェア化する手順[1][2]

図B-1に示す回路をソフトウェア化する手順は次のとおりです．

（1）伝達関数を求める
（2）伝達関数を離散化する

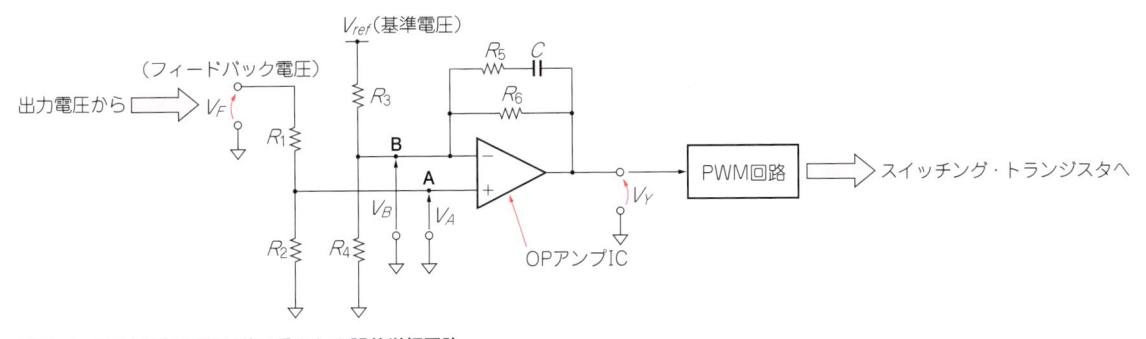

図B-1　アナログの電源回路に見られる誤差増幅回路

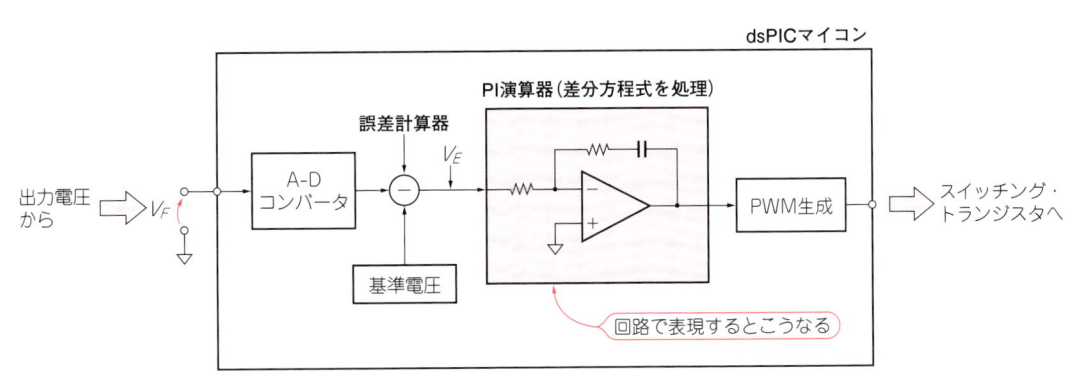

図B-2　マイコンを使ったディジタル制御電源の誤差増幅回路

（3）離散化伝達関数を差分方程式に変換する
　（4）差分方程式を元にプログラムを記述する

1 誤差増幅回路の伝達関数を求める

　まず**図B-1**の誤差増幅回路の伝達関数を求めます．表し方には次の2通りあります．
　（1）K_Cとaを使う方法：安定性を検討しやすい
　（2）K_PとT_Iを使う方法：動作をイメージしやすい
誤差増幅回路をソフトウェア化するときは，（1）の方法を採用します．

● 回路の入出力電圧の関係式

　点Aの電圧V_Aは，OPアンプが理想的であると仮定すると0Vです．また，キルヒホッフの法則から点Aに流入する電流の総和は0Aです．このことから次式が成り立ちます．

$$\frac{V_F}{R_1} + \frac{V_Y}{R_2 + \frac{1}{j\omega C}} = 0 \quad \cdots\cdots (1)$$

　式(1)をV_YとV_Fの比，すなわち入力と出力のゲインとし，さらにjをラプラス演算子sに置き換えて整理すると，次のように伝達関数$G_C(s)$が求まります．

$$G_C(s) = \frac{V_Y(S)}{V_F(S)} = \frac{R_2}{R_1}\frac{s + \frac{1}{R_2 C}}{s} \quad \cdots\cdots (2)$$

● 安定性を判断しやすいK_Cとaを使った表現

　K_Cとaを誤差増幅回路の定数を使って次のように置くと，

$$K_C = \frac{R_2}{R_1}, \quad a = R_2 C \quad \cdots\cdots (3)$$

式(2)の伝達関数は次のようになります．

$$G_C(s) = \frac{K_C(s+a)}{s} \quad \cdots\cdots (4)$$

　制御系が安定か不安定かを検討するときは，式(4)のようにK_Cとaを使うほうが，後述のK_PとT_Iを使う方法よりも簡単です．例えば，aは，ボード線図において，ゲインが傾斜から水平になる折れ点の周波数，K_Cは伝達関数全体に掛かる係数です．

● 制御系の動作をイメージしやすいK_PとT_Iを使った表現

　見方を変えて，式(2)を次の比例ゲインK_Pと積分時間T_Iを使って書き改めると，式(6)が得られます．

$$K_P = \frac{R_2}{R_1}, \quad T_I = R_1 C \quad \cdots\cdots (5)$$

$$G_C(s) = K_P + \frac{1}{T_I s} \quad \cdots\cdots (6)$$

　式(6)の伝達関数は，比例ゲインK_Pと積分時間T_Iで構成されているPI演算式です．つまり，**図B-1**の誤差増幅回路は，PI演算回路でもあることがわかります．
　式(5)からわかるように，比例ゲインK_PはR_1とR_2の比，積分時間T_IはR_1とCの積として求められます．式(6)の伝達関数は，比例ゲインと積分時間で表現されており，直観的に伝達関数の特性がわかります．制御系の動作を検討する場合は，式(6)のように，比例ゲインK_Pと積分時間T_Iのほうが直観的でわかりやすいですが，安定か不安定かを判断することはできません．

2 式(4)の伝達関数を離散化する

● 双1次変換を使う

　誤差増幅回路から求めた式(6)のPI演算の伝達関数は，周波数が連続した信号に適用できるものです．離散値しか扱えないディジタル電源の場合はそのまま適用できません．サンプリング周期で離散化する必要があります．
　離散化は，ラプラス演算子sを使ったアナログ伝達関数を，離散化演算子zを使った伝達関数に変換する作業のことです．s演算子とz演算子の関係は次式で表せます．

$$z = e^{sT_S} \quad \cdots\cdots (7)$$

　ただし，e：自然対数，T_S：サンプリング周期
　式(7)を式(4)に代入して展開しても，離散化伝達関数を簡単に求めることはできません．まず，式(7)のsをzについて展開します．すると次式の無限級数が得られます．

$$s = \frac{1}{T_S}\left\{\frac{z-1}{z+1} + \frac{1}{3}\left(\frac{z-1}{z+1}\right)^3 + \cdots \right.$$
$$\left. + \frac{1}{2n+1}\left(\frac{z-1}{z+1}\right)^{2n+1} + \cdots\right\} \quad \cdots\cdots (8)$$

　式(8)を式(4)に代入して，zを使った式に変換しても複雑な式になるので，式(8)の最初の項だけを使った次の近似式を使います．

$$s = \frac{2}{T_S}\frac{z-1}{z+1} \quad \cdots\cdots (9)$$

　式(4)に式(9)を代入して整理すると，次の離散化伝達関数が得られます．

$$G_C(z) = \frac{K_0 z^0 + k_1 z^{-1}}{z^0 - z^{-1}},$$

$$K_0 = K_P + \frac{T_S}{2T_I}, \quad K_1 = -K_P + \frac{T_S}{2T_I} \quad \cdots\cdots (10)$$

　式(9)を使って，sを使ったアナログ伝達関数$G_C(s)$を，zを使ったディジタル伝達関数$G_C(z)$に変換することを双1次変換と言います．
　式(3)のK_Cとaを使って離散化伝達関数を求めると次式が得られます．

変数	定数
A-D変換値	目標値
誤差	係数 K_0
前回誤差	係数 K_1
PWM値	最大PWM値
前回PWM値	最小PWM値

(a) 変数と定数

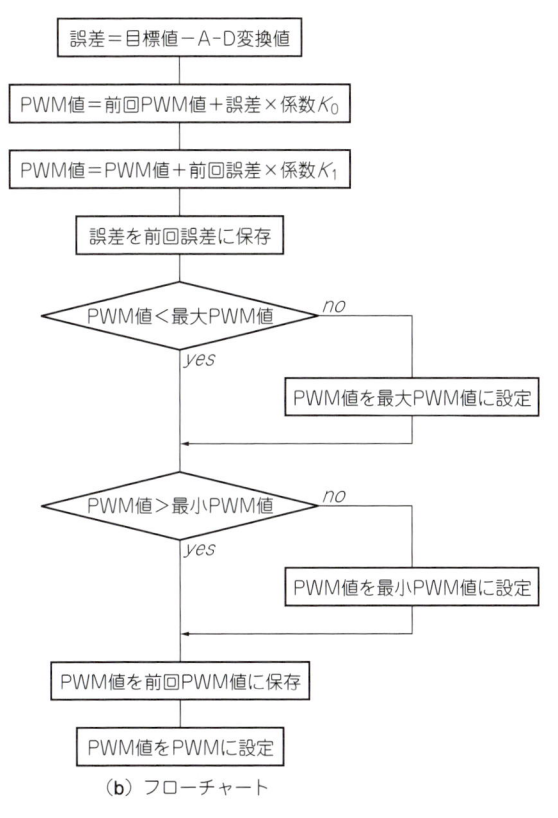

(b) フローチャート

図B-3 誤差増幅処理プログラムのフローチャート

$$G_C(z) = \frac{K_0 z^0 + k_1 z^{-1}}{z^0 - z^{-1}}, \quad K_0 = \frac{K_C}{2}(2 + aT_S),$$

$$K_1 = -\frac{K_C}{2}(2 - aT_S) \cdots\cdots\cdots\cdots\cdots\cdots (11)$$

3 離散化伝達関数を差分方程式に変換する

式(10)ではプログラムの記述方法が直視できないので，目で見て分かる差分方程式に変換します．

式(10)の $G_C(z)$ は演算結果，つまり誤差電圧を増幅(演算)した結果になるので，演算結果を U，入力する誤差電圧を E とすると，$G_C(z)$ は次式のようになります．

$$G_C(z) = \frac{U}{E} = \frac{K_0 z^0 + k_1 z^{-1}}{z^0 - z^{-1}} \cdots\cdots\cdots\cdots (12)$$

式(12)の左辺の E を右辺に移動し，右辺の分母を左辺に移動すると式(13)になります．

$$U(z^0 - z^{-1}) = E(K_0 z^0 + K_1 z^{-1}) \cdots\cdots\cdots (13)$$

次に左辺にある z^{-1} の項を右辺に移動すると次式になります．

$$Uz^0 = Uz^{-1} + K_0 Ez^0 + K_1 Ez^{-1} \cdots\cdots\cdots\cdots (14)$$

式(12)の z^0 は今回の，z^{-1} は1回前のサンプリングにおける演算を示しています．そこで z^0 を n に，z^{-1} を $n-1$ と書き換えると，式(15)の差分方程式が完成します．

$$U(n) = U(n-1) + K_0 E(n) + K_1 E(n-1) \cdots (15)$$

ただし，U：演算結果，E：誤差電圧，n：現在の値，$n-1$：1回前の値

1回前の演算結果 $U(n-1)$ に，今回の誤差電圧 $E(n)$ と K_0 を掛け合わせたものを加え，さらに1回前の誤差電圧 $(n-1)$ に K_1 を掛けたものを加えたのが今回の演算結果です．

4 プログラムを作る

式(15)をプログラムにするときの処理手順を**図B-3**に示しました．演算結果がオーバーフローやアンダーフローしないように制限を加えています．

(初出:「トランジスタ技術」2010年10月号 特集Apppendix B)

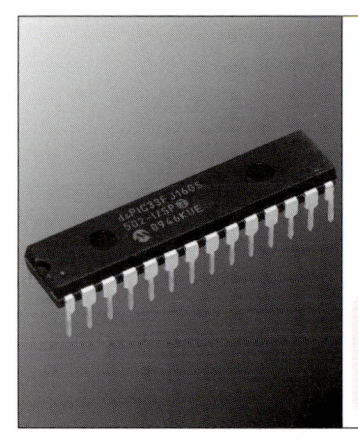

第3部
インバータ/ディジタル電源用の定番マイコン dsPIC33F プログラミング入門

第8章
dsPIC マイコンの基本を学んでオリジナル・ソフトウェアを作れるようになろう

マイコンのハードウェアの動きを体感する

笠原 政史

第2部ではすでに作られたソフトウェアを使って実験をしました．今後ソフトウェアを改造するときのために，本章ではdsPIC そのものの動作や，MPLAB のデバッガの使い方について解説します．

● マイコンのハードウェア設定が最初の大きな壁

ディジタル・パワー制御用マイコンの基本動作はとてもシンプルです．A-Dコンバータでアナログ信号をサンプリングして，ある一定の周期でPWM（Pulse Width Modulation）信号を出力することを繰り返すだけです．

この処理は，CPUではなく，DSC（Digital Signal Controller）内のハードウェアが自動で行います．これらのハードウェアは高い汎用性を持っており，モータ・インバータやインバータ照明など，さまざまなスイッチング・パワー回路にも使えるように作られています（図1）．一見ありがたいのですが，逆に，設計すべき装置の仕様に合うように，マイコン内のハードウェアを自分で細かく設定（プログラミング）しなければなりません．でも，dsPIC33F シリーズのデータシートとリファレンス・マニュアルはあまりにもページ数が多くて読むのがたいへんです．

そこで第3部では三大難関である，(1)クロック設定 (2)PWM (3)A-Dコンバータ の使い方を，第2章で開発したディジタル・パワー制御ボードを動かしながら説明します．

マイコンは，アナログICと違ってすぐには動きません．ここでは，LEDを点滅させるだけの簡単なプログラムを例に，ハードウェア設定の手順を少しずつ追いかけてみます．実験には，第2章で開発したディジタル・パワー制御ボードを利用します．第2章の図2と図3（pp.32〜34）が回路図です．

内部ハードウェアの動き方と動かし方のイメージ

● 電源投入後の内部回路の動き方

図2に示すように，ワンチップ・マイコンには次の三つの回路が内蔵されています．

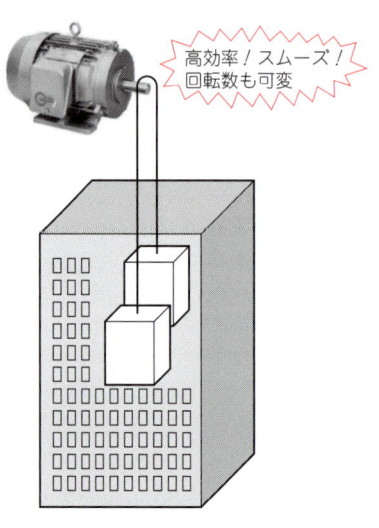

（a）今どきのエレベータ
高効率！スムーズ！回転数も可変

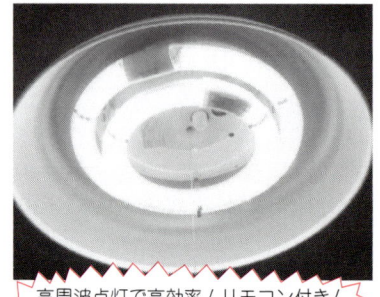

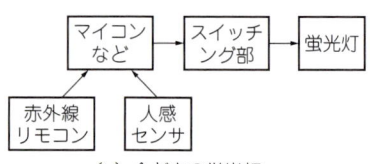

（b）今どきの蛍光灯
高周波点灯で高効率！リモコン付き！タイマ付き！人感センサ付き！

マイコンなど → スイッチング部 → 蛍光灯
赤外線リモコン，人感センサ

図1 dsPIC の PWM や A-D コンバータなどのハードウェアはさまざまなパワー制御アプリケーションに対応している
汎用性が高い反面，ハードウェアの仕様は自分で設定しなければならない．良いことばかりじゃない．

(1)CPU (2)メモリ類 (3)ペリフェラル各種

これはdsPIC33Fも同じです．電源を投入すると，dsPICはすべての入出力ピン(PIO)をハイ・インピーダンスにします．

電源電圧が安定してしばらくすると内蔵のリセット機能が解除されて，レジスタを初期値に設定し，プログラム・メモリの0番地から実行を開始します．CPUは，ROMに書かれた内容(機械語で書かれたプログラム)に従って，レジスタや変数データを操作し始めます．

機械語のプログラムは，人が直接書くのは難しいので，C言語で書いてからパソコンでコンパイルして機械語に変換します．

● CPU周辺にある機能回路の動かし方

ペリフェラル(Peripheral：周辺装置という意味)とは，A-D変換回路などの特定の機能をもつハードウェアのことです．

どのペリフェラルを動かすかは，プログラムでレジスタを設定することで決めます．ペリフェラルの動作状態を読み取るときも，プログラムでレジスタの値を読みます．

PICマイコンの場合，レジスタをSFR(Special Function Resister)と呼んでおり，RAMとほぼ同じように扱われています．

● パラレル入出力ポート(PIO)の動かし方

LEDを点滅させる方法の一つに，パラレル入出力ポート(PIO)を使う方法があります．図3に，PIO周辺の内部ブロック図を示します．

dsPICには，ポートA(RA0〜RA4)とポート・ブロックB(RB0〜RB15)の計21本のPIOピンがあります．表1に示すのは，ポートAのレジスタ・マップです．TRISx, PORTx, LATxレジスタ(x = AまたはB)に値を書き込むと，PIOのL/Hを操作できます．例えば，TRISxレジスタの特定ビットを'0'に設定すると，対応するピンの内部が信号を出力する回路に切り替わります．

リセット直後はすべて入力機能に設定されています．LATxにデータを書き込むと，出力に設定されたピンは該当ビットを出力します．PORTxに書き込んでも同じですが，使い方によっては誤動作するのでお奨め

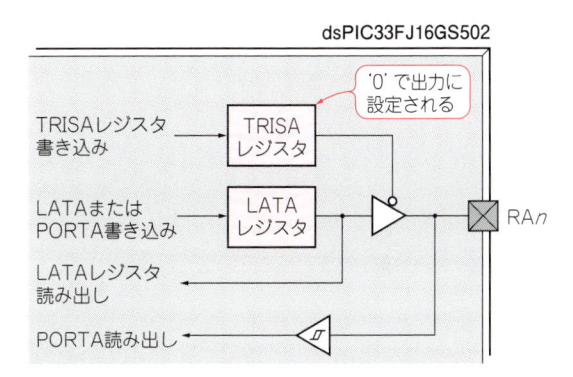

図3 dsPICマイコンのパラレル入出力ポート(PIO)周辺の内部ブロック図

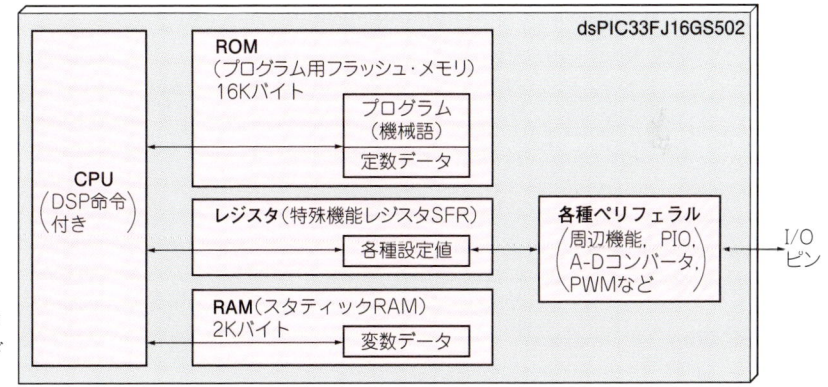

図2 dsPICマイコンは，CPU/メモリ/ペリフェラルの三つのハードウェア・ブロックに分けられる

表1 ポート・ブロックAのレジスタ・マップ
TRISx, PORTx, LATxレジスタ(x＝AまたはB)に値を書き込むとパラレル入出力ピン(PIO)を操作できる．

レジスタ名	ビット15	…	ビット6	ビット5	ビット4	ビット3	ビット2	ビット1	ビット0	リセット時の値
ピン名	―		―	―	RA4	RA3	RA2	RA1	RA0	
TRISA	―		―	―	TRISA4	TRISA3	TRISA2	TRISA1	TRISA0	0x001F
PORTA	―		―	―	PORTA4	PORTA3	PORTA2	PORTA1	PORTA0	不定
LATA	―		―	―	LATA4	LATA3	LATA2	LATA1	LATA0	0x0000

注▶ CPUは16ビット一括で読み書きできるが，ポートAはビット5以降が存在しない．ビット5〜15は書き込み時は無視され，読み出し時は'0'となる

内部ハードウェアの動き方と動かし方のイメージ

しません．

PIOを信号を入力する回路に設定する場合は，TRIS*x*の該当ビットを'1'にして，PORT*x*のデータを取り出します．

実験①
ソフトウェアで出力ポートをL/HさせてLEDを点滅させる

リスト1に示すのは，dsPICのPIOをソフトウェアでL/Hさせて，LEDを点滅させるプログラムです．このプログラムの意味を説明しましょう．

● 基本動作を決めるプログラムを書く

ウォッチドッグ・タイマなど基本動作に関わる設定は，コンフィグレーション・ビットに書き込まれます．コンフィグレーション・ビットには，ウォッチドッグ・タイマ以外に，コード・プロテクト，リセット直後のクロック選択，電源投入時のリセット時間など，起動時に決まっていないと困る設定が入っています．

コンフィグレーション・ビットはプログラム用のフラッシュ・メモリ内にマップされ(割り当てられ)ています．PICマイコン用のCコンパイラC30では，p33FJ16GS502.hで _FOSCSELなどのマクロが用意されています．

ウォッチドッグ・タイマは，ソフトウェアの暴走を検知して，一定期間後に異常信号を発するタイマです．正しく使えないうちは，リスト1のように必ず禁止してリセットがかからないようにしておきます．

下記にリストで設定した機能の意味を補足します．
- FNOSC_FRC：リセット直後は，周波数7.37 MHzの内蔵高速*RC*(FRC)発振器を使う
- POSCMD_NONE：プライマリ発振器は止める
- OSCIOFNC_ON：OSC2ピンはクロック出力ではなく一般IOピンとして使う
- FCKSM_CSECMD：クロック切り替えを有効に，フェイル・セーフ・クロック・モニタを無効にする
- FWDTEN_OFF：ウォッチドッグ・タイマを使わない

dsPICには，これら以外にいろいろな機能があります．

リスト1　dsPICのパラレル入出力ピン(PIO)をソフトウェアでL/Hさせるプログラム
PIOの先につながっているLEDが点滅する．

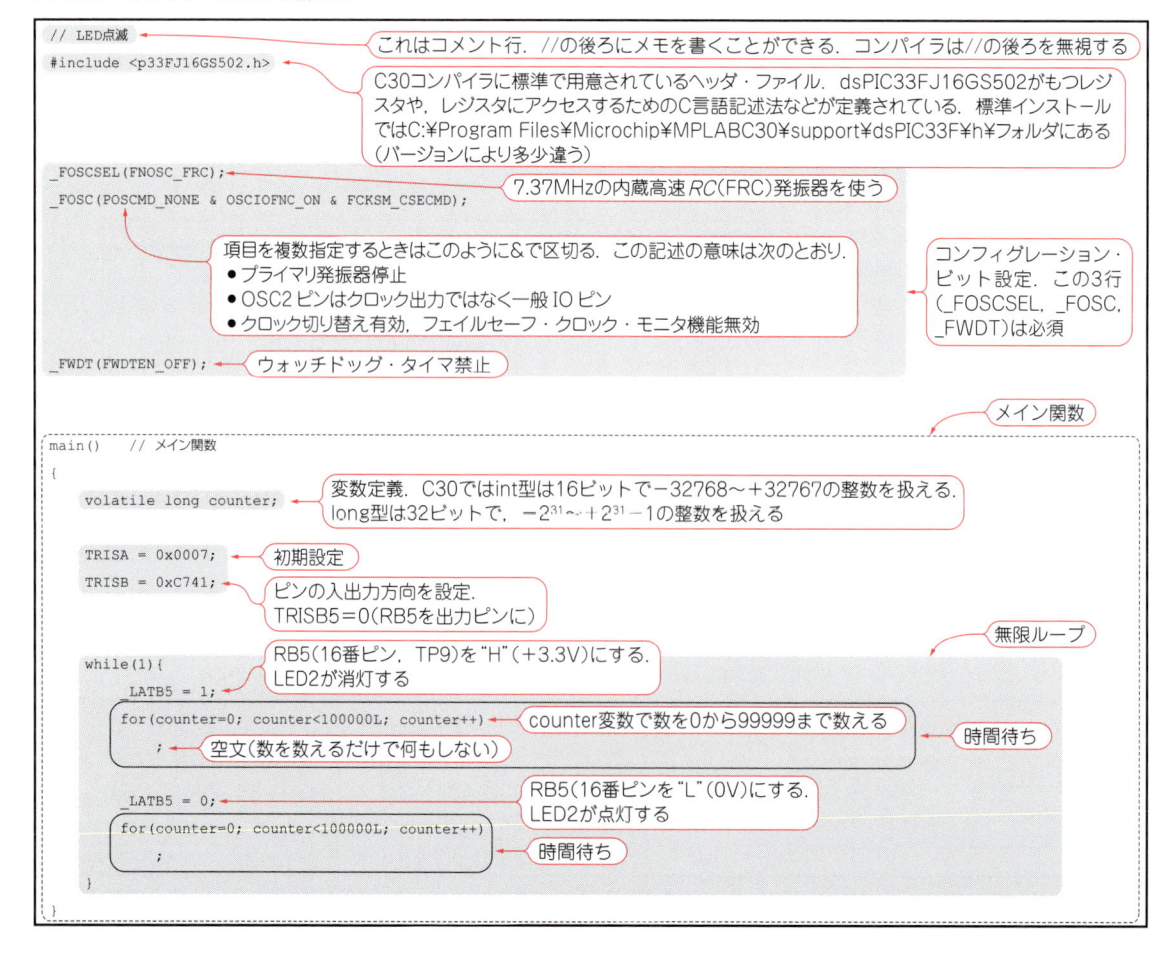

```
// LED点滅
#include <p33FJ16GS502.h>

_FOSCSEL(FNOSC_FRC);
_FOSC(POSCMD_NONE & OSCIOFNC_ON & FCKSM_CSECMD);

_FWDT(FWDTEN_OFF);

main()      // メイン関数
{
    volatile long counter;

    TRISA = 0x0007;
    TRISB = 0xC741;

    while(1){
        LATB5 = 1;
        for(counter=0; counter<100000L; counter++)
            ;
        LATB5 = 0;
        for(counter=0; counter<100000L; counter++)
            ;
    }
}
```

注釈：
- `// LED点滅`：これはコメント行．//の後ろにメモを書くことができる．コンパイラは//の後ろを無視する
- `#include <p33FJ16GS502.h>`：C30コンパイラに標準で用意されているヘッダ・ファイル．dsPIC33FJ16GS502がもつレジスタや，レジスタにアクセスするためのC言語記述法などが定義されている．標準インストールではC:¥Program Files¥Microchip¥MPLABC30¥support¥dsPIC33F¥h¥フォルダにある(バージョンにより多少違う)
- `_FOSCSEL(FNOSC_FRC);`：7.37MHzの内蔵高速*RC*(FRC)発振器を使う
- `_FOSC(...)`：項目を複数指定するときはこのように&で区切る．この記述の意味は次のとおり．
  - プライマリ発振器停止
  - OSC2ピンはクロック出力ではなく一般IOピン
  - クロック切り替え有効，フェイルセーフ・クロック・モニタ機能無効
- コンフィグレーション・ビット設定．この3行(_FOSCSEL, _FOSC, _FWDT)は必須
- `_FWDT(FWDTEN_OFF);`：ウォッチドッグ・タイマ禁止
- `main()`：メイン関数
- `volatile long counter;`：変数定義．C30ではint型は16ビットで−32768〜+32767の整数を扱える．long型は32ビットで，-2^{31}〜$+2^{31}-1$の整数を扱える
- `TRISA = 0x0007;`：初期設定
- `TRISB = 0xC741;`：ピンの入出力方向を設定．TRISB5=0(RB5を出力ピンに)
- `while(1)`：無限ループ
- `LATB5 = 1;`：RB5(16番ピン，TP9)を"H"(+3.3V)にする．LED2が消灯する
- `for(counter=0; counter<100000L; counter++)`：counter変数で数を0から99999まで数える
- `;`：空文(数を数えるだけで何もしない)
- 時間待ち
- `LATB5 = 0;`：RB5(16番ピン)を"L"(0V)にする．LED2が点灯する
- 時間待ち

詳しくは，データシートやヘッダ・ファイルを参照してください．

● main関数

図4に示すように，dsPICに電源を加えると，内部のCPUがプログラム・メモリの0番地から処理を開始します．

0番地には，C30のデフォルト・スタートアップ・モジュール(crt0.o)へのジャンプ命令が書かれています．このモジュールは，スタック・ポインタを初期化し，C言語のグローバル変数などを初期化して，main関数を呼び出します．

`while(1){}`は無限ループです．組み込みマイコンでは通常`main()`内に無限ループを組み，`main()`から抜けないようにします．

● レジスタへのアクセス

通常ワンチップ・マイコン用のCコンパイラでは，変数と同じようにレジスタに数値を代入したり参照したりできます．ただし，コンパイラによってレジスタ名の書き方が違います．C30の場合は大文字を使って，データシートに書かれているとおりに表記します．

例えば，リスト1のように，

`TRISA = 0x0007;`

と書くと，RA0～RA2は入力ピンに，RA3とRA4は出力ピンに設定されます(図5)．レジスタに書き込む値は16進数で書きます．参考までに16進数と2進数の換算表を表2に示します．

第2章の図2(pp.32～33)に示すように，LEDはdsPICのRB5ピンに接続されているので，LATBレジスタを操作すればLEDが点滅します．RB5以外のピンには別の信号がつながっているので，他のピンのL/Hは動かないようにして，RB5のL/Hだけを操作します．

このようなときのために，各レジスタのビット・フィールドがヘッダ・ファイル内で定義されています．

LATB5だけを"H"にするには次のように書きます．

`LATBbits.LATB5 = 1;`

LATBレジスタはよく使うので，次の省略形も定義されています．

`_LATB5 = 1;`

● 空計算でLEDを点滅させるための待ち時間を作る

リスト1のfor文は，空文を実行しています．つまりCPUに何もさせないで，時間を稼いでいます．

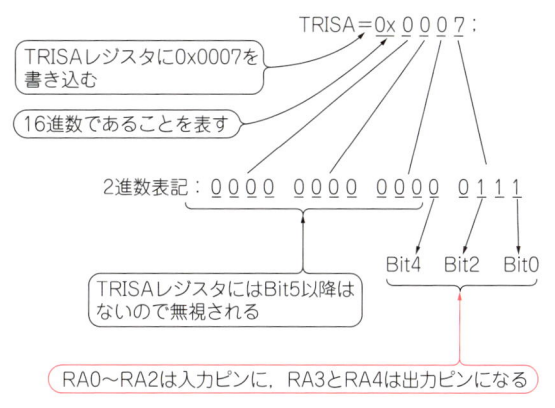

図5 リスト1のTRISA＝0x0007;の意味
RA0～RA2は入力ピンに，RA3とRA4は出力ピンに設定される．

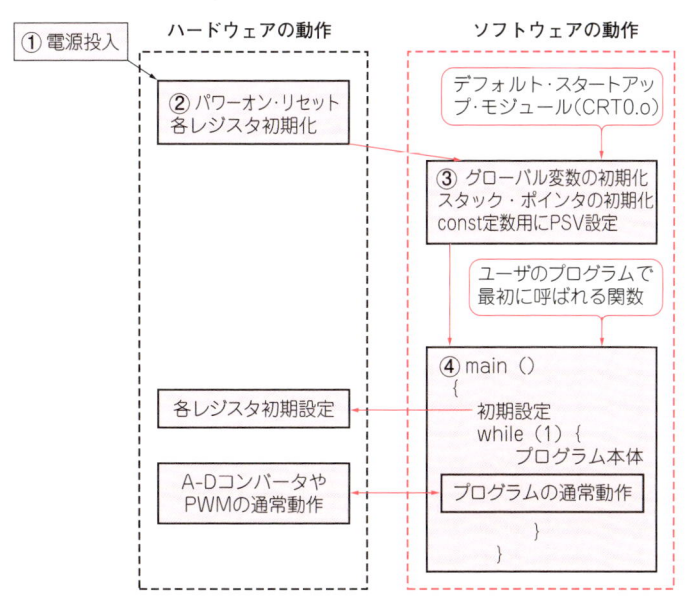

図4 CPUが起動して初期設定が終わるまでの大きな流れ

表2 16進数と2進数の換算表
図5のようにレジスタ値は16進数で書く．

10進数	16進数	2進数
0	0	0000
1	1	0001
2	2	0010
3	3	0011
4	4	0100
5	5	0101
6	6	0110
7	7	0111
8	8	1000
9	9	1001
10	A	1010
11	B	1011
12	C	1100
13	D	1101
14	E	1110
15	F	1111

CPUがfor文の中の"counter<100000L"や"counter++"を実行するのに，数μsかかります．この時間はコンパイラの性能やdsPICのクロック設定で変わります．数μsを99999回行うので，トータル数百msの時間を稼ぐことができます．

counter変数は，数を数えるだけで他に何も利用していません．このように一見何にも活用されていない変数は，コンパイラの最適化機能が気を利かせて勝手に削除してしまうことがあります．削除されると，ソース・ファイルにはfor文が書いてあるのに，コンパイル後にfor文に相当する機械語がなくなり時間待ちしなくなります．このようなコンパイラの最適化によるトラブルを確実に避けるため，**リスト1**のように，**counter変数にvolatile修飾子を付けています．**

■ 動かしてみる

リスト1のプログラムをPICマイコンの統合開発環境 MPLAB上で作り，実際に動かしてみます．第2章も参考にしてください．

● 開発環境を起動してプロジェクトを作る

MPLABを起動して，次の方法で，ワークスペースとプロジェクトを作ります．

[Project]-[Project Wizard]を立ち上げて[次へ(N)>]をクリックします．[Device: dsPIC33FJ16GS502]を選択して次へ進みます．[Active Toolsuite: Microchip C30 Toolsuite] を選択して次へ進みます．[Create New Project File]を選択してプロジェクト・フォルダとプロジェクト名を入力します．例えば"C:¥LedBlink¥LedBlinkPrj"と入力すると，C:¥LedBlink¥フォルダにコンパイル結果などのさまざまなファイルが出力され，それらのファイル名がLedBlinkPrjになります．「デスクトップ」や「マイドキュメント」など全角が含まれるパス名は使えません．

● プログラムを書いてコンパイルする

[File]-[New]（またはツール・バーの□）でテキスト・エディタを立ち上げます．

MPLABインストール直後はオートインデント機能がOFFになっているので，テキスト・エディタ・ウインドウを選んだ状態で，[Edit]-[Properties]-[File Type]-[Auto Indent]をONにしておきます．

リスト1の内容どおりにタイプして入力し，[File]-[Save As]（■）で"LedBlink.c"と名前を付けて保存します．保存先は先ほどのプロジェクト・フォルダでかまいません．

図6に示すように，[Source Files]-[Add Files...]を選んで，作ったLedBlink.c（**リスト1**）を追加します．以降，**図6**のLedBlink.cをダブルクリックすればエディタを立ち上げることができます．

[Project]-[Make]を実行する（または[F10]を押す）とコンパイルされます．**図7**に示すように，Outputウインドウに"BUILD FAILED"と表示されたら，LedBlink.cを修正して再度Makeします．

● デバッガ・モードで実行する

表3に実験ボードの設定を示します．J_3(POWER)にACアダプタをつないでからコンセントに挿入すると，液晶ディスプレイのバックライトとLED_1が点灯します（逆にACアダプタをコンセントにつないでからJ_3に挿すと，火花が飛んで溶着などのトラブルが起きやすくなります）．

[Debugger]-[Select Tool]-[PICkit2]を選ぶと，MPLABにPICkit 2 Readyと表示されます．PICkit3をつないでいる場合はPICkit3を選択します．エラーが出る場合は，ACアダプタをつないでいることと，PICkitのPowerが点灯していることを確認して，[Debugger]-[Connect]で再接続します．

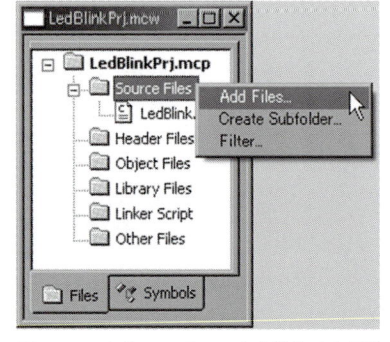

図6 ソフトウェアでLEDを点滅させる実験…Cコンパイラ（MPLAB）にリスト1のソース（LedBlink.c）を読み込む

表3 ソフトウェアでLEDを点滅させる実験…実験ボードのジャンパ類を設定する

基板名	配線番号	状態，設定など
パワー・ボードU_{10}（B側）	使用しない．JP_1とJP_2の設定は任意	
パワー・ボードU_9（A側）	使用しない．JP_1とJP_2の設定は任意	
ベースボード	JP_1, JP_3, JP_4, JP_6, JP_8, JP_9	1-2間をショートする
	JP_2, JP_5	オープン
	JP_{10}, JP_{11}	ショートする
	SW_4	PICkit
	J_2(PICkit2/3)	PICkit2またはPICkit3をつなぐ

図7 ソフトウェアでLEDを点滅させる実験…コンパイル実行後にこのようなエラーが出たら，ソースを修正して再TRYする

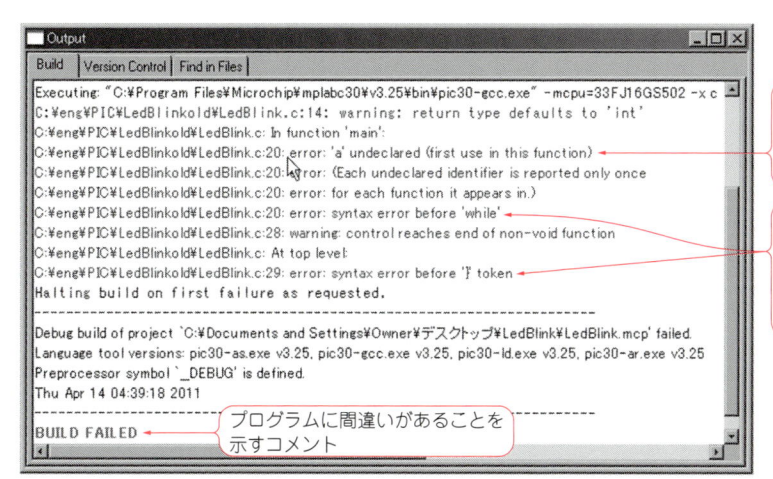

LedBlink.cの20行目でエラーがあった．ここでダブルクリックするとタグ・ジャンプ（テキスト・エディタでLedBlink.cを開きエラー行にジャンプ）できる

先頭部にエラーがあるとなだれのようにエラーが誘発されることが多い．先頭のエラーを修正してから［F10］（Make）を実行すると，大幅にエラー・メッセージが減ることがある

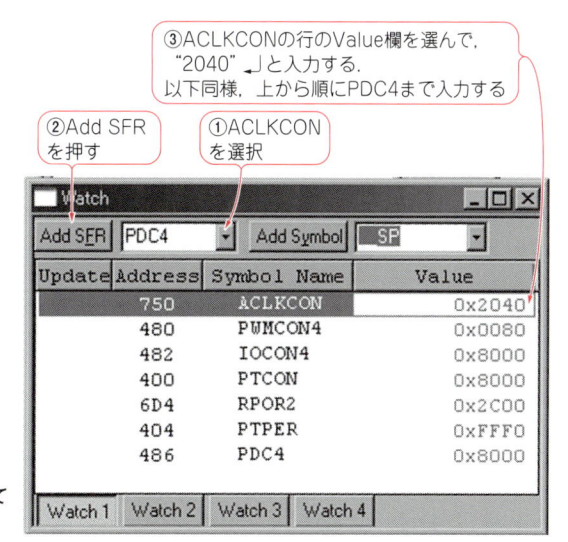

プログラムに間違いがあることを示すコメント

図8 ハードウェアでLEDを点滅させる実験…CPUを止めてLEDの点滅周期を変えてみる（レジスタの詳細は次章で）

③ACLKCONの行のValue欄を選んで，"2040 ⏎"と入力する．以下同様，上から順にPDC4まで入力する

②Add SFRを押す

①ACLKCONを選択

［F10］を押して再度Makeします．［Debugger］-［Program］を選ぶと，デバッガ・モードでdsPICへの書き込みが開始され，10秒ほどで次のよう表示が出て終了します．

    Programming Configuration Memory
    Verifying Configuration Memory
    Debug mode entered, DE Version = 1. 0. 8
    PICkit 2 Ready

［Debugger］-［Run］（▶）を選択するとステータス・バーにRunning...と表示され，dsPICマイコンがリスト1の処理を実行します．結果，実験ボードのLED₂が点滅します．

実験②
CPUを止めてハードウェアだけでLEDを点滅させる

■ 実験の前に

● ハードウェアはスゴク速い

先ほどの実験では，ソフトウェアでCPUを動かしてPIOを操作し，LEDを点滅させました．

今度は，dsPICのCPU周辺のハードウェア（ペリフェラル）でPWM（Pulse Width Modulation）信号を生成して，LEDを点滅させてみます．PWM信号はソフトウェアでも生成できますが，専用ハードウェアとは比べものにならないくらい低速です．ここではハードウェアで点滅させてみます．

● 実験の方法…マニュアルでPWMハードウェアを動かす

まず手動でPWMハードウェアを動かします．手動で少しずつ動かすことで，ソフトウェアと同じように自分の意志どおりにマイコンが動くことを実感できます．そうすれば安心してプログラミングに取り組むことができます．

また，得てしてマイコン（dsPICも）のデータシートは説明がなかったりバグがあったりするので，この方法は必須です．

● Watchウインドウを利用する

実験ではMPLABのWatchウインドウ（図8）を使います．

このウインドウでdsPICに備わっているすべてのレジスタに直接数値を書くことができます．W0～W15といったワーク・レジスタも，PWMなどのペリフェラルのレジスタも書けます．この機能を使うと，マニュアルでPWM出力を確認することができ，プログラムを作ることができます．

Debuggerモードでは，ソフトウェアを走らせたり止めたりステップ実行させることができます．止めた時にWatchウインドウでレジスタやメモリ（変数）の値を確認することができます．1行ずつステップ実行すれば，変数がどこでいくつに変わるかがわかります．

C言語は回路図と違ってグラフィカルではないので，ある程度の行数を書くと，どこにどの変数を書いているのかわからなくなりバグが生まれます．これをステップ実行とWatchウインドウで調べます．Watchウインドウでは，レジスタや変数を見るだけでなく，そ

トランジスタ技術ホームページ 特設サイトのご案内 　　　　　　Column

小誌トランジスタ技術のホームページでは，特設サイトで特集や連載，増刊・書籍の記事サポートを行っています．トランジスタ技術のホームページにアクセスすると，右側の欄に特設サイトに入るバナーがたくさん見つかります（図A，2012年5月時点）．各種動画やプログラム，便利な計算ツールなどが用意されています．ご活用ください．

この特設サイトでは本書で紹介した実験ボードの動画を見ることができます（図B）．

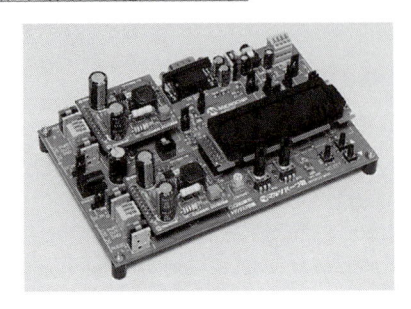

図B　トランジスタ技術2010年10月号　特集「ソフトでソフトなパワー制御」の特設サイト

図A　トランジスタ技術のウェブサイトにある記事サポート・サイトへの入口バナー
http://toragi.cqpub.co.jp/

の場で値を変えることができるので，プログラム自体を書き換えなくてもいろいろな値を入れて実験できます．

■ 実験

● CPUを止める

先ほどの実験で，［Debugger］-［Run］を選んでいるので，CPUは動作中です．ここで，［Debugger］-［Halt］（⏸）を選択してプログラム（CPU）を停止させます．

テキスト・エディタの⇨と表示されている行で実行が停止しています．このときLEDは点灯または消灯しています．

PICKit3の場合は，［Debugger］-［Settings］-［Freeze on Halt］-［PWM］のチェックを外して［OK］を押します．［Debugger］-［Halt］でプログラムを停止しましたが，PICKit3のデフォルトでは，このときペリフェラルの動作も止めてしまいます．これではPWMのレジスタを手動で設定してもすぐに出力が変わるようすが見られません．そこでこのチェックを外して，プログラム停止中でもPWMが動くようにします．これで，PWMのレジスタを手動設定すると，その場ですぐにLEDの点灯状態が変わります．

● LEDの点滅周期を変えてみる

［View］-［Watch］でWatchウインドウを表示させます（図8）．

ACLKCON～PDC4を追加して，Value欄の値を設定します．するとdsPIC内のレジスタに値が設定されます．すべて設定すると，LEDが再び点滅を始めます．

dsPICのCPUは停止したままですが，PWM機能が3.5HzのPWM信号を発生させています．つまり，ハードウェアだけで点滅させています．

PTPERは，PWM周波数を決めるレジスタ，PDC4はデューティを決めるレジスタです．

このWatchウインドウでPDC4を0xF000などと大きい値に設定すると，LEDが一瞬だけ点灯します．0x1000などと小さい値に設定すると，長時間点灯します．

PTPERを0x0FFFに設定すると，PWM周波数は56Hzになります．PDC4を0x0800に設定するとLEDも56Hzで点滅しますが，目には早すぎて点滅していることは分かりません．その状態でPDC4を変えると明るさが変化します．

● MPLABを終了する

最後にMPLABを終了する時に，Do you wish to save the workspace before closing?とダイアログが出るので，［はい(Y)］で，このプロジェクトの設定や現在開いているWatchウインドウなどをセーブします．次回起動時は［File］-［Open Workspace...］で開くことができます．

（初出：「トランジスタ技術」2011年11月号）

第9章　dsPICマイコンの基本を学んでオリジナル・ソフトウェアを作れるようになろう

クロックとPWMを最高速度・最高分解能に設定する

笠原　政史

多彩な機能を持っているdsPICマイコンですが，簡単なディジタル・パワー制御をしたい場合はどのように設定すればよいのか，本章ではクロックとPWMについて解説します．

● パワーを制御するには1 ns分解能のPWM信号を生成する必要がある

　前章は，第2章で開発したディジタル・パワー制御ボードを利用して，dsPICマイコン(写真1)内のペリフェラルの一つである高速PWM回路を動かしてみました．高速PWMを利用すると，目にも止まらないほど速くLEDを点滅させることができ，CPUは何もしなくてもよいことも確認しました．
　PWM信号は，ソフトウェアでも生成できますが，処理に多くの時間がかかります．LEDの点滅ぐらいなら十分に対応できますが，パワー制御には遅すぎて処理が間に合いません．
▶CPUで生成するソフトウェアPWMは時間分解能が粗すぎて使い物にならない
　高速PWMで得られるPWM信号の分解能は1.04 nsです．一方ソフトウェアで生成したPWMの分解能は，40 MIPSのCPUがPWM処理だけに専念したとしても，1ループ数命令ぐらいは必要なので，時間分解能は100倍(1.04 ns×100)ぐらいに悪くなります．実際には，CPUはPID制御の計算や液晶ディスプレイ表示などのほかの処理もしますから，1処理あたり100 μs程度要します．その整数倍の時間分解能でPWM生成させると，100000倍(1.04 ns×100000 = 0.104 s)ぐらい違います．
　今回は，パワー制御に欠かせないこの「高速PWM」というハードウェアについて理解を深めます．また，前回は手動で高速PWMの動作条件を設定しましたが，今回はプログラムで自動設定してみます．

写真1　パワー制御実験ボード(第2章)に搭載されているスイッチング電源用dsPICマイコン dsPIC33FJ16GS502

dsPIC33Fのクロックを最高速に設定する

● dsPICのクロックと分解能は最高に設定しておく
　電源のスイッチング周波数は高くしたほうが，インダクタなどのサイズを小さくできますが，高くしすぎるとPWM設定分解能が相対的に粗くなって制御が安定しません．
　このトレードオフを解決する(スイッチング周波数を高くしつつ安定な制御を実現する)には，まず，マイコンのクロックをできるだけ高速に設定し，PWM分解能もできるだけ高めておく必要があります．大雑把にいえば，パワー制御用マイコンのクロックとPWMの分解能は，最適値というより最高値に設定しておくわけです．
　今回は，そのマイコンの設定法を紹介します．データシートや実験で確認した内容を元に，理解しやすくなるように簡略化した等価回路などで解説します．dsPICは多機能な分，内部のハードウェアが複雑なので，なかなか思いどおり動いてくれません．私の誤解やデータシートの誤記がある場合もありますので，必ず実機で確認しなければなりません．

● 二つのクロック出力
　図1に示すのは，dsPIC33Fがもつオシレータ・システムのブロック図です．
　図からわかるように，クロック源(源振周波数)を，分周器やPLLで周波数をM/N倍して，必要な周波数のクロックを作り出します．
　注目すべきは，7.37 MHz±2%$_{typ}$の高速RCオシレータ(FRC)を内蔵していることです．太い実線はFRCを使用して，CPUと高速PWMをほぼ最高速に，またA-Dコンバータを84%の速度に設定したときの信号経路です．
　クロック信号の出力は次の2種類です．
(1) Fcy：CPUの処理速度やタイマなどのペリフェラルの動作周波数を決めるクロック

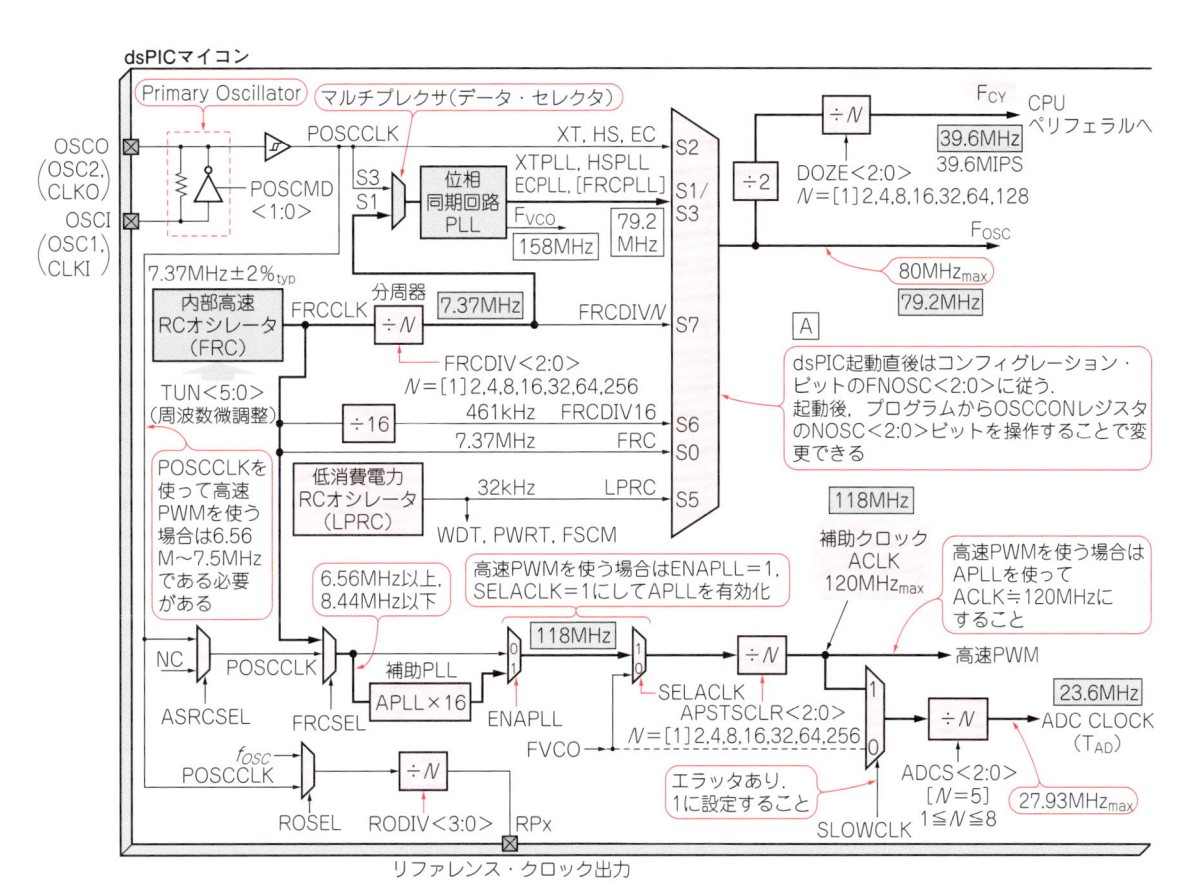

図1 スイッチング電源制御用マイコン dsPIC33FJ16GS502のオシレータ回路
太線はリスト1で選択した経路．[ ]は，リスト1で設定した値．

本書で使うdsPICマイコンはシリーズ中最高速のPWMを生成できる　　Column

dsPIC33Fシリーズには次の三つのファミリありあます．
- 汎用　●モータ制御用　●スイッチング電源用

dsPICマイコンは，**図A**に示すように型名で用途を識別できます．これら三つのシリーズはいずれも「出力コンペアPWM」という単純なPWM機能を持っています．

この単純なPWM機能に加えて，モータ制御ファミリは，デッドタイム機能やフォルト機能などパワー制御に便利な機能を追加した「モータ制御用PWM」機能を持っています．時間分解能は最高25 nsです．本書で使用したスイッチング電源用ファミリは，モータ制御用PWMをさらに多機能にし，時間分解能を最高1.04 nsに高めた「高速PWM」機能を持っています．時間分解能が細かくなったことで，スイッチング周波数を1 MHzなどと高くしても高精度な制御が可能です．

本書で使用したdsPIC33Fには「出力コンペアPWM」と「高速PWM」の2種類があります．本章では，PWMと言ったら「高速PWM」のことです．

```
dsPIC33FJ16GS502
         GS：スイッチング電源用ファミリ（高速PWMを内蔵）
         MC：モータ制御ファミリ（モータ制御用PWMを内蔵）
         GP：汎用用途ファミリ
```

図A　dsPIC33Fシリーズには汎用/モータ制御用/スイッチング電源用がある

(2) ACLK：高速PWMとA-Dコンバータの動作周波数を決めるクロック

● クロック出力1：Fcy

Fcy（39.6 MHz）は，FRCの7.37 MHzをPLLで43/4倍して79.2 MHz（FOSC）を作り，それを2分周して得られます．このクロック出力を利用すると，CPUは，39.6MIPS（1秒あたり39600000個の機械語を実行）で動きます．ただし，ジャンプ命令などを除きます．

▶ PLLのしくみ

図2にPLLのブロック図を示します．

PFD（Phase Frequency Detector，位相比較器）は，F_{REF}とF_{FB}の位相（および周波数）を比較し，等しくなかったらVCO（Voltage Controlled Oscillator）に対して，出力周波数（F_{OSC}）を補正するように指示する回路です．VCOは，直流電圧で出力のクロック信号の周波数をコントロールできる発振器です．dsPICの場合，100 M～200 MHzの間で周波数を調整でき，PFDの指示に応じて周波数を調整します．

PLL起動直後はVCOが出力するクロック信号の周波数は安定していませんが，約3 ms経つと定常状態になります．安定後のVCO出力周波数は，PFD入力周波数F_{REF}のM倍になります．

dsPIC起動時はPLLがOFFしています．後述のようにプログラムでPLLを起動します．

● クロック出力2：ACLK

もしスイッチング周波数を1 MHzに設定すると，1周期（1 μs）の中でデューティ比を変える必要があります．

図3に示すように，マイコンを使ってディジタル制御のスイッチング電源を作るには，通常，少なくともその1%以下の分解能（10 ns以下）でデューティ比を調整する必要があります．

高速PWMの分解能は1.04 nsですから，1.04 ns単位でパルス幅に設定できます．1 MHzスイッチングでもデューティ比を0.1%単位（= 1.04 ns/1 μs）で変えられるので，高精度な制御が可能です．

▶ 落とし穴1

しかしこれを実現するにはさまざまな制約を満たさなければなりません．

例えば図1のクロックACLKは，APLLを使って約120 MHzにしないと，正確なPWM出力が得られません．APLL（補助PLL）は，ACLK生成に使用できるPLLです．周波数逓倍比は16倍固定です．dsPICにはPLLとAPLLの2種類のPLLがあります．

▶ 落とし穴2

図1のSLOWCLKにはエラッタ（バグ）があり，FVCO側は選んではいけません．ですから，高速PWMを使う場合は，必然的にADC CLOCKは最高速の84%（つまりA-D変換速度も最高4 MSPSではなく3.38 MSPS）になります．

高速PWMの設定

■ dsPICマイコンのPWMモジュール

図4に示すのは，dsPIC33FJ16GS502に内蔵されている高速PWMモジュールのブロック図です．

4個のPWMジェネレータがあり，PWMxHとPWMxLがPWM出力（x＝1～4で，PWMジェネレータの番号）です．最大で8本のPWM出力を利用できます．デューティ比などはPWMジェネレータごとに設定したり，全体を一括で設定できます．

■ 基本動作を決める動作モード

dsPICマイコンの次の項目を設定すると，PWMモ

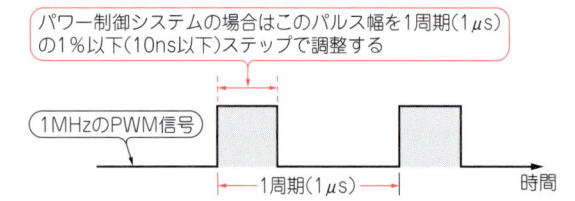

図3 ディジタル制御のスイッチング電源を作るには10 ns以下でデューティ比を調整する必要がある

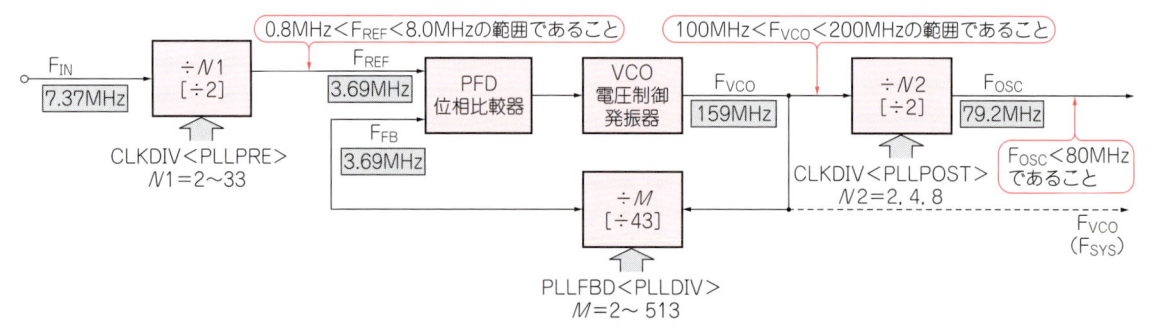

図2 図1中のPLL（Phase Locked Loop）の構成と最高速で動かすための設定

ジュールの動作の大枠が決まります．
- (1) ピン・ペアのモード（PMOD）
- (2) タイムベース（ITB）
- (3) MDCS
- (4) アライン・モード（CAM）
- (5) デッド・タイム・ジェネレータ
- (6) PWMフォルト制御/電流制限制御
- (7) 出力ピン・イネーブル・リマッパブル・ピン

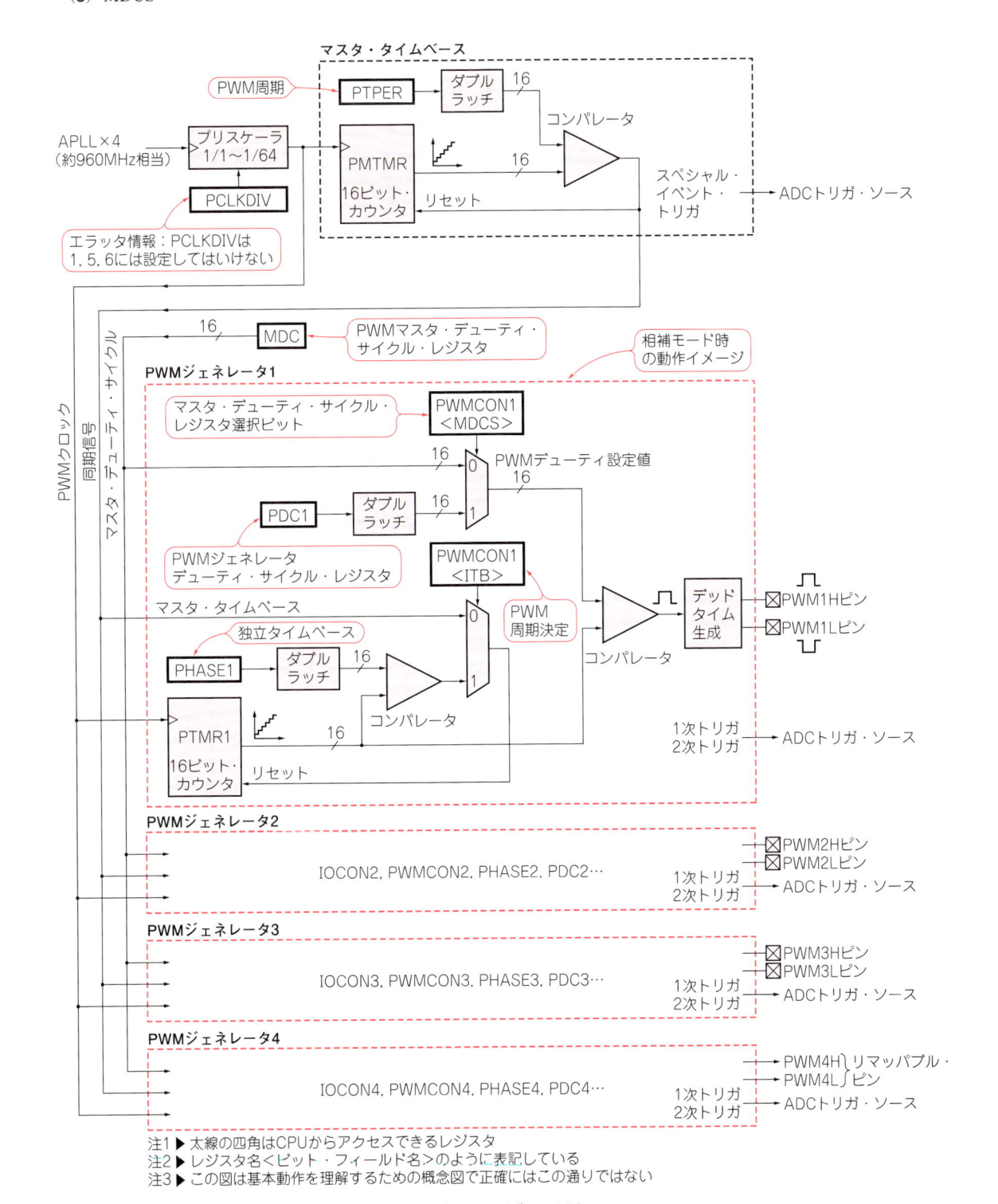

図4　dsPIC33FJ16GS502に内蔵されている高速PWMモジュールのブロック図

注1▶ 太線の四角はCPUからアクセスできるレジスタ
注2▶ レジスタ名＜ビット・フィールド名＞のように表記している
注3▶ この図は基本動作を理解するための概念図で正確にはこの通りではない

● ピン・ペアのモード(PMOD)：PWMxH端子とPWMxL端子の波形の関係を設定する

表1に示すように，ピン・ペアのモードは，各PWMジェネレータの基本動作を決定します．基本動作とは，PWM設定値とPWMxH端子とPWMxL端子の波形の関係を意味します．

表1の相補モードは，NJW4800のようなブリッジ構成のスイッチング回路用の信号を出力します．(NJW4800では不要ですが)PWMxH端子とPWMxL端子間にはブリッジ回路でハイ・サイドとロー・サイドが同時にONしてショートしないようにするデッドタイムを設定できます．

表1 各PWMジェネレータのPWMxH信号とPWMxL信号の関係を決めるピン・ペア(PMOD)の全モード

IOCONx〈PMOD〉	ピン・ペアのモード	動作
0	相補PWM出力モード(デフォルト) 頒布ボードでは通常このモードを使う (相補モード，相補出力モード，相補PWMモードとも言う)	（デッド・タイムを伴うPWM1H/PWM1L波形．1周期．注▶正のデッド・タイムを示している）
1	冗長出力モード	（PWMxHとPWMxLが同じ波形．デューティ比はプログラムで設定．一つのPWMピン・ペア(PWMxHとPWMxL)から，同じシングルエンドのPWM信号を二つ出力する）
2	プッシュプルPWMモード (プッシュプルモード，プッシュプル出力モードとも言う)	（1周期−(DCx−DTR)，DCx−DTR，PWM1H/PWM1L，t_{ON}，t_{OFF}，1周期，デッド・タイム）
3	完全独立PWM出力モード HピンとLピンを独立した動作にさせる タイムベースの「独立」と混同しないように注意 (独立出力モード，独立PWMモード，独立PWM出力モード，完全独立出力モードとも言う)	・タイムベース：マスタ・タイムベース時，周期は共通 （PMTMR=0，PWMxH，位相2，デューティ比1，PWMxL，デューティ比2，1周期） ・タイムベース：独立タイムベース時，周期も独立（完全独立モード） （デューティ比1，PWMxH，周期1，PWMxL，デューティ比2，周期2） 完全独立モードの場合，PWM信号間には位相での相互関連はない

冗長出力モードは，PWMxHとPWMxL端子に同じPWM信号を出力します．

　プッシュプル・モードは，センタ・タップ付きトランスを使ったプッシュプル・タイプの直流電源用の信号を出力します．

　独立出力モードは，PWMxH端子とPWMxL端子に独立してデューティを設定できます．NJW4800のようにデッドタイムが不要な場合は，独立出力モードを利用すれば，一つのdsPICで2倍の数のNJW4800をつなぐこともできます．

　実験ボードの場合，PWM1HがパワーボードU$_9$(A側)，PWM2HがU$_{10}$(B側)に接続されていて，PWMxL出力は使われていないのでどのモードでも使用できます．

● タイムベース(ITB)：PWMの周期やデューティを設定する

　PWMジェネレータごとにPWM周期を設定できる「独立タイムベース」と，マスタ・タイムベースに同期する「マスタ・タイムベース」があり，ピン・モードとタイムベースなどによって異なります(**表2**)．

　マスタ・タイムベースに設定すると，**図5**のようにピン・ペア間で位相をずらすマルチフェーズ動作が可能になります．

　実験ボードでは，ハーフ・ブリッジ・ドライバNJW4800がデッドタイム生成機能と保護機能を持っているので，dsPICのデッドタイム・ジェネレータやPWMフォルト制御／電流制限機能は使いません．

　表2中のADCトリガについては次章で解説します．

表2 PWMの周期とデューティ比を設定するタイムベース設定レジスタ
PWM周期を個別に設定できる「独立タイムベース」とマスタ・タイムベースに同期する「マスタ・タイムベース」がある．

ピン・ペアのモード (PMOD)	機能		タイムベース ピン	マスタ・タイムベース ITB = 0		独立(PWM)タイムベース ITB = 1	
				PWMxH	PWMxL	PWMxH	PWMxL
0(相補) 1(プッシュプル) 2(冗長出力)		PWM周期		PTPER	PTPER	PHASEx	PHASEx
	PWMデューティ	MDCS = 1		MDC	MDC	MDC	MDC
		MDCS = 0		PDCx	PDCx	PDCx	PDCx
	位相シフト			PHASEx	PHASEx	N/A	N/A
	ADCトリガ			SEVTCMP/TRIGx[(1)]	SEVTCMP/TRIGx[(1)]	TRIGx	TRIGx
3(独立出力．HピンとLピンが独立して動作する)		PWM周期		PTPER	PTPER	PHASEx	SPHASEx
	PWMデューティ	MDCS = 1		MDC	MDC	MDC	MDC
		MDCS = 0		PDCx	SDCx	PDCx	SDCx
	位相シフト			PHASEx	SPHASEx	N/A	N/A
	ADCトリガ			SEVTCMP/TRIGx[(1)]	SEVTCMP/TRIGx[(1)]	TRIGx	TRIGx

注：(1) ▶ ADCPCx〈TRGSRCx〉で選択

Column

データシートの用語の不統一で一時混乱状態に…

　dsPICマイコンのデータシートには，「独立」という用語を使ったPWMの基本動作に関する用語がたくさんあります．例えば次のようなものです．
- 独立タイムベース・モード
- 独立PWMモード
- 完全独立出力モード
- 独立PWMタイムベース
- 独立出力モード
- 完全独立PWM出力モード

dsPICマイコンを使い始めた当初，全部違う種類のモードなのか，一つのモードのことを言っているのかわかりませんでした．そこで，英文データシートも参考にしながら，実験で調査したところ，「タイムベース」が付く単語はタイムベースで，「タイムベース」が付かない方はピン・ペアのモードを指しているらしいことを突き止めました．

　他にも「独立フォルト・モード」や「独立PWM ADCトリガ生成」とか紛らわしいのを区別して理解しなければ，製品レベルでは使えません．

　そこであえて用語は統一せず，どれとどれが同じものなのかを整理しなおしたのが**表4**(p.106)です．

　ほかに，A-Dコンバータなどは複数データシートに解説がまたがっていて，データシートによっても用語がばらばらですが，根気よく読みましょう．

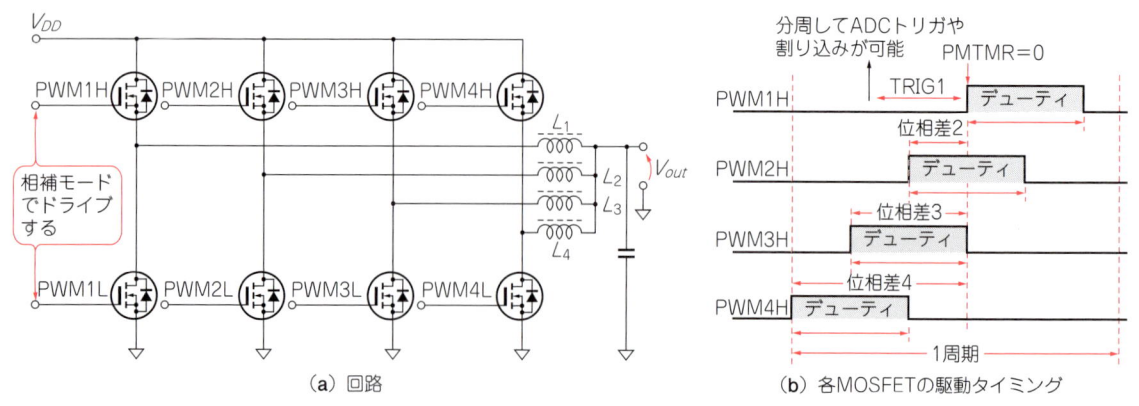

図5 タイムベースの設定をマスタ・タイムベースに設定するとピン・ペア間で位相をずらすマルチフェーズ動作が可能になる
(a) 回路
(b) 各MOSFETの駆動タイミング

● アライン・モード：PWM信号の生成モードを設定する

表3に示すように，PWMジェネレータのアライン・モードは2種類あります．通常は高分解能なエッジ・アライン・モードがよいでしょう．

図6に示すのは，エッジ・アライン・モード時のPWM信号の生成原理です．高速PWMはACLKの8倍で動作します．

図1のように，ACLK = 118 MHzに設定した場合，カウンタPTMR1は1.06 ns（= 1/8/118 MHz）ごとにカウントアップします．カウント値がPWM周期レジスタ（PHASE1）の設定値まで達すると，ゼロ・クリアされて，三角波状の数値が生成されます．このように動作するので，例えばスイッチング周波数を400 kHz（2.5 μs周期）にしたいときは次のように設定します．

表3 PWMジェネレータのPWM信号生成モード「アライン・モード」の設定レジスタ

PWMCONx〈CAM〉	時間分解能(1)	PWM参照波形
エッジ・アライン・モード有効（'0'）（デフォルト）	最大1.04 ns	のこぎり波
センタ・アライン・モード有効（'1'）独立タイムベース・モードのみ有効	最大8.32 ns	三角波（D級アンプを低ひずみにできる）

注(1) ▶デューティ・サイクル，デッド・タイム，位相シフト，周波数の分解能

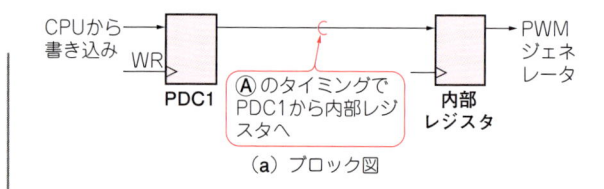

図6 エッジ・アライン・モード時のPWM信号の生成原理とダブル・パルスの発生
独立タイムベース，相補出力モード，極性ビットPOLH = 0，デッドタイムなし．

(b) ダブル・ラッチあり
PDC1から直接PWMジェネレータにつながず，内部レジスタを追加してある．PWMの1周期が終わったところで内部レジスタに新しいデューティ比を転送する

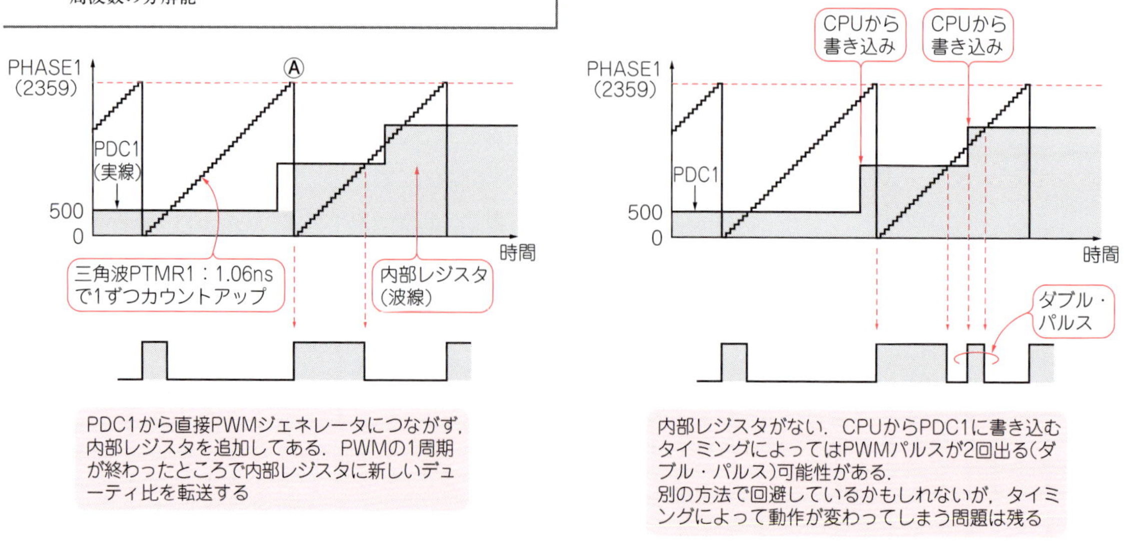

(c) ダブル・ラッチなし
内部レジスタがない．CPUからPDC1に書き込むタイミングによってはPWMパルスが2回出る（ダブル・パルス）可能性がある．別の方法で回避しているかもしれないが，タイミングによって動作が変わってしまう問題は残る

PHASE1 = 2.5 μs/1.06 ns ≒ 2359（10進数）

デューティ比はPDC1で設定します．PDC1 = 0ならデューティ比は0％に，PDC1 = 2359ならデューティ比は100％になります．

▶注意点

図6(a)に示すように1周期の途中でデューティ比の設定を変更すると，図6(c)のようにダブル・パルスが出る恐れがあります．

高速PWMのデューティ設定レジスタは，デフォルトでダブル・ラッチになっていて，PWMタイムベースに同期して内部レジスタに取り込まれるため，ダブル・パルスは発生しません．フィードバック制御のループを高速化したいときは，即時更新を有効化する方法がありますが，その場合はダブル・ラッチが無効になります．

ダブル・パルスが発生すると，デューティ比が設定値と違ってしまうので，PID制御がうまくいかず，発振したりして最悪壊れます．またスイッチング周波数が2倍になり，スイッチング・ロスも2倍になって，長時間続くとパワー素子が壊れてしまいます．

PWM出力ピンの設定

● 端子とPWM回路の関連付け

図7に示すdsPICマイコンのピン配置を見るとわかるように，PWM1H/L ～ PWM3H/Lピンは21 ～ 26番ピンです．

図8に示すのは，25番ピンの内部のブロック図です．

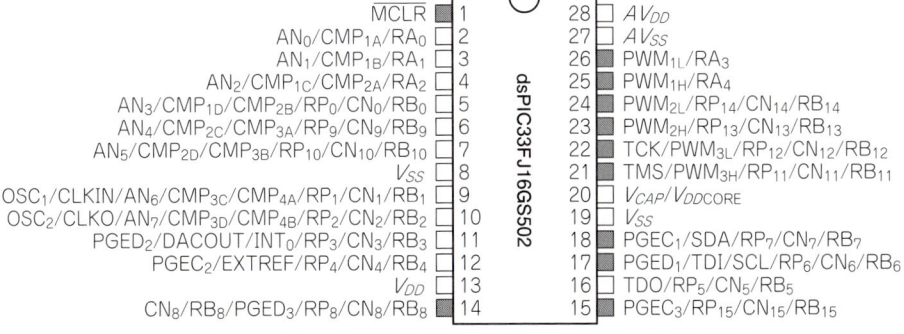

図7 dsPIC33FJ16GS502のピン配置

複数の機能が割り振られているピンは，ソフトウェアで選択設定する．RP_nピンは再マッピング可能な周辺モジュールから利用できる

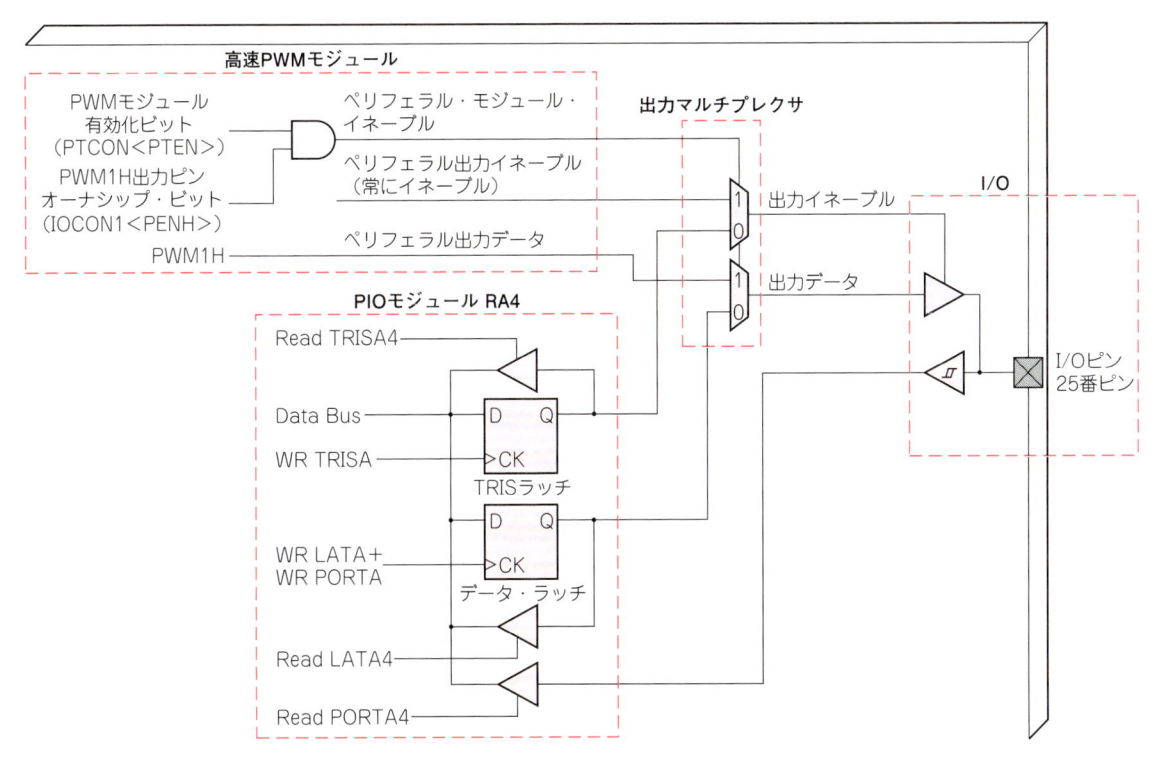

図8 dsPIC33FJ16GS502の25番ピン（PWM1H）内部の回路

> **PWMの分解能とスイッチング・ノイズの深い関係**   **Column**
>
> スイッチング周波数300 kHzでPWMの分解能を1.06 nsに設定すると，0.03％（= 1.06 ns/3.33 μs）の高分解能が得られます．
>
> 例えば，制御マイコンのデューティ比の分解能が10％しかない（10％ずつしか調整できない）けれど，13％の出力が欲しいとします．この場合，スイッチングの10回に7回はデューティ比10％，3回はデューティ比20％を出力すると平均13％を出力できます．しかし，短期的に見ると10％と20％の間をふらふらします．つまりノイズが大きくなってしまいます．ちなみに第3章で解説したPID制御を掛けると，この動作も自動で行われます．
>
> 分解能が0.03％ということは，このPWM分解能に起因するノイズも0.03％と非常に小さくなるということです．
>
> ▶実験ボードのスイッチング周波数の最適レンジは300 k～600 kHz
>
> ハーフ・ブリッジ・ドライバNJW4800は，7.2 k～1.2 MHzのスイッチング周波数に対応できます．実験ボードでは，*LC*フィルタの小型化とNJW4800のスイッチング・ロスのトレードオフから，スイッチング周波数を300 k～600 kHzぐらいに設定します．スイッチング周波数が低いと*LC*ロー・パス・フィルタのカットオフ周波数に近づいて，スイッチング・ノイズが除去しきれなくなります．逆に，スイッチング周波数が高いと，NJW4800のスイッチング・ロスが増えて発熱で壊れます．

I/Oピンは，デフォルトではPIOです．ただし，AN*n*の割り当てのあるピンのデフォルトは，アナログ入力ピンです．

25番ピンはデフォルトでPIOのRA4になっていますが，〈PTEN〉と〈PENH〉を'1'にすることで，25番ピンにPWM1Hが出力されます．

● ピンの機能を自由に設定できるリマッパブル・ピンの利用方法

図4のPWM4H/Lは，リマッパブル・ピン（再マッピング可能なピン）になっています．図7のピン配置図には示されていませんが，RP*n*（*n* = 0～15）のいずれかのピンに出力することができます．

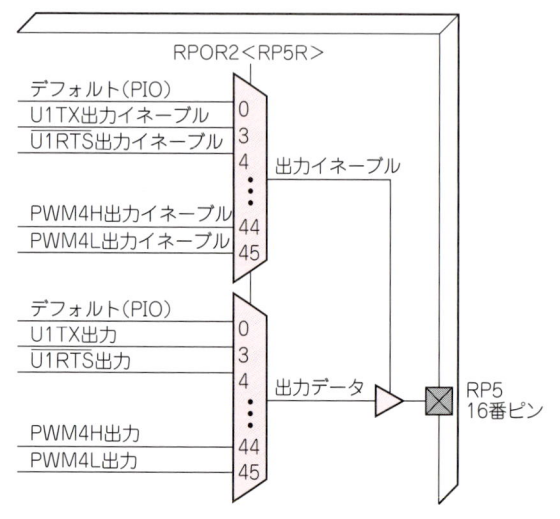

図9 dsPIC33FJ16GS502のリマッパブル・ピン（16番，RP5）内部の出力マルチプレクサ
回路は図8と同じ．

実験ボード（第2章を参照）上のLED$_2$にPWM4Hを出力することを考えてみましょう．LED$_2$はdsPICの16番ピン（RP5）につながっています．リマッパブル・ピンの回路は図8と同じで，出力マルチプレクサが図9のようなタイプに置き換わっているだけです．さまざまなペリフェラル出力の中からどれをRP5に出力するかを〈RP5R〉で設定します．

```
RPOR2<RP5R> = 44, PTCON<PTEN> = 1,
IOCON3<PENH> = 1
```

に設定すると，16番ピンにPWM4Hが出力されます．

クロックとPWMを最高値に設定するプログラム

リスト1は，図1のクロックを最高速に設定し，実験ボードのTP$_9$（LED$_2$）にPWM出力するプログラムの例です．各レジスタには複数の機能が割り当てられています．

ACLKCONレジスタとは，ENAPLLやAPLLCKなど，補助クロックに関連するさまざまな設定をするビットが集められた16ビット・レジスタです（図10）．

ACLKCON<APSTSCLR>に7を書き込みたい場合は，ソース・ファイルに次のように記述します．

```
ACLKCONbits.APSTSCLR = 7;
```

すると，C30コンパイラはACLKCONレジスタの値をワーキング・レジスタに読み出し，APSTSCLR以外のビット・フィールドはそのままに，APSTSCLRのビット・フィールドだけに'7'を書き入れ，ACLKCONレジスタに書き戻す機械語に展開して出力します．

リスト1のACLKCONの設定は，ビット・フィールドごとに分けて書いてありますが，1行にまとめて

リスト1　図1のクロックを最高速に設定し，実験ボードのTP₉（LED₂）にPWM出力するプログラム

```
#include <p33Fxxxx.h>                    // プロジェクトで設定したPICが読み込まれる
_FWDT(FWDTEN_OFF);                       // ウォッチドッグタイマ禁止
_FOSCSEL(FNOSC_FRC);                     // 起動時はFRC（図1のセレクタⒶ．dsPIC起動後にPLLに切り替え）
_FOSC(POSCMD_NONE & OSCIOFNC_ON & FCKSM_CSECMD & IOL1WAY_OFF);

    ← リマッパブル・ピンの誤書き込みを防止する機能をOFFにします．C30ライブラリ
      の中には，IOL1WAY_OFFでないと動作しない物もあるのでOFFにしておくと良い

main()
{
        SET_CPU_IPL( 7 );                // 割り込み禁止
        Nop();                           // dsPICのNOP命令（何もせず1命令分時間待ちする）

// Fcy設定 クロックをFRC+PLLに切り替えて39.6MIPSにする(オシレータ日本語マニュアルp42-23，例42-2より)
        PLLFBD = 41;                     // PLL M = 43
        CLKDIVbits.PLLPOST = 0;          // PLL N1 = 2
        CLKDIVbits.PLLPRE = 0;           // PLL N2 = 2
        __builtin_write_OSCCONH(0x01);   // FRC+PLLに切り替え開始
        __builtin_write_OSCCONL(0x01);
        while(OSCCONbits.COSC != 0b001); // クロック切り替え待ち
        while(OSCCONbits.LOCK != 1);     // PLLロック待ち
                                         ← 低速で良ければ不要

// ACLK設定 ADC/PWMモジュール用補助クロック(ACLK)をFRC+補助PLL(16倍)で117.9MHzにする．
        ACLKCONbits.FRCSEL = 1;          // 補助PLLにFRCを入力
        ACLKCONbits.SELACLK = 1;         ← ACLKCON=0xA740;と設定しても同じ
        ACLKCONbits.APSTSCLR = 7;
        ACLKCONbits.ENAPLL = 1;          // 補助PLLイネーブル
        while(ACLKCONbits.APLLCK != 1);  // 補助PLLロック待ち

// 高速PWM設定 PWMジェネレータ4をLED2に出力．
        IOCON4bits.PMOD = 0;             // 相補出力モード       (PWMジェネレータ4)
        PWMCON4bits.ITB = 0;             // マスタータイムベースモード(PWMジェネレータ4)
        PWMCON4bits.CAM = 0;             // エッジアラインモード  (PWMジェネレータ4)
        PWMCON4bits.DTC = 2;             // デッドタイム機能無効  (PWMジェネレータ4)
        PTPER = 2359;                    // マスタータイムベース スイッチング周波数400kHz
        PDC4 = 708;                      // デューティ比初期値30%  (PWMジェネレータ4)
        RPOR2bits.RP5R = 44;             // リマッパブルピンRP5(16番ピン，TP9，LED2)にPWM4Hを出力
        IOCON4bits.PENH = 1;             // PWMモジュールがPWM4Hピンを制御
        PTCONbits.PTEN = 1;              // PWMモジュール有効

        while(1){
                // プログラム本体を書く
        }
}
```

R/W-0	R-0	R/W-0	U-0	U-0	R/W-0	R/W-0	R/W-0
ENAPLL	APLLCK	SELACLK	—	—	APSTSCLR<2:0>		
bit15							bit8

R/W-0	R/W-0	U-0	U-0	U-0	U-0	U-0	U-0
ASRCSEL	FRCSEL	—	—	—	—	—	—
bit7							bit0

番号の説明：
R＝読み出し可　　　W＝書き込み可　　　U＝未実装ビット　　　「0」として読み出し
-n＝POR時の値　　　「1」＝セット　　　「0」＝クリア　　　　　x＝不明

図10　リスト1中のACLKCONレジスタの意味（図1も参照のこと）

次のように書くこともできます．
　　ACLKCON = 0xA740;
ただし，設定順序に意味があるレジスタもあります．
　　　　　　　　　　　＊
　dsPICのクロック関連の情報は，リファレンス・マニュアルの第42章（オシレータ）に載ってます．第43章（高速PWM）は，後方の解説を読んでから前方のレジスタ一覧を読むと分かりやすいでしょう．リマッパブル・ピンはデータシートの「10. I/Oポート」に載ってます．いずれもページ数の多いPDFファイルですので，検索機能（Ctrl-F）を活用するとよいでしょう．

（初出：「トランジスタ技術」2011年12月号）

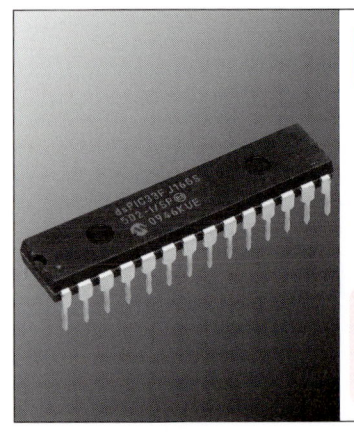

第10章 dsPICマイコンの基本を学んでオリジナル・ソフトウェアを作れるようになろう

A-Dコンバータの使い方

笠原 政史

本章では，A-Dコンバータと割り込みの使い方について解説し，また簡単なディジタル・パワー制御をしたい場合の元ネタとなるテンプレート・ソフトウェアを作ります．

● ディジタル電源用のテンプレート・ソフトウェアを作る

　前章は，電源の制御を司る中心デバイスdsPICマイコンのPWMの設定方法について解説しました．

　ディジタル電源として完成させるためには，PWM以外に一定時間ごとに入出力電圧をCPUに取り込んで，PID制御の計算を行う機能が必要です．本章はA-D変換と，A-D変換完了割り込みを追加して，ディジタル電源などに応用できるソフトウェア・テンプレート（後出のリスト3）を作成します．

　本章はデータシートや実験で確認した内容を元に，理解をサポートするために簡略化した等価回路などで解説しています．dsPICは多機能のため複雑であり，なかなか想像したとおりには動きません．筆者の誤解やデータシートの誤記がある場合もありますので，必ず実機で確認して使ってください．

dsPICのA-Dコンバータ

● 回路構成と動作

　図1に示すのは，dsPICマイコンに搭載されているA-Dコンバータ（高速10 bitADCモジュール）の回路です．サンプル&ホールド回路とアナログ・マルチプレクサ，SAR（逐次比較型レジスタ）で構成されてい

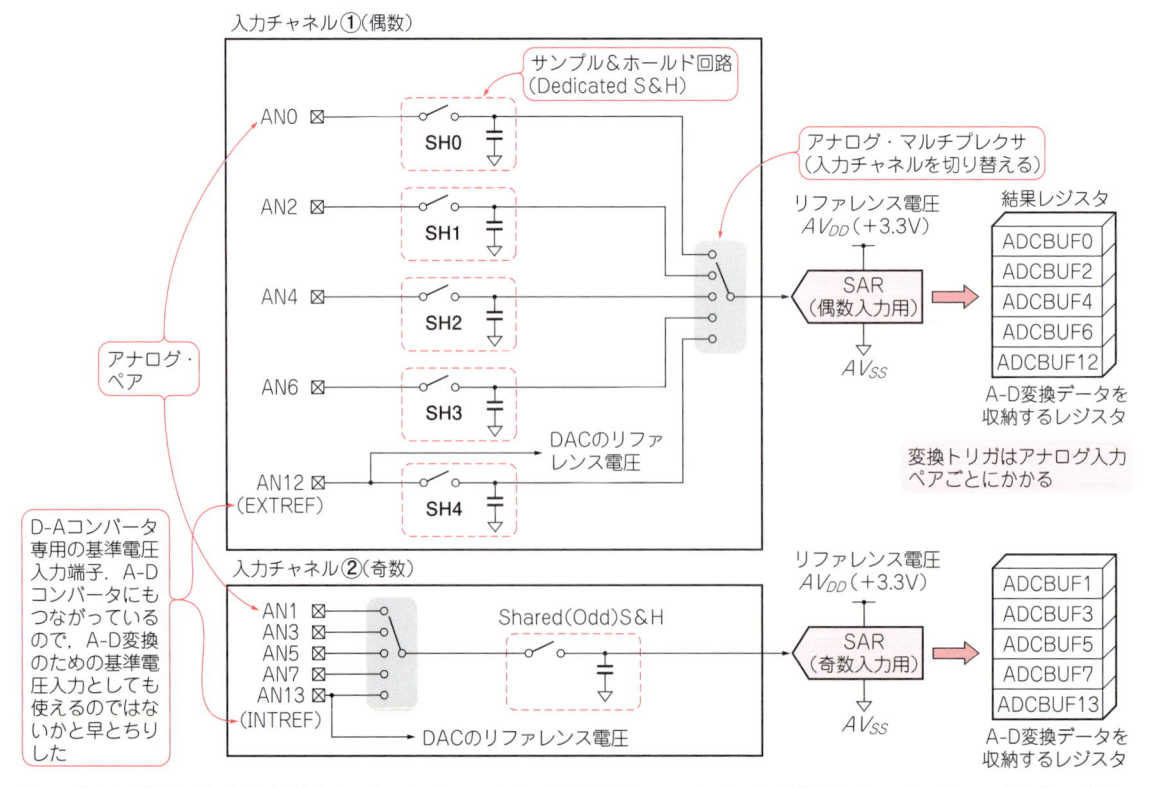

図1 パワー制御実験ボードに搭載されているマイコン（dsPIC33FJ16GS502）のA-Dコンバータ部（高速10 bitADCモジュール）のブロック図

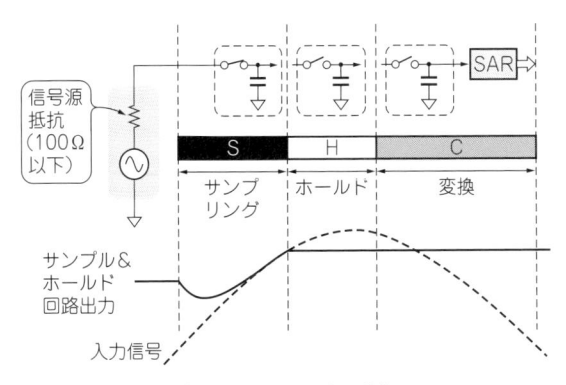

図2 図1中のサンプル&ホールド回路の動作

ます．SARと書かれているブロックが10ビットのA-D変換回路で二つあります[注1]．

A-Dコンバータの入力ピンはAN0～AN7の8個です．アナログ・マルチプレクサ（スイッチ）でこれらの入力を選択しつつ，2個のSARでディジタル信号に変換します．

AN0～AN7は，偶数入力（Even Inputs）と奇数入力（Odd Inputs）の二つのブロックに分けられます．偶数入力（AN0, AN2, AN4, AN6, AN12）の各入力チャネルには，専用のサンプル&ホールド回路があり同時にサンプリングできます．奇数入力（AN1, AN3, AN5, AN7, AN13）は，アナログ・マルチプレクサを利用して一つのサンプル&ホールド回路を共用する構成になっています．

偶数入力と奇数入力はペアになっています．変換トリガは，AN0とAN1，AN2とAN3などのペア（アナログ・ペア，ADCペア，入力ペアなどと呼ぶ）ごとにかかります．変換トリガを掛けると，サンプリングの後，自動的に順番にA-D変換され，AN0の変換結果はADCBUF0レジスタに，ANxの変換結果はADCBUFxレジスタに出力されます．

● **変換のプロセス**

SARがA-D変換している最中に，入力電圧が変動すると正しい変換結果が得られません．そこで入力部には，入力電圧を保持するサンプル&ホールド回路が付いています．この回路はスイッチとコンデンサで構成されています．

図2に示すのは，アナログ入力ペアに変換トリガを掛けたあとの，入力信号とサンプル&ホールド回路の出力信号の波形です．

変換トリガがかかると，以下のプロセスでサンプリング動作が行われます．

> サンプル&ホールド回路のスイッチがONするので，ホールド・コンデンサの電圧が入力電圧に追尾するようになります．このとき奇数入力のマルチプ

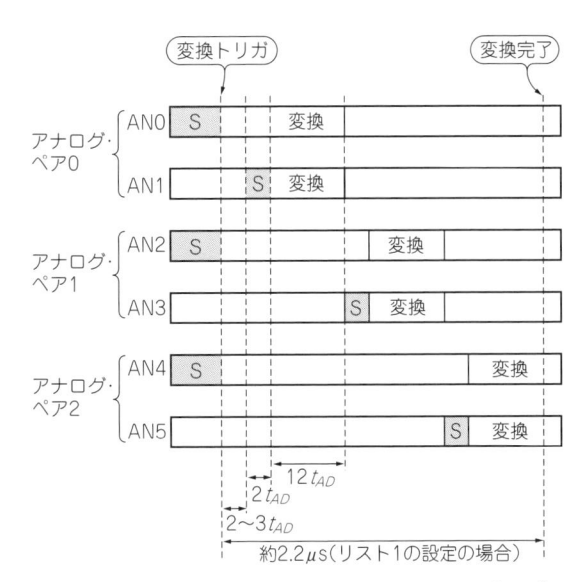

図3 ペア0～2を同じソースでトリガしたときのタイミング・チャート（非同期サンプリング）

> レクサも自動的に切り替わります．一定の時間が過ぎると，サンプル&ホールド回路のスイッチが自動的にOFFして，電圧が変動しないホールド状態になります．いくつかの変換トリガが重なった場合は，ホールド状態のまま待機します．

SARは，番号の若いアナログ・ペアから順番にA-D変換し，結果をレジスタに出力します．このとき偶数チャネルの入力マルチプレクサも自動的に切り替わります．

信号源抵抗が高いと応答が遅くなり，ホールド・コンデンサ両端の電圧がサンプリング時間内に入力電圧に追尾しなくなります．正確な変換のためには信号源抵抗を100Ω以下にしなければなりません．

● **サンプリング時のタイミング・チャート**

図3に示すのは，各ペア（例えばAN0とAN1）の非同期サンプリングのタイミング・チャートです．

偶数入力は専用のサンプル&ホールド回路を持っているので，各ペアの変換トリガが重なってもすぐにサンプリングを完了できます．奇数入力は共用なので順番が来るまでサンプリングも待たされます．

同期サンプリングにすると，各ペア（例えばAN0とAN1）が同じタイミングでサンプリングをすることになっています．実際には必ずしもそうではないようなので，タイミングがシビアな用途に使う場合は十分な評価が必要です（第12章，**図9**, p.128参照）．

● **トリガ・ソースのいろいろ**

前述のように，アナログ入力ピンは偶数ピンと奇数

注1：dsPICマイコンのリファレンス・マニュアルを読むときはデュアルSARの項を読んでください．

表1 A-Dコンバータはアナログ・ペア単位でトリガをかける
トリガ・ソースは，ADCPC*x*<TRGSRC*n*>で選択する．

アナログ入力ピン		アナログ入力ペア名	トリガ・ソース選択ビット（**表8**参照）
AN0	AN1	ペア0	ADCPC0<TRGSRC0>
AN2	AN3	ペア1	ADCPC0<TRGSRC1>
AN4	AN5	ペア2	ADCPC1<TRGSRC2>
AN6	AN7	ペア3	ADCPC1<TRGSRC3>

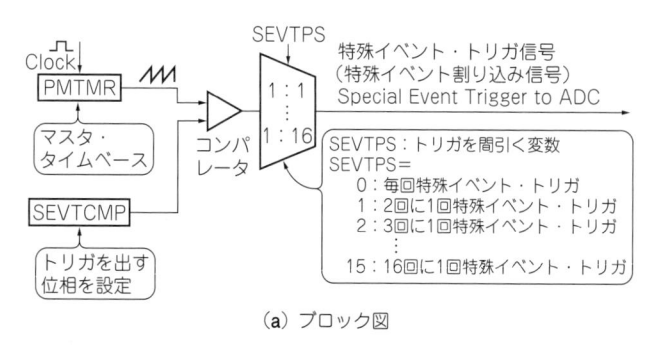

表2 A-Dコンバータのトリガ・ソース一覧

TRGSRC*n*	アナログ入力ペア*n*の変換トリガ・ソース	
0	変換を実行しない（デフォルト）	
1	個別のソフトウェア・トリガを選択	
2	グローバルのソフトウェア・トリガを選択	
3	PWMモジュールのマスタ・タイムベースの特殊(special)イベント・トリガを選択（SEVTCMPレジスタで位相指定）	
4	PWMジェネレータ1の1次(primary)トリガを選択（TRIG1で位相指定）	PWMトリガ
5	PWMジェネレータ2の1次トリガを選択（TRIG2で位相指定）	
6	PWMジェネレータ3の1次トリガを選択（TRIG3で位相指定）	
7	PWMジェネレータ4の1次トリガを選択（TRIG4で位相指定）（**リスト3**で使用）	
12	タイマ1の周期と一致	
14	PWMジェネレータ1の2次(secondary)トリガを選択（STRIG1で位相指定）	PWMトリガ
15	PWMジェネレータ2の2次トリガを選択（STRIG2で位相指定）	
16	PWMジェネレータ3の2次トリガを選択（STRIG3で位相指定）	
17	PWMジェネレータ4の2次トリガを選択（STRIG4で位相指定）	
23	PWMジェネレータ1の電流制限ADCトリガ	
24	PWMジェネレータ2の電流制限ADCトリガ	
25	PWMジェネレータ3の電流制限ADCトリガ	
26	PWMジェネレータ4の電流制限ADCトリガ	
31	タイマ2の周期と一致	

ピンでペアになっていて，変換開始トリガは，ペアごとにADCPC*x*レジスタのTRGSRC*n*ビットで設定します（**表1**）．A-D変換をスタートさせるトリガは，**表2**に示すように各種あります．

▶本誌で開発したパワー制御実験ボードの場合はどのトリガを使うか

第2章で開発したパワー制御実験ボードでは，出力の直流電圧，電流をA-D変換できるようになっています．

直流出力をA-D変換する場合でも，スイッチング周波数に同期してトリガしたほうがビート・ノイズが発生しなくてよいでしょう．そのようなトリガ方法として，特殊イベント・トリガとPWMトリガがあります．

▶特殊イベント・トリガ

表2に示す特殊イベント・トリガは，マスタ・タイムベースに同期しています（**図4**）．トリガを出す位相はSEVTCMPで設定できます．直流をA-D変換する場合はSEVTCMP=0でよいでしょう．

1周期の間にソフトウェアの計算が間に合わない場合は，SEVTPSでトリガを間引きます．

▶PWMトリガ

表2に示すPWMトリガは，**図5**のように各PWMジェネレータに同期しています．特殊イベント・トリガに比べていくつか機能が追加されていますが，太線の部分は特殊イベント・トリガとほぼ同じです．後ほどこの太線の経路を使うプログラムを作成します．PWM関連のトリガの詳細は高速PWMのリファレンス・マニュアルに掲載されています．

割り込みの使い方

● 割り込みとは

割り込み処理とはハードウェアが呼び出す関数のようなものです．割り込みによって呼び出される関数をISR（割り込みサービス・ルーチン）と言います．

図6に割り込み動作の例を示します．

CPUは普段，main関数を実行したり，main関数から通常の関数を呼び出して実行しています．

ここで例えばA-Dコンバータ・ペア0の変換完了割り込みを掛けるように設定すると，変換完了時に

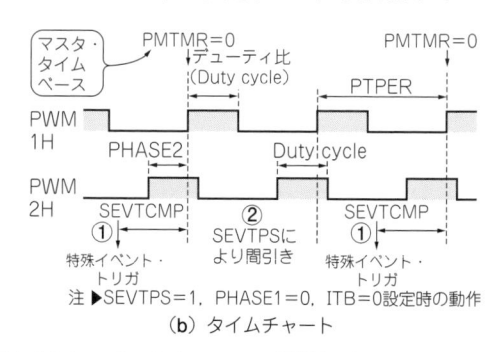

（a）ブロック図

（b）タイムチャート

図4 スイッチング周波数に同期したトリガ「特殊イベント・トリガ」の発生のしくみ（マスタ・タイムベースに同期する）

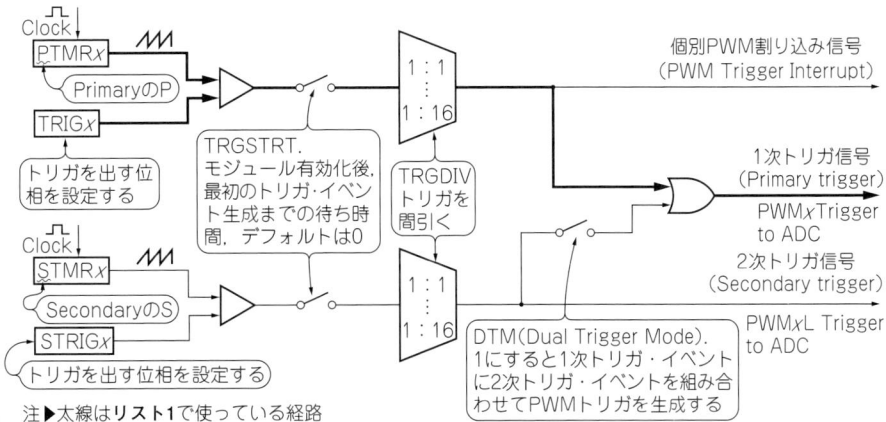

図5 スイッチング周波数に同期したトリガ「PWMトリガ」の発生のしくみ
PWMジェネレータに同期する．注▶太線はリスト1で使っている経路

_ADCP0Interrupt()というISRが呼ばれます．リターンすると，一時停止していた元の処理に戻ります．

dsPIC33Fは，各割り込みに優先度を設定できます（レベル1～レベル7）．複数同時に割り込みが発生した場合は，高優先度の割り込みから先に処理されます．PID処理など時間制限がμsオーダなどと厳しい処理は高優先度にします．ユーザ・インターフェースなどのmsオーダで多少時間遅れがあってもよい処理は低優先度にします．

● ISRを定義しないと割り込みは正常に働かない

ソース・ファイルで_ADCP0Interrupt()という関数を定義して，A-D変換完了時に行いたい内容を記述します（ISRを定義するのを忘れて割り込むとリセットされてしまう）．ISRは，関数呼び出し規約が通常の関数と違います．なので通常の関数からISRを呼び出してはいけません．

● 割り込みを設定するレジスタ

表3に，dsPICの割り込み機能をC30コンパイラで使う場合のレジスタやISR関数の一部を抜粋しました．

A-Dコンバータなどのペリフェラルから発生する割り込み以外に，dsPICの外部からの割り込みを受け付ける外部割り込みや，ハードウェア・エラーなどを検出したときに発生するノンマスカブル・トラップがあります．割り込み要求が発生すると割り込みフラグ（1ビット）が'1'に変化します．フラグが立って割り込み許可ビットが'1'（許可）になっているとISRが呼び出

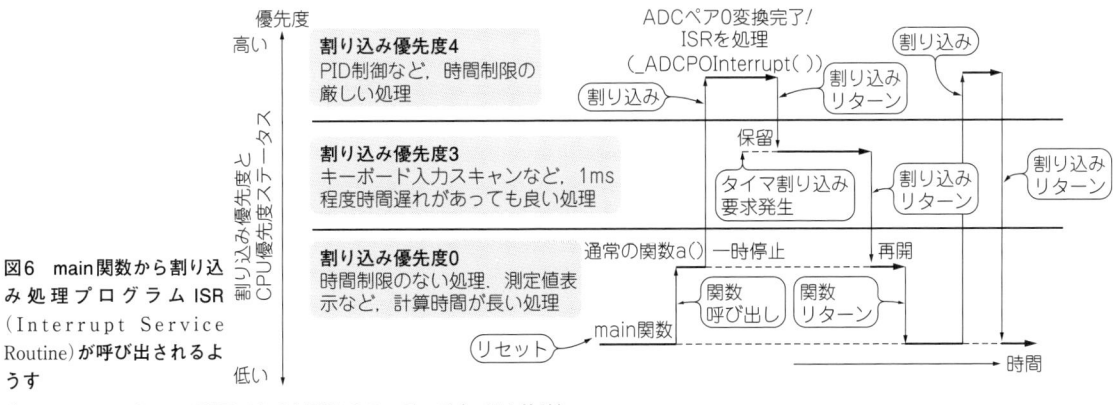

図6 main関数から割り込み処理プログラムISR（Interrupt Service Routine）が呼び出されるようす

表3 dsPICマイコンで利用できる割り込みのいろいろ（一部を抜粋）

	ノンマスカブル・トラップ		…	周辺（ペリフェラル）と外部割り込み		…
割り込み要因	発振器異常	算術エラー	…	INT0 – 外部割り込み0	ADCペア0 変換完了	…
割り込みフラグ・ステータス・レジスタ（ステータス・ビット）			…	IFS0<INT0IF>	IFS6<ADCP0IF>	…
割り込み許可制御レジスタ（割り込み許可ビット）				IEC0<INT0IE>	IEC6<ADCP0IE>	
割り込み優先度制御レジスタ（優先度ビット）	（優先度14固定）	（優先度11固定）		IPC0<INT0IP>	IPC27<ADCP0IP>	
ISR関数名	_OscillatorFail	_MathError		_INT0Interrupt	_ADCP0Interrupt	

リスト1で解説

されます。

割り込みフラグは，ISR内でクリアする必要があります。トラップ以外の割り込みは，優先度ビットで優先順位を決められます。

● **dsPICは深いスタック処理が可能**

従来のPICマイコンには，スタックが4レベルと少ないものがあり，深い関数呼び出しができませんでした。

dsPICは深いスタック（CPUの処理を待避すること）が可能で，デフォルトでは未使用のデータ・メモリから最大のスタックを割り当てます。スタック・オーバーフローが発生した場合は，スタック・エラー・トラップが発生し，デフォルトでは単にリセットされます。ISRから他の関数を呼ぶことも可能ですが，その場合はワーク・レジスタ待避命令が増えて処理に時間がかかります。

*

各割り込みの機能やレジスタを調べる際は，各ペリフェラルのリファレンス・マニュアルを参照します。ISR関数名はコンパイラのライブラリに依存するので，MPLABC30ユーザーズガイド（「7.4 割り込みベクトルを記述する」の「表7-4：割り込みベクトル-dsPIC 33F DSC」）を参照します。ただし，「ADCペア0変換

リスト1　アナログ信号をA-D変換してPWM信号を出力するプログラム
ディジタル制御動作のテンプレート・プログラム．

```c
#include <p33Fxxxx.h>          // プロジェクトで設定したPICが読み込まれる
_FWDT(FWDTEN_OFF);
_FOSCSEL(FNOSC_FRC);
_FOSC(POSCMD_NONE & OSCIOFNC_ON & FCKSM_CSECMD & IOL1WAY_OFF);

main()  // メイン関数
{
    SET_CPU_IPL( 7 );          // CPU優先度ステータスを7にする(割り込み禁止)
    Nop();                     // dsPICのNOP命令(何もせず1命令分時間待ちする)

    TRISA = 0x0007;
    TRISB = 0xC741;

// ACLK設定 ADC/PWMモジュール用補助クロック(ACLK)をFRC+補助PLL(16倍)で117.9MHzにする
    ACLKCONbits.FRCSEL = 1;    // 補助PLLにFRCを入力
    ACLKCONbits.SELACLK = 1;
    ACLKCONbits.APSTSCLR = 7;
    ACLKCONbits.ENAPLL = 1;    // 補助PLLイネーブル
    while(ACLKCONbits.APLLCK != 1);   // 補助PLLロック待ち

// 高速PWM設定 PWMジェネレータ4をLED2に出力
    IOCON4bits.PMOD = 0;       // 相補出力モード        (PWMジェネレータ4)
    PWMCON4bits.ITB = 0;       // マスタータイムベースモード (PWMジェネレータ4)
    PWMCON4bits.CAM = 0;       // エッジアラインモード   (PWMジェネレータ4)
    PWMCON4bits.DTC = 2;       // デッドタイム機能無効   (PWMジェネレータ4)
    PTPER = 2359;              // マスタータイムベース スイッチング周波数400kHz
    PDC4 = 708;                // デューティ比初期値30%  (PWMジェネレータ4)
    RPOR2bits.RP5R = 44;       // リマッパブルピンRP5(16番ピン, TP9, LED2)にPWM4Hを出力
    IOCON4bits.PENH = 1;       // PWMモジュールがPWM4Hピンを制御
    PTCONbits.PTEN = 1;        // PWMモジュール有効

// A/Dコンバータ 同期サンプリング
    ADCONbits.EIE = 0;         // ADCペアが両方変換終わってから割り込み
    ADCONbits.FORM = 0;        // A/D結果はunsigned intで0～1023になる
    ADCONbits.SLOWCLK = 1;     // ACLK(117.92M)を使用(エラッタ：必ず1にすること)
    ADCONbits.ADCS = 4;        // ADクロック分周FADC/5 = 117.92M/5 = 23.584MHz
    TRIG1bits.TRGCMP = 0;      // PWMジェネレータ1, PWM位相0でトリガを出す
    TRGCON1bits.TRGDIV = 8;    // PWMパルス9回に1回サンプリング(44.4ksps)
    _TRGSRC0 = 7;              // PWMジェネレータ1の1次トリガでADCペア0(AN0, AN1)を変換
    ADPCFG = 0;                // 全アナログ入力ピンをADCとして使用.アナログモードにする

    IPC27bits.ADCP0IP = 2;     // ADCペア0変換完了割り込み優先度2(1～7から選ぶ)
    IFS6bits.ADCP0IF = 0;      // ADCペア0変換完了割り込みフラグクリア
    IEC6bits.ADCP0IE = 1;      // ADCペア0変換完了割り込み許可
    ADCONbits.ADON = 1;        // ADCモジュールイネーブル

    SET_CPU_IPL( 0 );          // CPU優先度ステータスを0にする (割り込み許可)
    while( 1 ){
                               // プログラム本体を書く
    }
}

// ADCペア0変換完了割り込み
void __attribute__((interrupt, no_auto_psv)) _ADCP0Interrupt(void)
{
    unsigned duty = ADCBUF0 * 3;   // A/D変換結果がADCBUF0に入っている
    if(duty > PTPER)               // PWM出力する前に, DUTY 100%を越えないように制限
        duty = PTPER;              // (設定によってはDUTY 100%相当を越える設定をすると暴走するため)
    PDC4 = duty;                   // PWM出力のデューティを更新
    _ADCP0IF = 0;                  // ADCペア0変換完了割り込みフラグクリア
}
```

（前回と同じ）

（割り込みの設定）

完了ISR関数名」は記載がなく，ADCリファレンスマニュアル「44.7.1 個別ADC割り込み」のサンプル・プログラムに記載されています．

テンプレート・プログラムを作る

● こんなプログラム

割り込み機能を利用して，A-D変換結果をPWMのデューティ比に出力するプログラムを作成してみました（リスト1）．ソース・リストの動作を図7に，パワー制御実験ボードの設定を表4に示します．

main関数の先頭では，前章で説明したとおり，クロックを最高速，PWMジェネレータ4を最高分解能に設定しています．

図8のように，PWM回路は，PWM波形の9波に1回，1次トリガがA-Dコンバータをトリガします．

<FORM>=0に設定すると，A-Dコンバータは入力電圧が0Vのとき0を，+3.3Vのとき1023を出力します．A-D変換が終わると_ADCP0Interrupt()が呼び出されて，A-D変換結果を3倍した値をPWM出力します．ボリューム(RV_1)を左に回すとLED_2が明るく，右に回すと暗くなります．

表4 テンプレート・プログラム(リスト1)のプログラムを試すときのパワー制御実験ボードの設定

基板名	配線番号	状態，設定など
パワー・ボードU_9(A側)とU_{10}(B側)	—	使用しない．JP_1とJP_2の設定は任意
ベースボード	JP_1, JP_4, JP_6, JP_8, JP_9	1-2間をショートする
	JP_3	3-4間をショートする
	JP_2, JP_5	オープン
	JP_{10}, JP_{11}	ショート
	SW_4	PICkit
	J_2(PICkit2/3)	PICkit2またはPICkit3をつなぐ

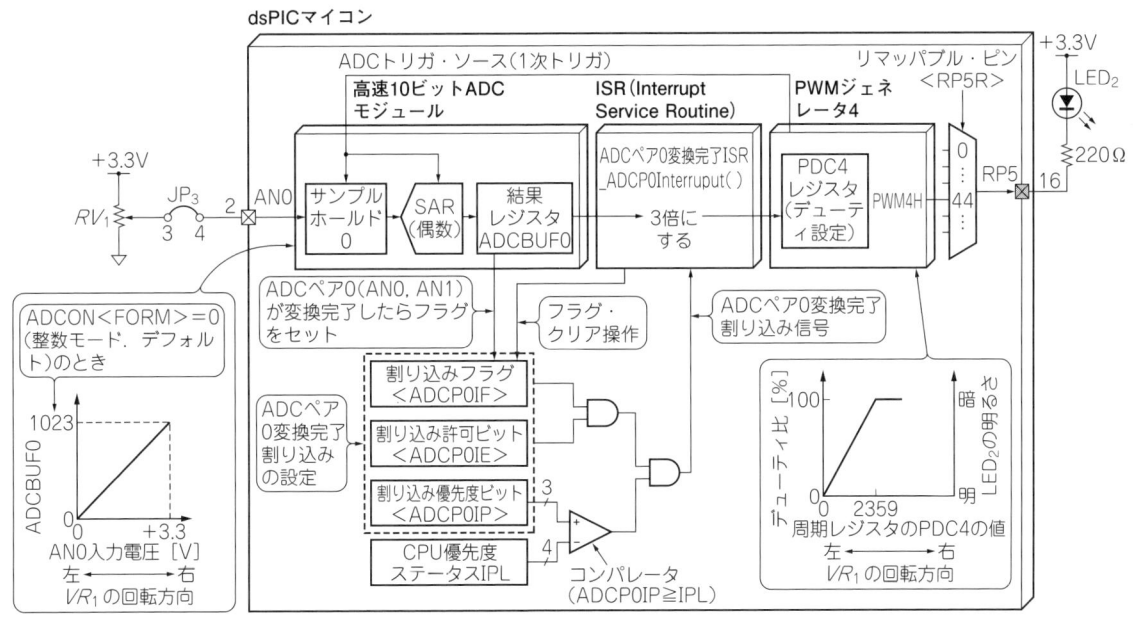

図7 テンプレート・プログラム(リスト1)の動作をブロック図で表現するとこうなる

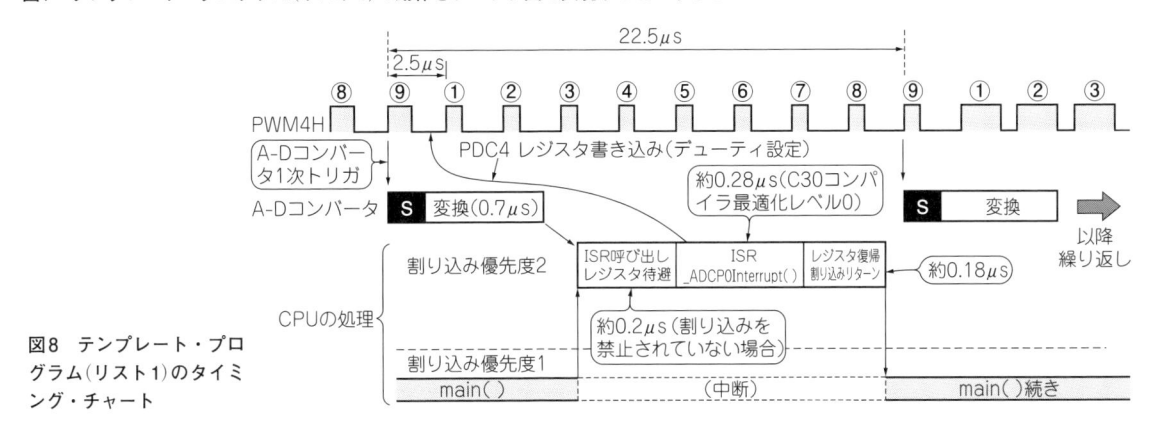

図8 テンプレート・プログラム(リスト1)のタイミング・チャート

```
volatile long ad_value;//グローバル変数

main()
{
    ⋮
    if(ad_value>70000L)
        output();
    ⋮
}
```

```
mov.w ad_value,w2   ; ad_valueの下位バイトを
                    ; レジスタに読み出し
mov.w 0x0802,w3     ; ad_valueの上位バイトを
                    ; レジスタに読み出し
mov.w #0x1170,w0
mov.w #0x1,w1
sub.w w2,w0,[w15]
subb.w w3,w1,[w15]
bra les, 0x0002f4
```
70000以下だったらジャンプする

```
void __attribute__((interrupt,no_auto_psv)) _ADCP0Interrupt(void)
{
    ad_value=ADCBUF0 * 1000;
    _ADCP0IF=0;
}
```

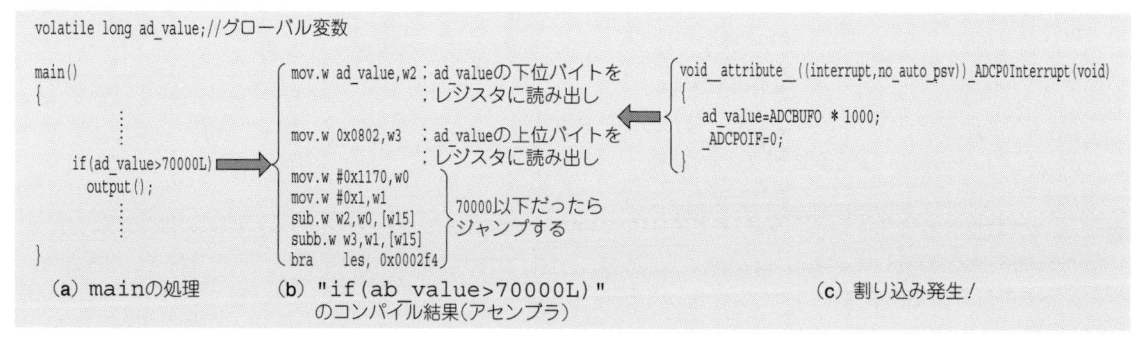

(a) mainの処理　　(b) "if(ab_value>70000L)"のコンパイル結果(アセンブラ)　　(c) 割り込み発生!

図9 変数を読み込んでいる最中に割り込みが発生すると変数が異常値になる

表5 図9の問題を回避するには…
アトミック・アクセス変数へのアクセスをCPU命令一つで済ませる．

アクセス	演算内容	C言語の記述例	対応するCPU命令

アトミック注2	(8ビット/16ビット)整数の代入・加減乗算	`volatile int a,b,c;`
		`a=b;`
		`a=b*c;`
			MOV.W
			MUL

	1ビットと定数
	(右欄の命令で実行可能なものだけ)
		`volatile int a;`
		`a=a|0x0001;`
		`_ADCP0IF=0+`
		`if(a&0x0001)`
			BSET：1ビット立てる
			BCLR：1ビット・クリア
			BTST, BTSC, BTSS：1ビット・テスト

非アトミック(例)	32ビット以上の変数 文字列	`long,float` `strcpy(a,"Hellow");`	
	1ビットと変数など	`_LATB5=_PORTB8;` `a ^=1;`	

注2：C30コンパイラのユーザーズ・ガイドに明記されていないため，実際にコンパイルして，その結果(アセンブラ)を調査して，安全を確認できたものを記載した．

リスト2 CPUの優先度を上げて割り込みを禁止する記述
```
void foo(void) {
    int current_cpu_ipl;
    SET_AND_SAVE_CPU_IPL(current_cpu_ipl,7);  // 割り込み禁止．現在のCPU優先度ステータスを保存
                                              // 割り込みから保護するコードをここに書く
    RESTORE_CPU_IPL(current_cpu_ipl);         // 先ほどのCPU優先度ステータスを復帰
}
```

● ISRとほかの関数間の受け渡しに利用する変数

リスト1は，ISR内のデータはISR内で完結させていますが，例えば，main関数とISRの間でデータを受け渡す場合は，使う変数に注意しなければなりません．

▶volatileが必須

ISR内で変更されたり参照されたりするグローバル変数は，volatile修飾子をもつ必要があります．

なぜならば，Cコンパイラは割り込み処理によって変数へ代入されることを認識しないからです．このようなときはvolatile修飾子をつければ，Cコンパイラが誤った最適化をしないようにできます．

volatile修飾子を指定せずに最適化オプションを指定してコンパイルすると，例えばmain()関数の無限ループでif(ad_value>3)などと参照していても，コンパイラは，main()内でad_valueへの代入がないので，if分の処理はしても無駄であると考えてif文自体を削除してしまいます．

▶アトミックにアクセスする

図9(c)の割り込みハンドラからad_valueにデータを格納し，図9(a)のmain関数にデータを渡す例を考えてみます．

ad_valueは，32ビットのlong変数です．dsPICのメモリが同時にアクセスできるのは最大16ビットなので，main関数は図9(b)のようにad_valueの下位16ビットと上位16ビットに分けて参照されます．参照途中で割り込まれて，ad_valueが書き換えられるとおかしな値が参照されます．これを回避するには，変数へのアクセスをCPU命令一つで済ませます(表5)．これをアトミックなアクセス(atomicity)と呼びます．

アトミックなアクセスにできないときは，アクセス中に割り込まれないよう一時的に割り込みを禁止します．割り込みを禁止する方法には次の二つあります．

(1) DISI命令を使う
(2) CPU優先度ステータスを高くする

C30コンパイラでは後者のマクロが定義されているので，後者の方法をリスト2に示します．

割り込み禁止時間が長くなると，ISRが長くなったのと同じ結果になります．割り込み禁止時間もできるだけ短くする必要があります．

(初出：「トランジスタ技術」2012年1月号)

第4部 ソフトウェア制御スイッチング電源の研究

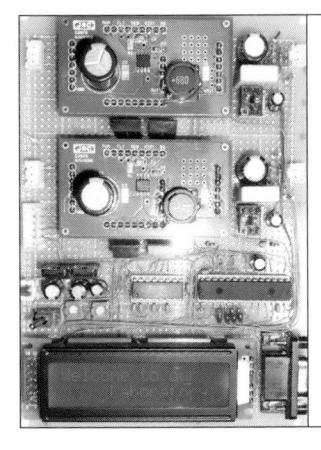

第11章 電源の新たな方向性が見える
ディジタル化のメリットと専用マイコン

田本 貞治

ディジタル電源にはメリットとデメリットがありますが，メリットを生かすとディジタル電源ならではの応用が期待できます．そのためには，ディジタル電源用マイコンを正しく選ぶ必要があります．

現在のスイッチング電源は，そのほとんどがアナログICで制御されていますが（図1），次のような市場の要求を背景に，一部がディジタル化し始めています．

- ディジタル・システムの複雑化による電源数/種類の増加と小型化の両立
- 太陽光や風力など発電状態の不安定な自然エネルギーの高効率利用
- 各回路の電力の使用状況だけでなく，温度や湿度など，電子回路を取り巻くさまざまな環境に対応するきめ細かい高効率電力制御
- 自動車のエレクトロニクス化や自然エネルギーの利用に欠かせないバッテリの高効率充放電制御
- 電源装置間の通信や連携動作

急激な負荷変動に応答する必要がある電源制御は，従来のCPUの処理速度では間に合いませんでしたが，最近の性能向上によって射程圏内に入っています．「多機能化」と「低価格化」というアナログにはないメリットをもたらすディジタルが，電源回路の姿を変えつつあります．本章では，後述のソフトウェア型のプログラマブル・タイプのディジタル制御電源の現状と作り方を紹介します．下記に第4部の構成を示します．

- 本　章　ディジタル化のメリットと専用マイコン
- 第12章　ソフトウェア制御のDC-DCコンバータを作る
- 第13章　手計算でDC-DCコンバータのフィードバック制御を設計する

〈編集部〉

ディジタル制御電源には2種類ある

ディジタル制御電源は，大きく次の2種類に分けられます．

(1) プログラムできるソフトウェア型
(2) プログラムできないハードウェア型

(1)は，マイコンやFPGA，DSP(Digital Signal Processor)などのプログラマブル・デバイスで制御す

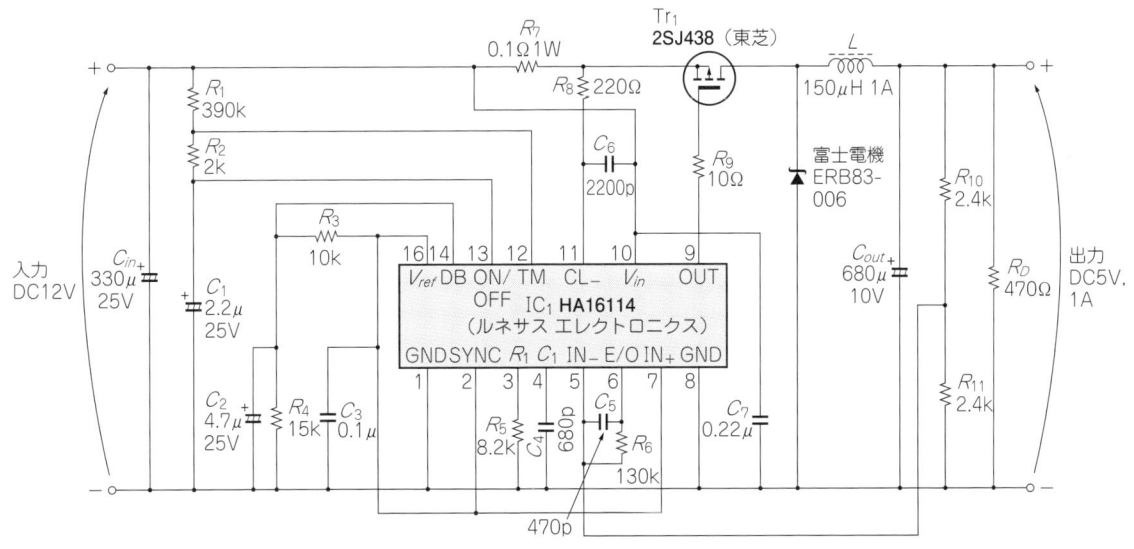

図1　現在のほとんどのスイッチング電源が採用している回路構成（アナログ制御電源の例）

るタイプです．

図2に示すのは，(1)のタイプのディジタル制御電源のブロック図と実際の回路です．

表1に示すように，アナログ制御電源もディジタル制御電源も，制御ICは次の五つの処理を行います．

(1) 出力電圧の検出　(2) 基準電圧の生成
(3) 誤差電圧の生成　(4) 誤差電圧の演算
(5) PWM信号の生成

スイッチング周波数が数百kHzのDC-DCコンバータを作るには，数百MHzのクロックで動作するPWMが必要です．また，A-D変換器の変換時間は$1\,\mu s$以下であることが望まれます．さらに，スイッチング・トランジスタが過電流で壊れないように，アナログ・コンパレータを使った，パルス・バイ・パルス(サイクル・バイ・サイクル)過電流保護が必要です．このような機能を持つマイコンは以前からありましたが非常に高価でした．

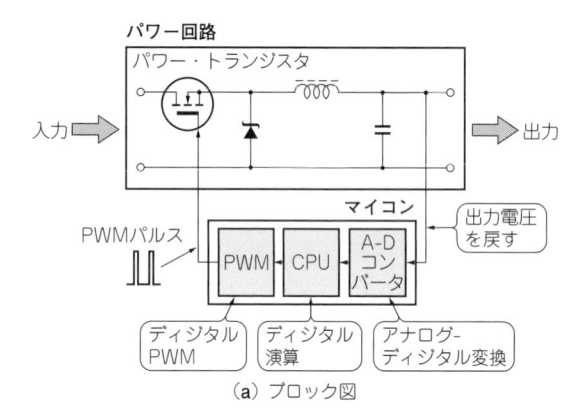

ディジタル化するメリット

ディジタル制御電源は技術資料も少なく割高ですが，高嶺の花だった高速の専用マイコンが安価になり，入手性も上がってきたため，一般の電子機器にも採用されるケースが増えています．

従来のシンプルな電源には，アナログ電源が格段に安く，ディジタル制御電源を使うメリットは現状ではあまりありません．しかし，複雑で回路数の多いディジタル・システムや大電力を消費するシステムの電源には，図3に示すようなディジタル制御電源が採用されています．これは，回路部品点数の少なさの効果でコストダウンのメリットが出てきているからです．

ここで，高価で開発にも時間がかかるディジタル制御電源を採用する必要があるのか，その理由を考えてみます．

① 部品点数が少なく信頼性の高い電源を作れる

電源回路の基本的な機能を整理すると次のようになります．

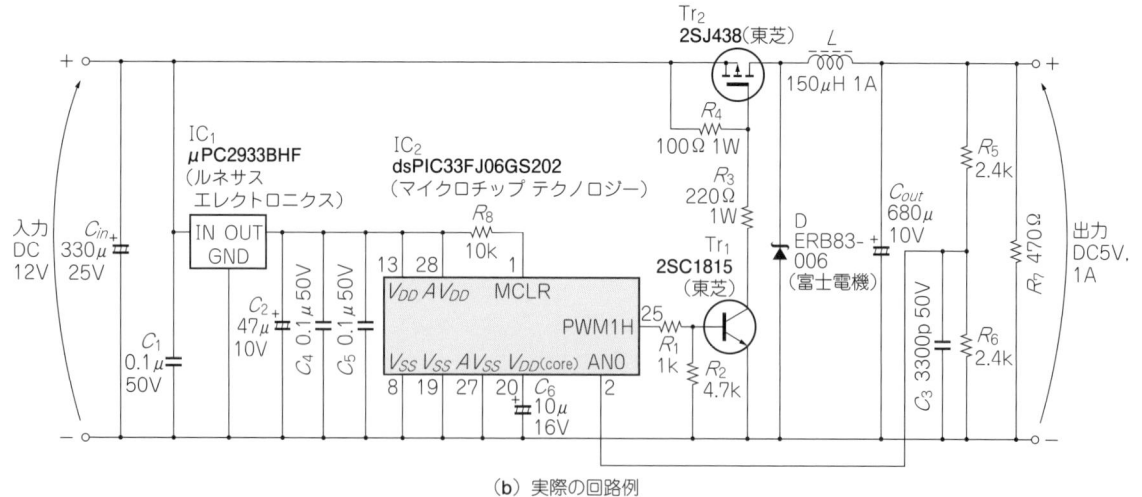

図2 一部のスイッチング電源に採用され始めたディジタル制御電源の構成

表1 電圧安定化に必要な処理の実現方法をアナログ制御とディジタル制御で比較

制御方式	(1) 出力電圧の検出	(2) 基準電圧の生成	(3) 誤差電圧の生成	(4) 誤差電圧の演算	(5) PWM信号の生成
アナログ制御	出力電圧を抵抗分割して，誤差増幅回路に送る	バンドギャップ・レギュレータ	OPアンプに入力する	OPアンプを使用してアナログ演算する	のこぎり波または三角波と演算出力をコンパレータに入力しレベルを比較して生成する
ディジタル制御	出力電圧を抵抗分割してA-D変換回路に入力し，数値化する	数値	A-D変換値と数値化した基準電圧の差をプログラムで求める	プログラムによる差分方程式で演算する	タイマを使って生成する

(1) PWM（Pulse Width Modulation）信号を出力
(2) ソフトスタートとパルス幅のリミット
(3) 出力電圧の設定
(4) 出力電圧の安定化
(5) 過電流保護

アナログ制御電源の場合，(1)～(5)の機能を実現するには，制御ICのほかに周辺に抵抗やコンデンサなどの電子部品がたくさん必要です．ディジタル制御の場合は，プログラムで機能を実現するため，必要な部品点数が大幅に少なくなり，信頼性が上がります．

② 温度ドリフトや経年変化が少ない

ディジタル制御電源は，出力電圧や出力電流をいったんA-Dコンバータで数値化して演算や制御をします．数値は，プログラムを変えない限り変わることはありませんから，アナログ制御で問題になる温度ドリフトや経年変化は発生しません．

A-Dコンバータの基準電源も温度ドリフトや経年変化の影響を受けますが，基準電源は安価なICでも安定したものが多いので問題にはなりません．

③ 数種類の電源を短期間で開発できる

マイコンは，何回も書き換えられるプログラム用のフラッシュ・メモリを内蔵しています．プログラムは，マイコンをプリント基板に実装した後でも，書き換えることができます．プリント基板を変更しなくても，プログラムを書き換えるだけで出力電圧や出力電流などを変えることができます．

仕様の異なる複数の電源を開発する必要がある場合は，共通のハードウェアで出力を換えることができるので，機種数が少なくてすみます．

いったん制御プログラムを開発してしまえば，入出力仕様が変わっても，プログラムのパラメータの一部を変えるだけで，ほかの仕様の電源を作ることができます．1種類のマイコンを使いこなして実験室にストックしておけば，少ない種類のプログラムで多種多様な電源回路に対応できます．ディスコンや品薄で手に入らないような心配もいりません．

④ 真似されにくい

アナログ制御電源は似たようなものを作るのは簡単ですが，ディジタルなら制御のアルゴリズムなどをブラックボックス化できノウハウを保護できます．最近のマイコンは，プログラムが読み出されないように保護する機能をもっています．

⑤ 安定化以外の処理もできる

マイコンは，各種の通信機能，タイマ機能などを備えているので，電源シーケンス，過電圧や過電流保護，外部との通信，データの記憶など，出力電圧の安定化以外の処理が可能です．

⑥ 一つのマイコンで複数チャネルの出力が可能

マイコンの多くは，複数のA-DコンバータやPWMを内蔵しているので，1個のマイコンで出力が複数チャネル（一般に4回路程度）あるスイッチング電源を作ることができます．

ディジタル制御用マイコン（例えば，本書でおなじみのdsPIC33FJ16GS502-SP，写真1）は，A-D変換回路を6チャネル，PWM回路を3チャネル以上内蔵しており，スイッチング周波数は1MHz程度まで対応できます．このマイコンを使えば，図3に示すマルチフェーズ方式のスイッチング電源を少ない部品で作ることができます．

マイコンに求められる性能

● 高速なA-D変換とPWM出力が可能なこと

ディジタル制御電源を作るには，A-DコンバータとPWMを内蔵するマイコンを使う必要があります．

図2(a)のように，ディジタル制御用のマイコンは，アナログ量である出力電圧を内蔵のA-Dコンバータを使って，'0'と'1'の2進化された数値に変換します．マイコンは，この数値を元にしてPWMパルスのデューティを調節します．演算はプログラムで，A-DコンバータとPWMはマイコンに内蔵されたハードウェア（回路）で行われます．

負荷変動に対して良好な応答性を得るために，A-DコンバータとディジタルPWMは，数百kHzのスイ

写真1　ディジタル制御電源用マイコン dsPIC33FJ16GS502-SP

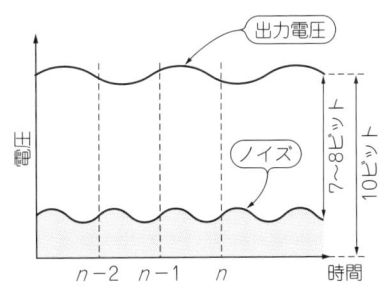

図4　10ビットA-Dコンバータを使ってもそのうちの2～3ビットはノイズを変換することになる
ディジタル制御電源を作るには10～12ビット以上の分解能をもつマイコンが必要．

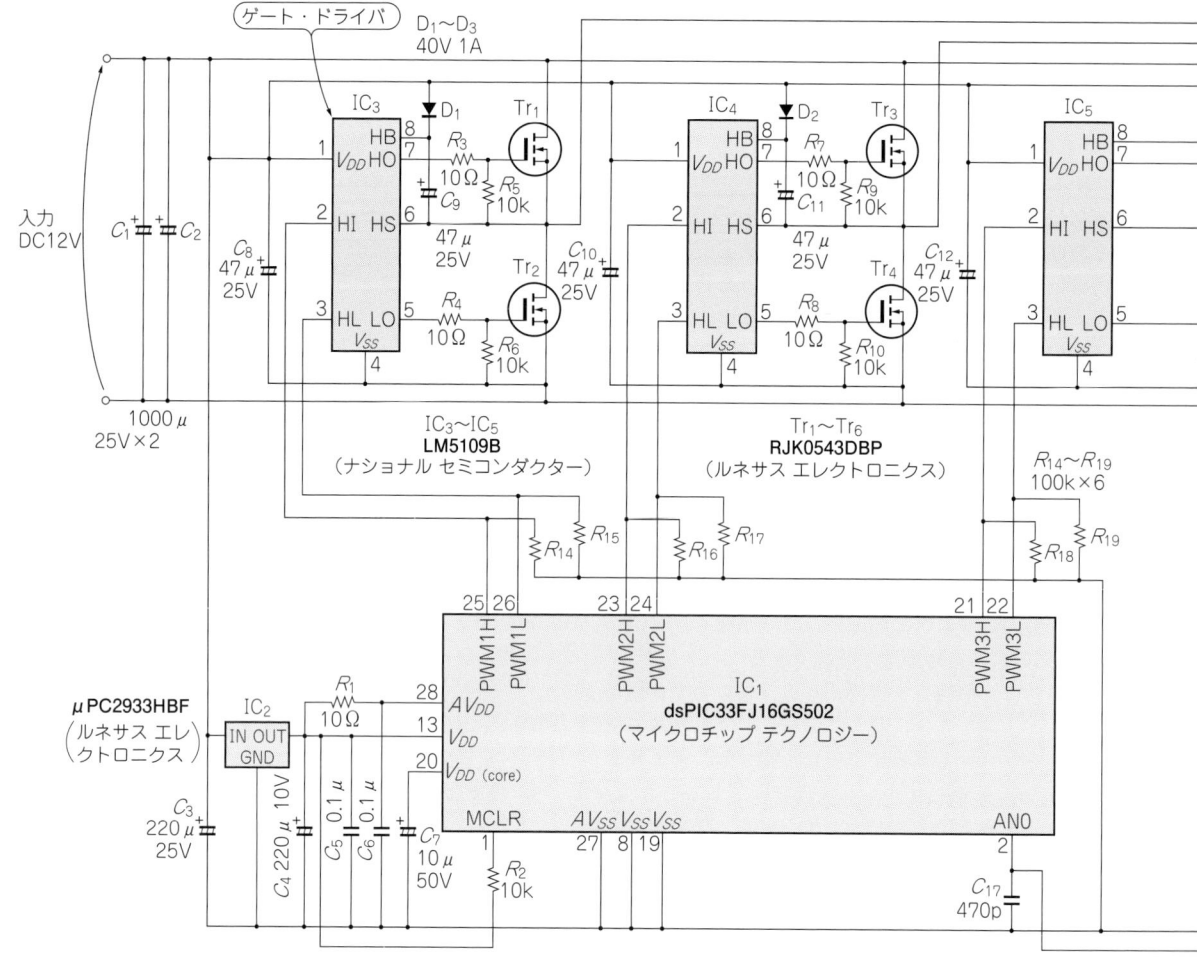

図3 dsPICマイコンを使ったディジタル制御の3相マルチフェーズ・コンバータ
図1のアナログ制御電源の部品点数は24，図2のディジタル制御電源の部品点数は22とあまり変わらない．しかし，このように複数のPWM出力を利用する電源を作る場合は，断然ディジタル制御電源のほうが部品点数が少なくなる．

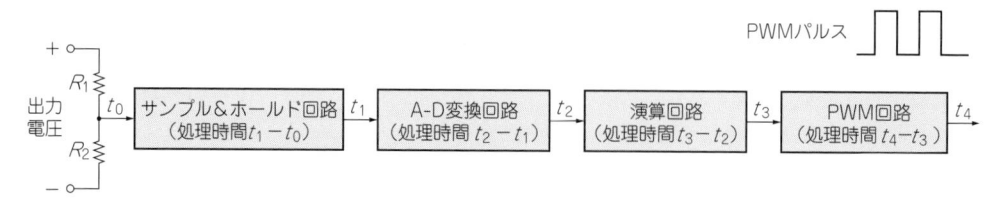

図5 ディジタル制御電源用のマイコンで行われる演算処理
出力電圧をサンプル＆ホールドしたのちA-D変換して数値化し，演算してPWM信号を出力する．この処理時間が位相を遅らせ，制御系を不安定にする．

ッチング周波数に対応しなければなりません．汎用品ではなく，演算速度の速いマイコンが必要です．

● A-Dコンバータの分解能と変換時間
　マイコン内部のCPUは，A-Dコンバータで変換した出力電圧データをもとに制御量を調整するので，その変換性能が直接電源の出力性能に影響します．
▶分解能は10～12ビット以上

　A-Dコンバータの分解能以上に電源の出力精度を出すことは困難です．例えば，8ビットA-Dコンバータを使った電源の出力電圧精度は，分解能が1/256なので0.4％以下になります．同様に10ビットA-Dコンバータの場合は，0.1％以下になります．
　図4に示すように，実際のスイッチング電源の出力にはノイズやリプル電圧が含まれているので，10ビットA-Dコンバータを使っても，実際に電源の安定

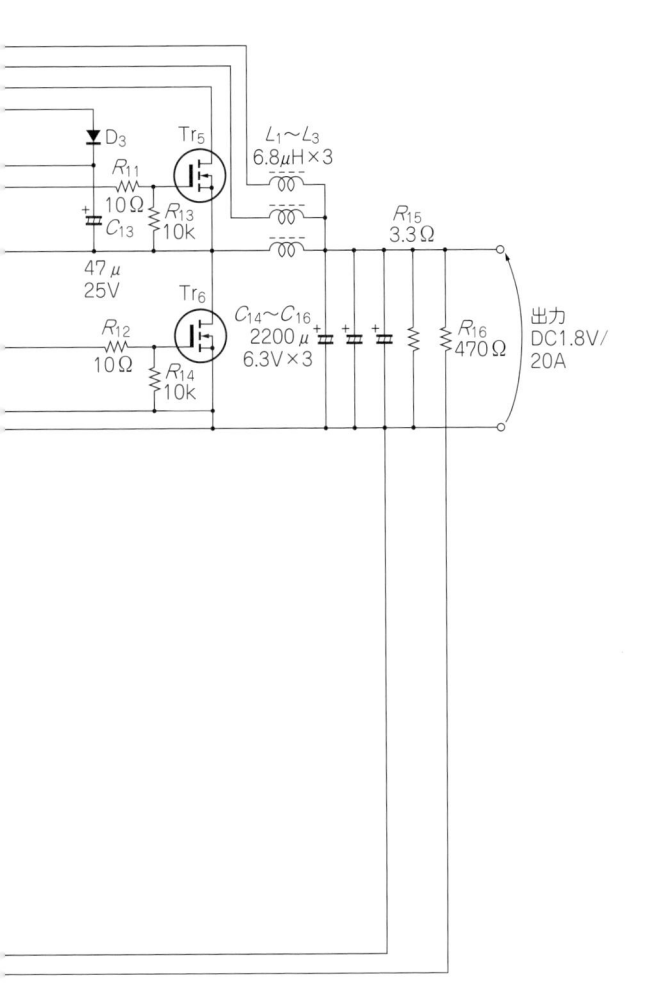

化に利用される分解能は7～8ビットです．

ある程度の精度が必要な場合は，分解能が10ビット以上のA-Dコンバータが必要です．実際，最近の電源制御に使用できるマイコンに内蔵されているA-Dコンバータの分解能の主流は10～12ビットです．

▶変換時間は1 μs以下

変換時間も精度に影響します．

図5に示すように，マイコンは，出力電圧をサンプル＆ホールドしたのちA-D変換して数値化し，演算してPWM信号を出力します．

サンプル＆ホールドしてからPWM信号を出力するまでの制御の遅れ時間($t_4 - t_1$)は，結果的に制御系の位相遅れとして現れてきます．位相遅れは電源を不安定にさせる原因になるので，制御時間は短いに越したことはありません．20 kHz程度の低いスイッチング周波数の場合のA-D変換時間は2 μs以下，100 kHz以上の場合は1 μs以下が望ましいと考えられます．

● PWMのクロック周波数と分解能
▶動作クロック100 MHz以上

一般的なマイコンでは，タイマを使ってPWMを実現しているため，PWMのクロック周波数はタイマのクロック周波数によって決まります．100 kHzのスイッチング周波数で10ビットの分解能のPWMを実現しようとすると次のようになります．

PWMのクロック周波数 = 100 kHz × 1024 = 102.4 MHz

一般に，マイコンの動作周波数を確認すればどの程度のスイッチング周波数のディジタル制御電源ができるかを判断できます．最近一部のマイコンでは，動作周波数を逓倍して1 MHz以上のPWMを出力できるものも誕生しています．

▶分解能10ビット以上

スイッチング電源はPWMパルスを常に変化させて，入力や負荷が変動しても，出力電圧が一定になるように制御しています．

PWMの分解能は出力電圧の変化量を決定します．24 Vの入力電圧を12 Vに変換する場合を考えてみます．10ビット分解能のPWMでは，1ビット当たり24/1024 V = 0.0234 Vになります．出力12 Vに対しては，

0.0234 V/12 V = 0.2%

になります．これが，8ビットになると4倍になるので，出力12 Vに対して0.8%となり，1ビット変化すると約0.1 V変化します．このように，制御系が安定していても，PWMの分解能が粗いほど，出力電圧に振動が現れます．変動の小さいディジタル制御電源を実現するなら，10ビット以上は必要です．

● サンプル＆ホールド～PWM出力の時間をスイッチング周期の1/2以下とする

前述のように，A-Dコンバータの演算時間は，結果として制御系の位相遅れとして現れます．演算時間は，処理速度が速いマイコンほど短くなりますが高価です．

一般に，A-Dコンバータのサンプル＆ホールドからPWM出力までの時間をスイッチング周期の1/2以内に収めることが必要です．

アナログ制御の場合，回路定数のばらつき，部品の温度特性などにより周波数特性が変化するため，ある程度，位相余裕を確保する必要があります．ディジタル制御の場合は，ばらつきによる特性の変化が少ないので不安定になりにくい傾向があり，位相余裕はアナログ制御より少なくてすみます．

◆参考文献◆
(1) 田本 貞治；トランジスタ技術，2010年10月号，eco時代のパワー部品図鑑，CQ出版社．

(初出：「トランジスタ技術」2010年11月号)

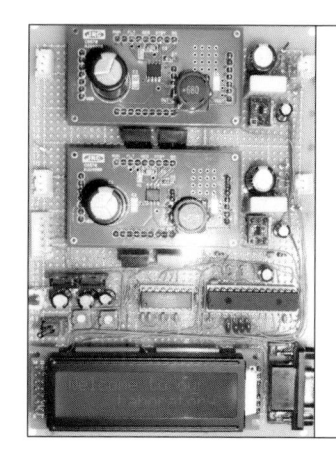

第12章 ボード線図で見るPI制御
ソフトウェア制御のDC-DCコンバータを作る

笠原 政史

本章ではエラー・アンプの設計と検証技法について，第2章で製作したパワー制御ボード(ベース・ボード)上にDC-DCコンバータを作りながら調べます．

前章は，ディジタル制御電源のメリットと制御に使えるマイコンの条件を説明しました．本章では，第2章で製作したパワー制御用の学習ボードを使って，実際に24Vを5Vに変換する降圧型DC-DCコンバータを作ります．ボーデ線図でゲイン余裕と位相余裕を確認しながら，安定したPI制御を実現してみます．

学習ボードのハードウェアの詳細は，第2章をご覧ください． 〈編集部〉

STEP1…出力電圧を安定化させる

■1 24Vを5Vに降圧する

● dsPICのPWMのデューティ比を20.8％にセット

降圧型DC-DCコンバータの出力電圧は，入力電圧が一定でオン抵抗とデッド・タイムが十分小さければ，次の単純な式で求まります．

$$V_{out} ≒ D_{on}V_{in}$$

ただし，V_{out}：出力電圧［V］，D_{on}：デューティ比，V_{in}：入力電圧［V］

24Vを入力して5Vの出力を得るには，デューティ比が20.8％に設定されるように，dsPICをプログラムするだけです．

● デバッグ機能で実験してみる

表1のように実験ボードを設定します．

J_3(POWER)に24V，1AのACアダプタ(STD-24010U)を接続します．プロジェクトBuckCVCCC.mcwをdsPICマイコンにロードします．このプロジェクトは，後述のPI制御を実行するプログラムです．

次の操作を行い，プログラム動作中にMPLABのデバッグ機能で一時的に停止すると，dsPICからデューティ比固定のPWM信号が出力されます．

［Debugger］-［Select tool］-［PICkit2(または3)］を選択

PICkit3の場合は，
　［Debugger］-［Settings］-［Freeze on Halt］-
　［PWM］
のチェックを外して［OK］を押します．

［Debugger］-［Program］を選択すると，30秒ほどでdsPICへの書き込みが完了します．

［Debugger］-［Run］すると，液晶に文字が表示されます．［Debugger］-［Halt］でdsPICを一時停止させます．［View］-［Watch］でウォッチ・ウィンドウを表示します．

図1に示すようにPDC2を追加し，PDC2レジスタの値を308に設定します．すると，dsPICのCPUコアは停止していますが，PDC2の設定値にしたがって，固定のデューティ比20.8％のPWM信号が出力されます．

● 出力電圧の変動が大きすぎて使えない

この状態で出力電圧を測ると4.992Vでした．

図2の「PI制御なし」に示すのは，負荷(セメント抵抗)を付けて電流を流しながら測定した出力電圧の

表1 DC-DCコンバータの実験を行うときのベース・ボードの設定

基板名	配線番号	状態や設定
パワー・ボード U_{10}(B側)	JP_1，JP_2	ショート
パワー・ボード U_9(A側)		使用しない．JP_1とJP_2の設定は任意
ベース・ボード	JP_1，JP_3，JP_4，JP_6	1-2間をショートする
	JP_2，JP_5	オープン
	JP_8，JP_9	1-2間をショートとする
	JP_{10}，JP_{11}	ショート
	SW_4	PICkit
	TB_7 (DC OUT B)	OUT-GND間にテスタ(DC V)と負荷抵抗をつなぐ
	J_2 (PICkit2/3)	PICkit2またはPICkit3をつなぐ

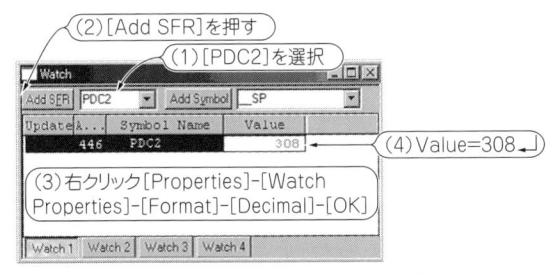

図1 DC-DCコンバータのデューティ比を固定する
PDC2を追加してPDC2レジスタの値を308に設定すると、dsPICのCPUコアが停止したまま、PDC2の設定値にしたがって、デューティ比20.8%固定のPWM信号が出力される。

変化です。パワー・ボード上の電流検出抵抗やアンプIC(NJW4800)の出力抵抗に電流が流れると電圧が降下します。つまり、出力電流が大きくなるほど出力電圧が低下します。

このように出力電流が流れると、簡単に出力電圧が低下するDC-DCコンバータに、複数のLED表示器や5V±0.5V動作の水晶発振器をつなぐと、LEDが点灯するたびに出力電圧が4.5Vより低くなり、水晶発振器が異常動作したりします。このように、負荷電流を変えたときに出力電圧が変化することを負荷変動といいます。

またPWMのデューティ比が固定のときは、入力電圧(24V)が10%下がると、出力電圧も10%下がります。このように入力電圧を変えたときの出力電圧変動を入力変動といいます。

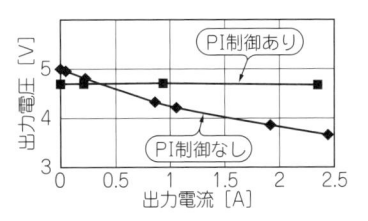

図2 フィードバックをかけて制御すると出力電流が大きくなっても出力電圧はあまり変化しなくなる

2 フィードバックをかける

● 出力電圧を一定に安定させる

負荷変動と入力変動を小さくするには、フィードバック制御(PI制御)を掛けます。図3に示すのは、PI制御をかけたDC-DCコンバータのブロック図です。PI制御の詳細は第3章を参照してください。

実際に動作させてみます。[Debugger]-[Run]で、dsPICを再び動かします。図2に負荷電流を変化させて測定した出力電圧の変化を合わせて示しました。負荷変動が改善されています。

STEP2…発振しない電源に仕上げる

1 発振する条件を確認

● 入出力間のゲインを表す式

PI制御装置をはじめとするフィードバック制御装置は、図4のように表すことができます。ゲインをもつ回路ブロックが二つあり、一つは入力から出力への

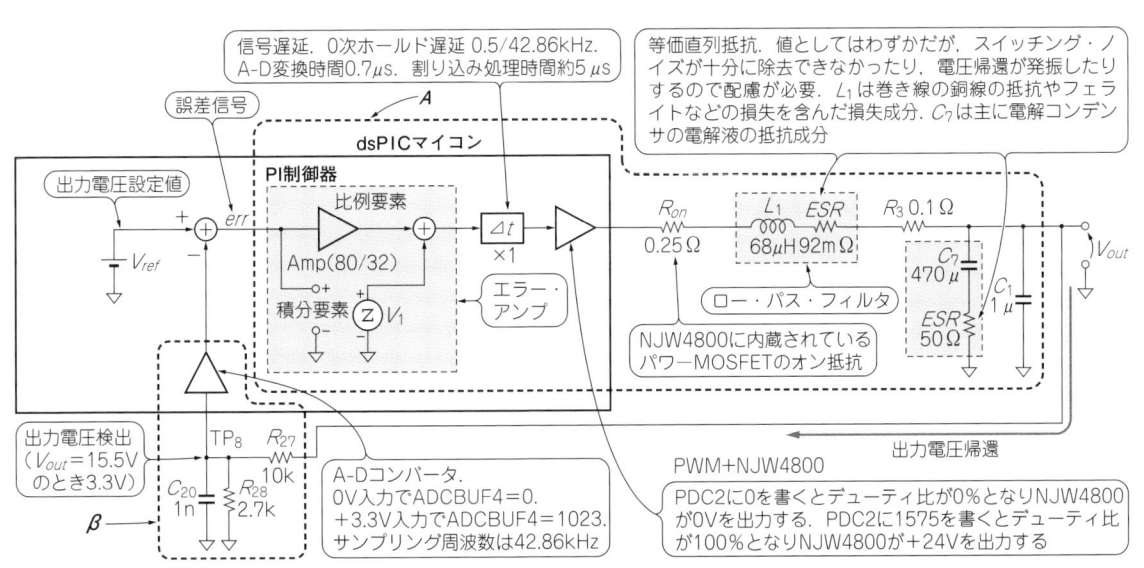

図3 第2章の学習ボードで実現した降圧型DC-DCコンバータの信号の流れ
この回路をシミュレータMicro-Capで作画して解析した。Z transform sourcesと呼ぶ部品(図中のV_1)を使って、z領域の伝達関数を直接書くと、周波数特性を解析できる。z領域の伝達関数をMicroCapではZEXPと呼んでいる。ZEXP = $5/32/(1-z^{-1})$.

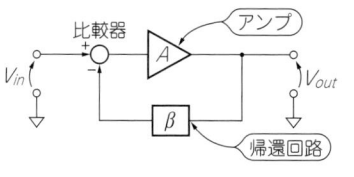

図4 フィードバック・システムの基本構成
アンプと帰還回路，そして比較器で構成される．

ゲイン(A)，もう一つはフィードバック回路のゲイン(β)です．

この図を数式で表すと次のようになります．

$V_{out} = A(V_{in} - \beta V_{out})$

この式から，入出力間のゲイン$G(=V_{out}/V_{in})$が次のように求まります．

$G \fallingdotseq 1/\beta$

ただし，Aがとても大きいとする（後出の図17のように直流で70 dB程度）．

つまり，負荷電流などでAが多少変動しても，ゲインはβだけで決まります．

● $-A\beta$ の周波数特性が不適切だと発振する

上記の入力から出力へのゲインAとフィードバック回路のゲインβの積$-A\beta$（一巡伝達関数と呼ぶ）の周波数特性が適切でないと発振します．発振すると負荷が過電圧で壊れたり，LCフィルタに発振周波数の大電流が流れてインダクタやコンデンサが発熱して壊れたりします．

発振するのは，$-A\beta$が1倍になる周波数において，位相が0°（つまり$A\beta$の位相が+180°または-180°）を越えているときです．

制御システムが発振するかしないか，あるいは発振しないにしてもどれだけ発振しにくいのか，その余裕をなんらかのパラメータで定量的に表す必要があります．そのパラメータが，図5に示す「位相余裕」と「ゲイン余裕」と呼ばれるものです．「位相余裕60°，ゲイン余裕10 dB」が，多少のリンギングを生じるものの一般的に適切な値とされています．

2 PI制御エラー・アンプの周波数特性を最適化して安定化

適切な位相余裕とゲイン余裕を確保しつつ，ゲインAを最大化するため，本章では図3に示すPI制御器を使います．DC-DCコンバータの回路構成によっては，次数の高い制御器を使ってPI制御より高速応答させることがあります．そのような制御器も含めて一般的にエラー・アンプと呼んでいます．エラー・アンプはエラー信号（誤差信号，出力電圧設定値と実際の出力電圧の差）を増幅します．

エラー・アンプ以外の回路ブロックの周波数特性にエラー・アンプの周波数特性を加えることで，ゲイン余裕と位相余裕を確保することができます．

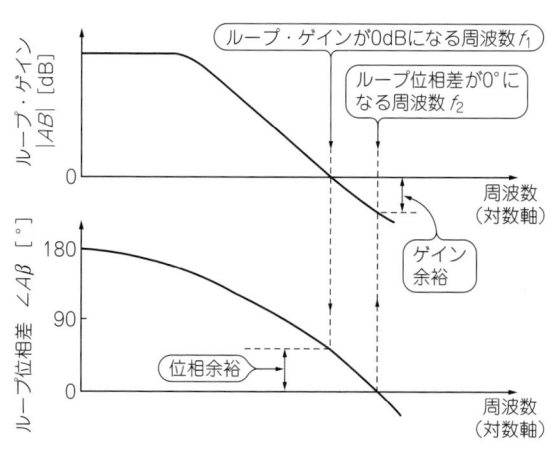

図5 フィードバック回路の発振のしにくさの指標「位相余裕」と「ゲイン余裕」

3 制御部の周波数特性を調べる

図3に示すように，DC-DCコンバータを解析する際は次の三つのブロックに大きく分けることができます．

① Aの周波数特性を決めるブロック…エラー・アンプとLCロー・パス・フィルタ
② βの周波数特性を決めるブロック…出力電圧検出部
③ 信号が一定時間遅延する回路…dsPIC内のA-D変換部やCPU部など

① Aの周波数特性を決める回路

$A\beta$のうちのAの周波数特性を決める主な回路は次の二つです．

- PI制御器（エラー・アンプ）
- スイッチング・ノイズ除去用のLCフィルタ

図6に示すように，LCフィルタはカットオフ周波数(f_C)以上で位相が-180°に近づきます．

図7に示すのは，パワー・ボード（第2章，写真1，p.23）上のLCフィルタの周波数特性（実測）です．パワー・ボードの回路図は，第2章 pp.32～34を参照してください．

位相が高域で-180°に収束しておらず，シミュレーションと異なっています．これは，LCフィルタを構成するコンデンサC_7に電解型を使っているからです．電解コンデンサは高域で寄生リアクタンスがほぼ短絡状態になり，約50 mΩの抵抗（ESR：Equivalent Series Resistance）として働きます．つまりLCではなくLRフィルタとして動作します．その結果，位相は-90°までしか回らなくなります．

▶電圧検出回路はLCフィルタに影響しない

LCフィルタに負荷がつながると，Aの周波数特性

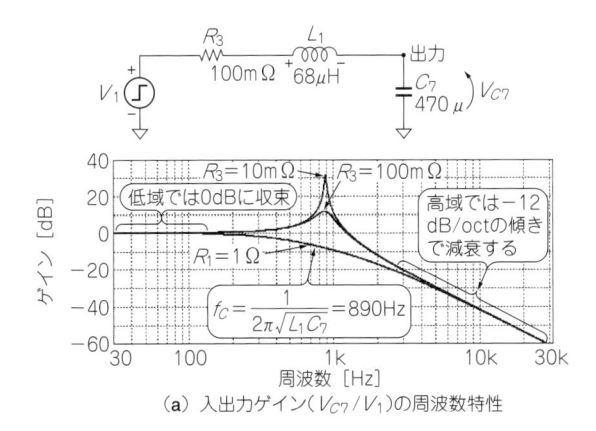

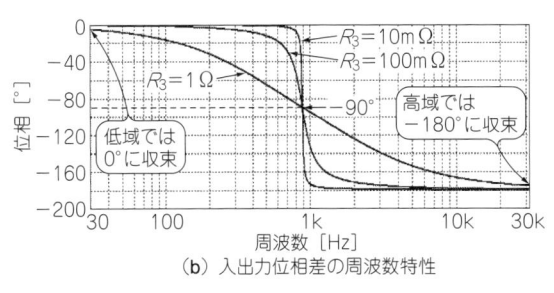

図6 ゲインAの周波数特性を決めるLCロー・パス・フィルタ
抵抗R_1によって共振点の大きさが変わる．

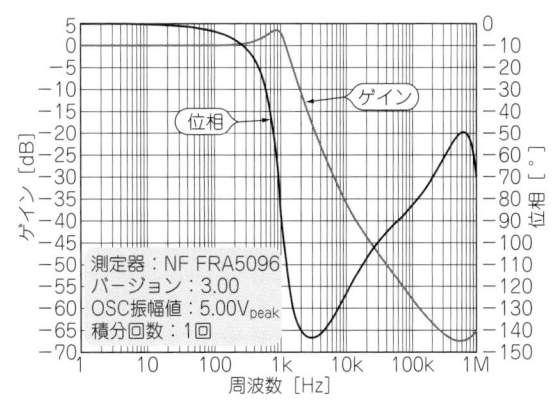

(a) 入出力ゲイン(V_{C7}/V_1)の周波数特性
(b) 入出力位相差の周波数特性

$$f_C = \frac{1}{2\pi\sqrt{L_1 C_7}} = 890\text{Hz}$$

図7 実験ボード上のLCフィルタの周波数特性（実測）
パワー・ボード上のワンチップ・パワー・アンプIC NJW4800の出力（TP_1）からベース・ボードの出力端子までの周波数特性（エヌエフ回路設計ブロック，FRA5096で測定）．

測定器：NF FRA5096
バージョン：3.00
OSC振幅値：5.00V_{peak}
積分回数：1回

が変化します．しかし，パワー・ボード上のLCフィルタの出力につながっている電圧検出回路は影響しません．これは$R_{27}(R_{24})$が10kΩで，LCフィルタの特性インピーダンス（0.38Ω）よりとても大きいからです．LCフィルタにとって電圧検出部はとても軽い負荷で，あってもなくても周波数特性は変わりません．

② βの周波数特性を決める「出力電圧検出部」

図8(a)に示すのは，ベース・ボード上の出力電圧検出回路です．抵抗とコンデンサで構成されており，出力電圧を分圧し，スイッチング・ノイズを除去しています．図8(b)に示すように，等価回路に置き換えるとわかりやすくなります．

スイッチング・ノイズは，L_1とC_7のLCロー・パス・フィルタで減衰させますが，実際には，C_7のESRやプリント・パターンのインダクタンス，寄生容量の影響で，細いパルス幅のスパイクが残ります．そのまま

(a) ベース・ボード上の電圧検出回路

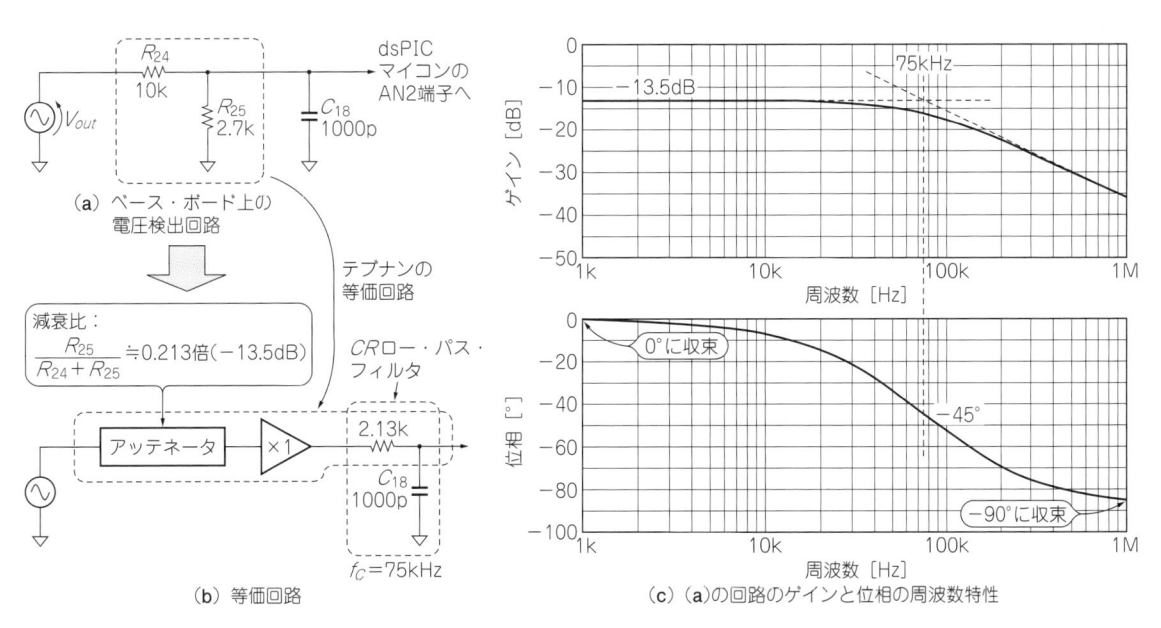

減衰比：
$$\frac{R_{25}}{R_{24}+R_{25}} \simeq 0.213\text{倍}(-13.5\text{dB})$$

テブナンの等価回路
CRロー・パス・フィルタ

(b) 等価回路

(c) (a)の回路のゲインと位相の周波数特性

図8 βの周波数特性を決める出力電圧検出部のゲイン周波数特性
等価回路に置き換えて考えるとわかりやすい．

STEP2…発振しない電源に仕上げる

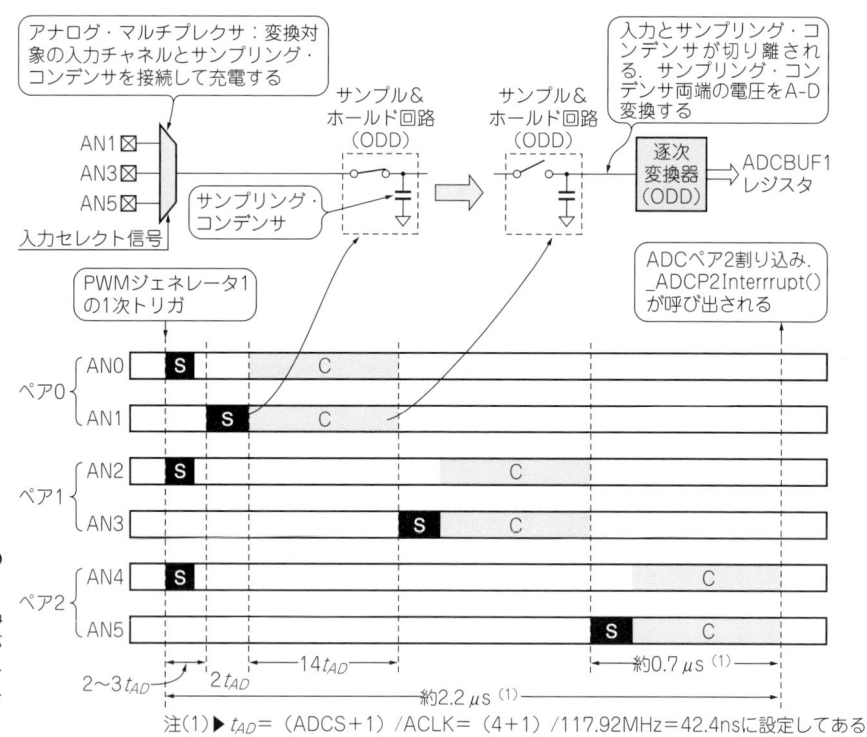

図9 dsPICマイコンのA-D変換時間
変換に要する時間は2.2 μs．AN_4とAN_5の二つの端子にフィードバック信号を入力．同期サンプリング／並列変換モードでA-D変換する．ASYNCSAMP＝0，EIE＝0．

図中注記：
- アナログ・マルチプレクサ：変換対象の入力チャネルとサンプリング・コンデンサを接続して充電する
- サンプル＆ホールド回路（ODD）
- サンプル＆ホールド回路（ODD）
- 入力とサンプリング・コンデンサが切り離される．サンプリング・コンデンサ両端の電圧をA-D変換する
- 逐次変換器（ODD）
- ADCBUF1レジスタ
- サンプリング・コンデンサ
- 入力セレクト信号
- PWMジェネレータ1の1次トリガ
- ADCペア2割り込み．_ADCP2Interrrupt()が呼び出される
- ペア0：AN0，AN1
- ペア1：AN2，AN3
- ペア2：AN4，AN5
- 2～3 t_{AD}，2 t_{AD}，14 t_{AD}，約0.7 μs (1)，約2.2 μs (1)
- 注(1)▶ t_{AD}＝（ADCS＋1）/ACLK＝（4＋1）/117.92MHz＝42.4nsに設定してある

A-D変換すると，フィードバックによって精度を向上させるつもりだったのに，逆にノイズを増幅してしまいます．

この出力電圧検出部では，ロー・パス・フィルタを構成してノイズを除去しますが，カットオフ周波数が低すぎるとループ内の位相遅れが大きくなり，位相余裕の確保が難しくなります．カットオフ周波数は75 kHzなので，スイッチング周波数の600 kHz成分は，約1/8（＝75 kHz/600 kHz）に減衰します．ロー・パス・フィルタを構成するC_{18}は，高周波特性に優れたセラミック・コンデンサを使用しています．

▶誤差を減らすC_{18}

C_{18}にはもう一つの役割があります．A-Dコンバータは変換を開始するとき，内部のサンプリング・コンデンサを信号源に接続して充電（サンプリング）し，その後，信号源から切り離してA-D変換を実行します．サンプリング・コンデンサを充電するときにピーク電流が流れて，信号源のインピーダンスが高いと電圧が下がり，A-D変換の誤差が大きくなります．

図8のC_{18}がないと信号源インピーダンスは，2.13 kΩ（＝10 kΩ //2.7 kΩ）になり無視できません．そこでC_{18}をつないで，ピーク電流のような高周波に対して低インピーダンス化し，誤差の増大を防いでいます．

③ 信号が一定時間遅延する回路

▶A-D変換部

図9に示すように，dsPICに内蔵されているA-Dコンバータは，二つの入力がペアになっていて，ペアごとに動作を設定します．制作したプログラム（本誌ウェブ・サイトからダウンロードできる）では拡張性を考えて，三つの入力ペアをすべてA-D変換します．フィードバック信号（出力電圧）を入力するのは，AN_4とAN_5の二つの端子です．

図10に示すように，dsPICが出力するPWMのスイッチング周波数は600 kHzで，スイッチング14回に1回，PWMジェネレータがトリガを出力します．そのトリガをきっかけにして，A-Dコンバータはペア0～ペア2（AN_0～AN_5）に入力されている信号を変換し，ADCペア2割り込みを発生させます．

ペア0から順番に変換されてトータルで2.2 μsの時間が掛かります．AN_5がサンプリングされるのは一番最後です．したがって，AN_5の変換時間は0.7 μsで済みます．

AN_0～AN_3は今回使いませんが，動かしているので，電圧値を外部で設定できるように変更したいときでも，基本構造の改修が不要です．

実験ボード上のdsPICマイコンは，2個の逐次比較レジスタ（SAR）で，2チャネルのサンプル＆ホールド回路出力を同時に変換します（図9）．サンプリングしてからADC割り込みが呼ばれるまでが，A-D変換に要する時間です．この遅延時間はフィードバック制御するときに問題になります．

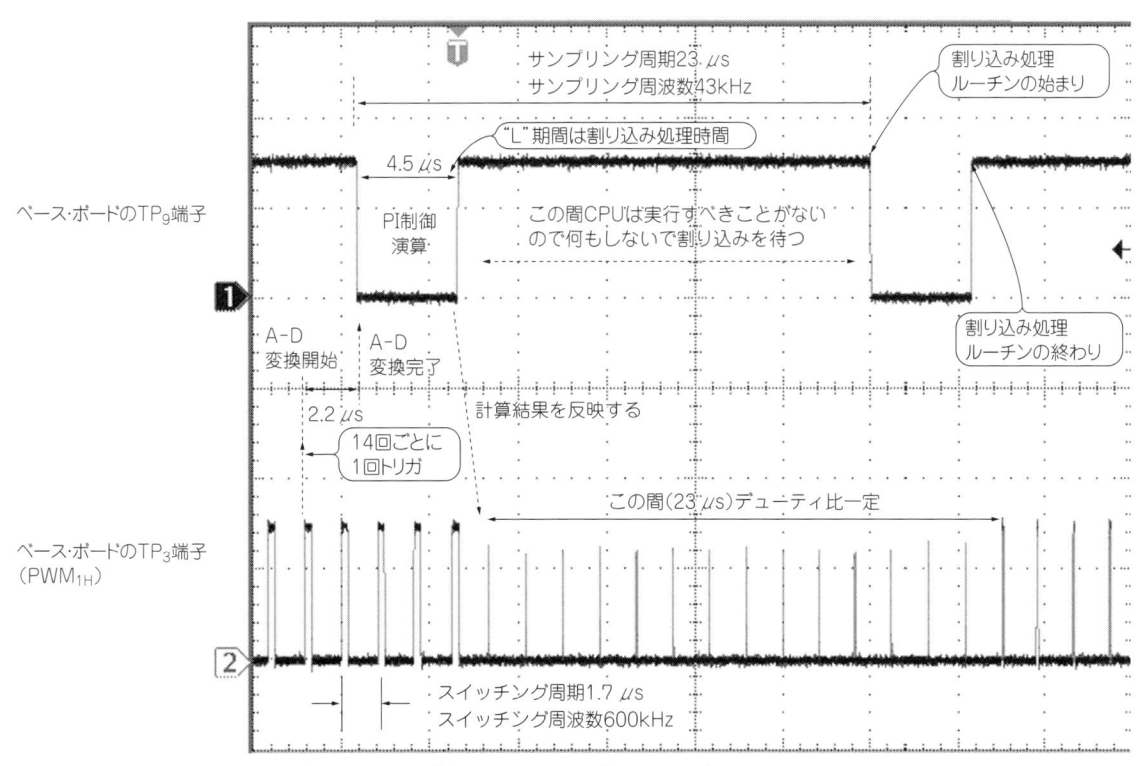

図10 dsPICのPWM信号とA-D変換のタイミング（2 V/div，4 μs/div）

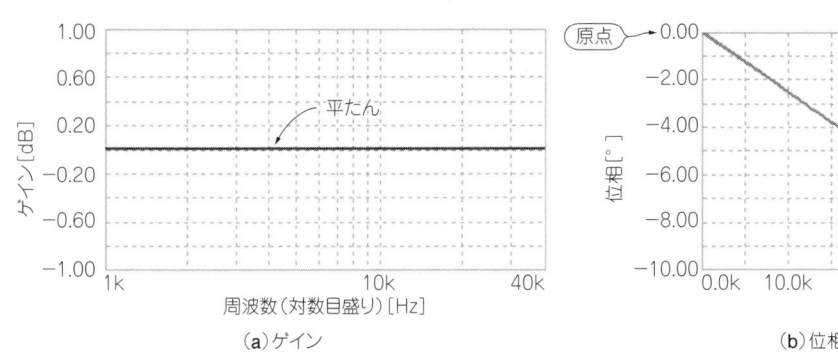

図11 dsPICマイコンのA-D変換部の周波数特性
(a) ゲイン
(b) 位相（リニア目盛り）
(c) 位相（対数目盛り）

実際に使うAN₄の遅延時間は2.2 μs一定です．

遅延時間一定の回路の位相の周波数特性は，**図11**のように直線的です．**図3**の信号ブロック図では，ほかの部分の遅延も併せてX_1で表現しました．X_1は，電子回路シミュレータMicro-Capで信号を一定時間遅延させる部品です．

▶CPU部

A-D変換が終わると割り込みが掛かり，PI制御の計算が行われて，デューティ比が設定されます．実際にプログラムを作って動作させたところ，計算時間は約4.5 μsでした（**図10**）．PI演算自体の周波数特性は後述します．

▶PWM出力部

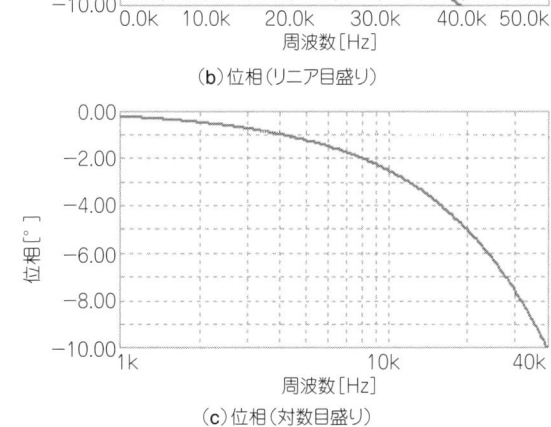

PWMのスイッチング周波数は，スイッチング・ノイズがLCフィルタで十分に減衰するように600 kHzに設定しました．

サンプリング周波数の設定は43 kHzで，dsPIC内

のCPUの計算時間は23 μs（＝1/43 kHz）なので，出力は23 μsごとに更新されます．つまり23 μs間，デューティ比は一定です．

この挙動は，23 μsごとにサンプリングするサンプル＆ホールド回路と同じふるまいです（Column A）．

> **実機で周波数特性が
> 最適化されていることを確認**

■ シミュレーションで $A\beta$ の周波数特性を最適化する

前述の各回路ブロックの周波数特性を足し合わせると $A\beta$ の周波数特性になります．計算すると図12のようになります．

PWMの動作そのものは計算していませんが，周波数領域でのふるまいをモデリングしました．あとはこの結果をふまえて，後述のディジタル・エラー・アンプの周波数特性を調整して，$A\beta$ が最大でかつ発振しない，PI制御器用の係数を割り出します．

● dsPICで構成したディジタル・エラー・アンプで周波数特性を最適化

図12を見ると，位相は1.3 kHzで約60°です．位相はそのままでゲインを上に平行移動して，1.3 kHz付近で $|A\beta| = 0$ にすれば位相余裕を確保できます．低周波では，ロード・レギュレーションを改善するため，ゲインAをできるだけ増やしたいので，一巡伝達関数 $-A\beta$ を破線のような周波数特性にします．

エラー・アンプに求められる周波数特性は，破線と実線の差の特性，つまり400 Hz以上で＋8 dBの比例ゲイン，400 Hz以下で－6 dB/octの積分特性です．

▶ dsPICで積分要素を作るには

アナログ制御のDC-DCコンバータICに内蔵されているアナログ積分器は，図13(a)のように，制御開始時刻から現在までの，誤差の履歴（V_{err}）と時間（t）が囲む面積（S）を求めています．

今回のようにdsPICなどのプロセッサで実現するディジタル積分器は，(b)のように細い長方形を加算していくことで誤差を積算します．

PWM回路の遅延　　　　　　　　　　　　　　　　　　　　　　Column A

実験に使ったdsPICマイコンのPWM出力のデューティ比は，23 μsの間一定で変わりません．この挙動は，23 μsごとにサンプリングするサンプル＆ホールド回路と同じです．

PWM回路のゲインと位相の周波数特性は図Aのようになっています．PWM回路は周波数特性に影響しますので，位相余裕やゲイン余裕を検討するときに忘れてはいけません．

図Bに示すように，サンプル＆ホールド回路は，サンプリング周期 Δt ごとに入力信号を瞬間的にサンプリングし，その後 Δt の間，値を保持します．

サンプル＆ホールド回路に滑らかなアナログ信号を入れると，階段状の波形が出力されます．階段状になる理由は，サンプリングにより量子化ノイズが加わるからです．量子化ノイズを除去するために平滑化すると，破線のように，階段の中央を通る滑らかな波形になりますが，先ほどの入力波形と比べると，$\Delta t/2$ だけ遅れます．

0次ホールドした信号の周波数特性は，図Bに示すように，sinc関数（$\sin x/x$）と同じです．

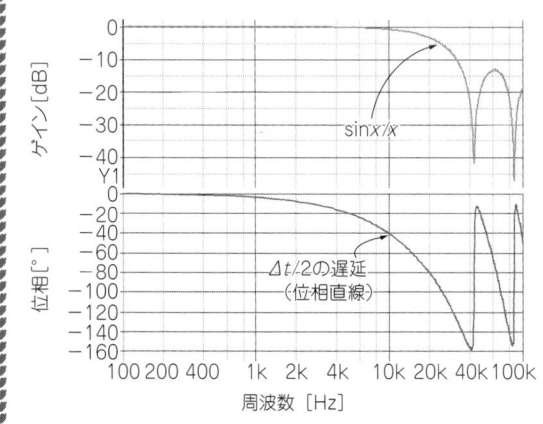

図A　サンプル＆ホールド回路の周波数特性
サンプリング周波数43 kHz，サンプリング時間200 ns，電子回路シミュレータSIMPLISで解析．

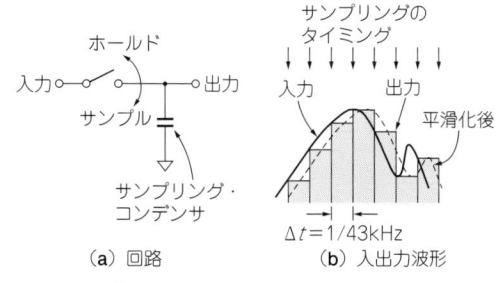

図B　サンプル＆ホールド回路の入出力波形は $\Delta t/2$ 遅延する

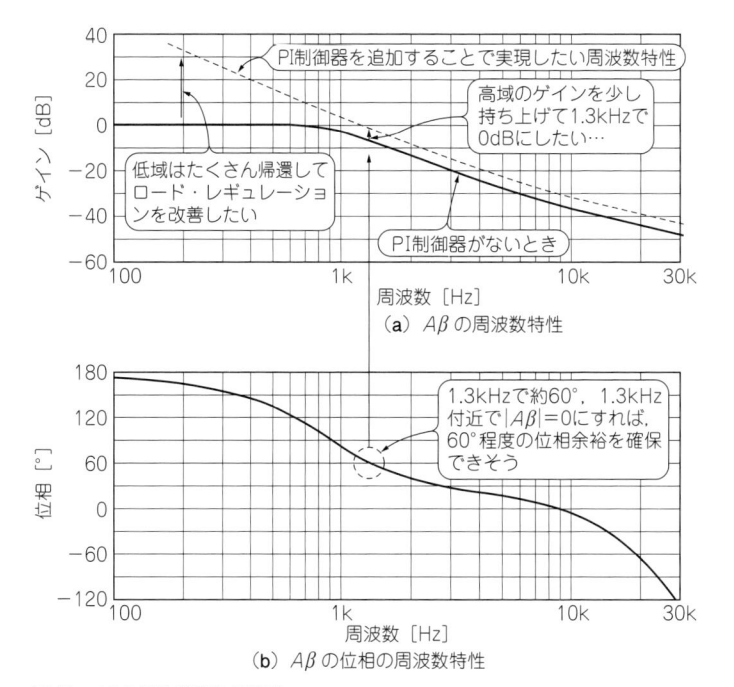

図12 Aβの周波数特性の検討
実線はLCフィルタ/CPU演算/A-D変換/サンプル&ホールドの周波数特性シミュレーション．破線はエラー・アンプ込みの仕上りAβに期待する周波数特性．

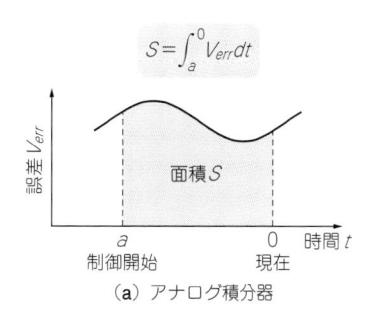

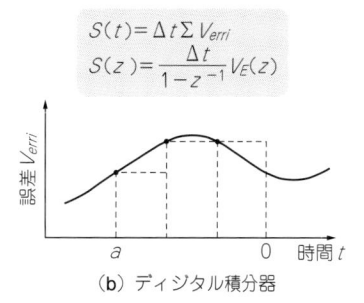

図13 dsPICで実現するディジタル・エラー・アンプの積分処理

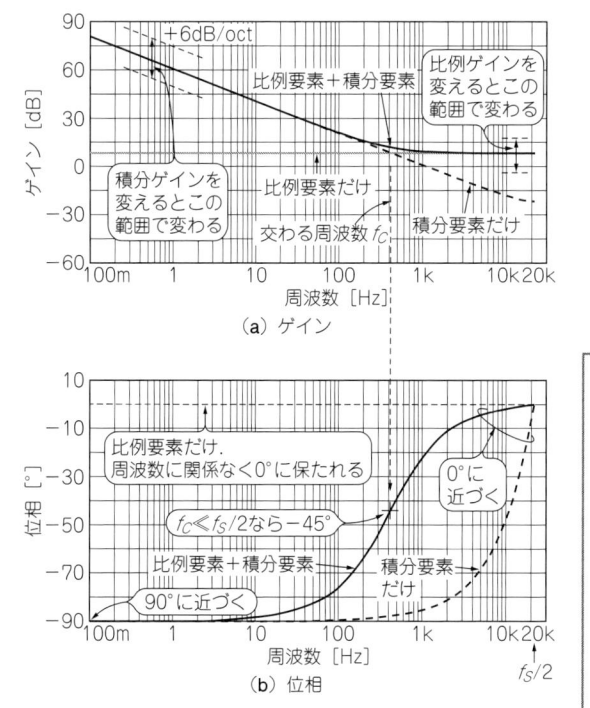

図14 dsPICで実現したいエラー・アンプの周波数特性（Micro-Capによるシミュレーション）
ディジタル積分器はサンプリング周波数付近の特性がアナログ積分からややずれる．位相の「積分要素だけ」の1kHz以上が−90°から外れている．本来の積分は周波数によらず−90°一定である．

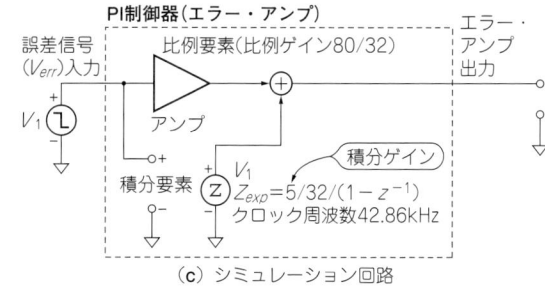

● シミュレーション上で実現したエラー・アンプの周波数特性

図14に示すのは，比例ゲインと積分ゲインが調整されたDC-DCコンバータのエラー・アンプのゲインと位相の周波数特性です．

積分要素のゲインは，低域で傾き−6dB/octで減衰します．octはオクターブと読み，「倍」を意味します．つまり周波数が倍になると，ゲインが半分になります．直流では，ゲイン∞(実際は加算器がオーバーフローするまで)，位相は−90°に近づきます．

比例ゲインを加えると，高域のゲインが平たんになり，高域の位相が0°に近づきます．先ほど求めた図12の破線と実線の差の特性に近くなりました．

実機で周波数特性が最適化されていることを確認

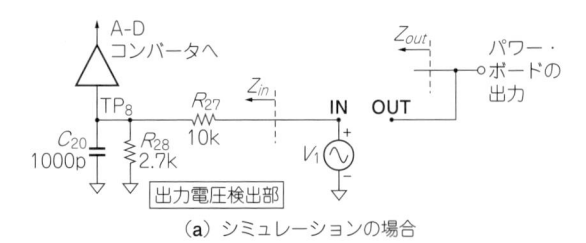

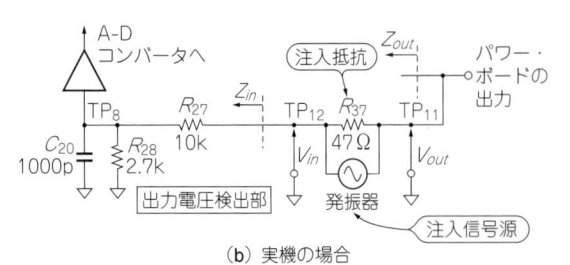

図15 シミュレーションで一巡伝達関数 $-A\beta$ の周波数特性を調べる方法
フィードバック・ループを途中で切って信号を注入する．

(a) シミュレーションの場合
(b) 実機の場合

■ 実機で $A\beta$ を確認

● 測定方法

図15に示すのは，シミュレーションで $-A\beta$ の周波数特性を確認する方法です．

図15(a)に示すように，ループを切って信号源を接続し，INからOUTまでの周波数特性を調べます．ただし，ループ切断点の前後のインピーダンス，つまり，パワー・ボードの出力インピーダンスと，エラー・アンプの入力インピーダンス Z_{in} は，次のような関係になっている必要があります．

$$Z_{out} \ll Z_{in}$$

実機では，図15(a)の方法は採用できません． $-A\beta$ の直流ゲインは∞なので，回路にわずかでも直流オフセットがあると，出力電圧がほぼ∞（実際は電源電圧までしか出力できない）になるからです．

実機では，図15(b)のように切断したところに，抵抗 R_{37} （注入抵抗）と信号源OSC（両端子が接地からフローティングしている注入信号源）を挿入します．するとループを切ることなく， V_{in} と V_{out} を分離でき， V_{out}/V_{in} を測定することで $-A\beta$ が求まります．

この測定は，周波数特性分析器（エヌエフ回路設計ブロック）を使うと簡単です．ただし，OSCの振幅が大きすぎると，電圧や電流がクリッピングして，正常に測定できません．小さすぎるとノイズに埋もれて正確なデータが得られません．

● 測定結果

図16に示すのは， $A\beta$ の周波数特性の実測データです．制作したプログラムでは，dsPICによるディジタル・エラー・アンプの周波数特性を調整して，位相余裕とゲイン余裕を確保しました．

▶ディジタル積分器の動作を確認

OSC振幅値が小さかったので，図16の実機データは，低域でシミュレーションと異なっています．これは，ディジタル制御電源は，アナログ制御電源と違って，A-Dコンバータの分解能より小さい誤差を検出できないからです．このままでは，PI制御器のディ

PWMのスイッチング周波数と LC フィルタ　　　　　　　　　　　　Column B

PWMのスイッチング周波数は，主に LC フィルタの減衰量から決まります．

コンデンサに電解コンデンサを使うと，減衰量 G_{loss} は次式で決まります．

$$G_{loss} = \frac{R_{ESR}}{2\pi L f_{SW}}$$

ただし， R_{ESR} ：コンデンサの等価直列抵抗 [Ω]， L ：インダクタンス [H]， f_{SW} ：スイッチング周波数 [Hz]

LC フィルタの実測周波数特性（図7）を見ると，スイッチング周波数の600 kHzにおける減衰量は約70 dBですから，スイッチング・ノイズは約1/3000に減衰します．NJW4800のPWM出力は24 V_{P-P} なので，出力されるスイッチング・ノイズはおおざっぱに約8 mV_{P-P} （=24 V_{P-P}/3000）です．

インダクタやコンデンサを小型化したいときは，スイッチング周波数を上げることによってインダクタのインダクタンスとコンデンサの容量を小さくします．

NJW4800のスイッチング周波数範囲は7 k～1.2 MHzで，周波数が高いほどNJW4800自体のスイッチング損失が増えます． LC フィルタのインダクタやコンデンサの損失もスイッチング周波数によって変わります．

実験に使ったdsPIC33FJ16GS502は，1.06 nsという高い分解能でPWM回路を動かすことができました．これなら，600 kHzでスイッチング（1.67 μs 周期）しても，

1.06 ns/1.67 μs = 1/1573

と高い分解能が得られるので，PWMの量子化ノイズによる出力ノイズは十分小さくできます．

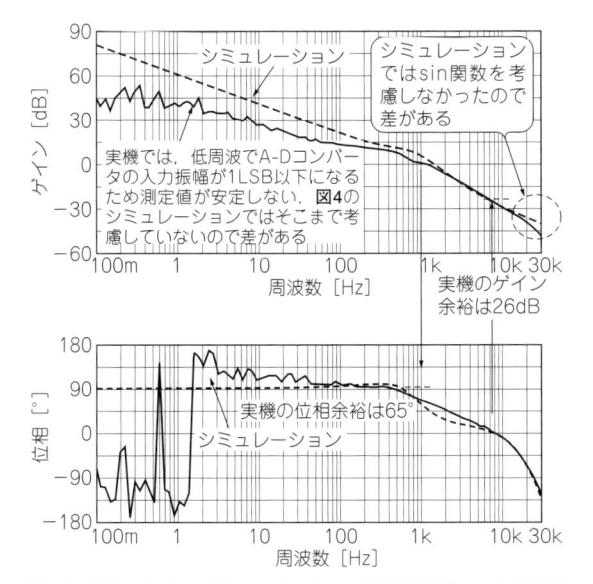

図16 制作したDC-DCコンバータの一巡伝達関数-$A\beta$の周波数特性（実測）
破線はMicro-Capによるシミュレーション．実線は実測（エヌエフ回路設計ブロックの周波数特性分析器FRA5096で測定，OSC振幅値＝50 mV$_{peak}$）．

ジタル積分器が正常に動作しているかどうかがわかりません．

図17に示すのは，OSCの振幅を大きくしたときの$A\beta$の周波数特性です．

0.1 Hz～2 Hzまでのゲインは－6 dB/octの傾きで減衰しており，位相もほぼ90°ですから，PI制御器のディジタル積分器は正常に動作しています．

0.1 Hzのゲインは，シミュレーション［図17(a)］より低くなっています．これは，$|A\beta|$が70 dBと高いので，A-Dコンバータ入力が1LSB以下になるためです．

図18に示すのは，$|A\beta|$＝70 dBのときの各部の電圧です．フローティング発振器の出力が1 V$_{peak}$のとき，TP$_{11}$-TP$_{12}$間の電圧が1 V$_{peak}$になります．

TP$_{11}$の電圧（約1 V$_{peak}$）は，TP$_{12}$（0.3 mV$_{peak}$）より70 dB（3162倍）大きくなっています．A-Dコンバータに入力されるのは，0.3 mV$_{peak}$をR_{27}とR_{28}で分圧した，

$$0.3\ \mathrm{m} \cdot R_{28}/(R_{27}+R_{28}) = 0.06\ \mathrm{mV_{peak}}$$

ですが，A-Dコンバータの1LSBは3.2 mVなので，0.06 mVの変化を検知できません．するとディジタル積分器の入力がゼロになり，出力振幅もゼロになってしまいます．しかし現実のA-Dコンバータにはノイズがあるので，入力信号に相関のある変換結果が得られます．相関関係の平均ゲインが1倍以下なので，シミュレーションよりやや下回る70 dBのフィードバッ

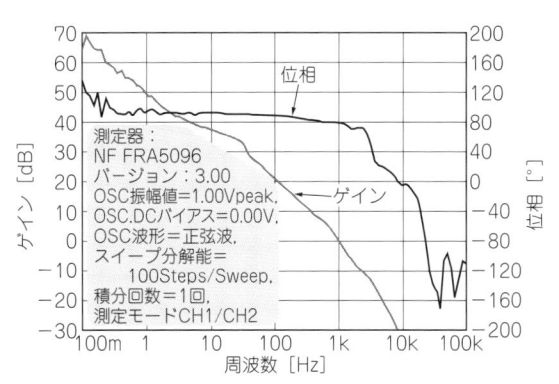

図17 図16のOSCの振幅を大きくして$A\beta$の周波数特性を再測定（OSC振幅値＝1 V$_{peak}$）
低域ゲインが大きくなって積分動作を確認できるようになった．

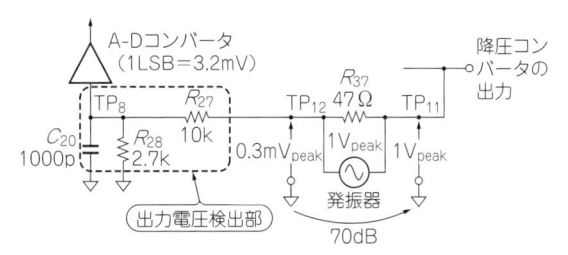

図18 $|A\beta|$＝70 dBとしたときの各部の振幅値

クになります．

なお，C_{20}は，低周波なので無視できます．

このように，大きな一巡ゲインが得られ，図2のようにロード・レギュレーションが改善されたのです．

さいごに

以上のように各要素の周波数特性をボード線図に表し，位相余裕とゲイン余裕を確保できるよう周波数特性を整形することで，制御対象に合わせた制御器を作ることができます．各ブロックの性能を改善する際も，改善前後の周波数特性をボード線図で比較することで，改善度を定量的に把握できます．

ベース・ボードやパワー・ボードには約100点の部品が搭載されています．また，dsPICのプログラムの行数も150行ほどあります．図3に示す基本原理を確認する段階のシミュレーションで期待どおり動作しても，回路設計やプログラミングで間違える可能性があります．また，シミュレーションのモデリングをするときに無視して単純化した要素もありますから，実機での確認は重要です．

◆**参考文献**◆
(1) 周波数特性分析器によるスイッチング電源の安定性評価，技術資料，2007年6月，エヌエフ回路設計ブロック㈱．

（初出：「トランジスタ技術」2010年12月号）

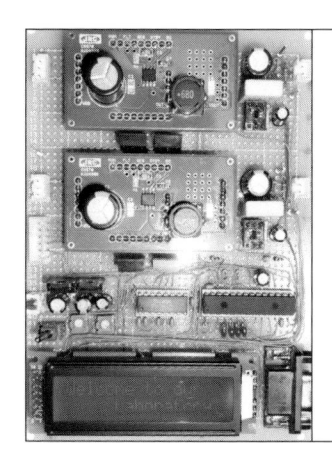

第13章 電源のフィードバック制御理論が分かるとマイコンの中身が分かる
手計算でDC-DCコンバータのフィードバック制御を設計する

田本 貞治

> マイコンの中身をリアルタイムで観測することは困難なため、うまく動作しないとき、原因がつかみにくいことがあります。しかし、制御理論が分かるとマイコンの動作が推定でき、適切な制御系設計ができて、問題解決に役立ちます。

　本章では、ソフトウェア制御電源を設計するための第一歩であるフィードバック制御の関数表現の方法を紹介します。

● ソフトウェア制御電源設計の第1歩は基本への回帰

　最近のアナログ電源用の制御ICは、不安定になりにくいように、演算用のOPアンプの特性が調整されています。制御理論を知らなくても、データシートの定数をコピーするだけで、安定に動作する電源を作ることができます。また、アナログ電源には40年以上にわたる設計情報の積み重ねがありますから、発振などのトラブルに出食わしても手も足も出ないというこ とはあまりないでしょう。

　ソフトウェア制御の電源を作るには、マイコンやDSPに差分方程式を書き込み、その係数を適切な値にセットする必要があります。これにはフィードバックのメカニズムをイメージできるだけでは不足です。電源各部の入出力の関係を関数(伝達関数)で表現し、電源の特性と関数を構成する係数を関連付ける必要があります。誕生して間もないソフトウェア制御電源を設計するには、アナログ制御電源を誕生させた40年前の設計者と同じように、基本に立ちもどる必要があります。

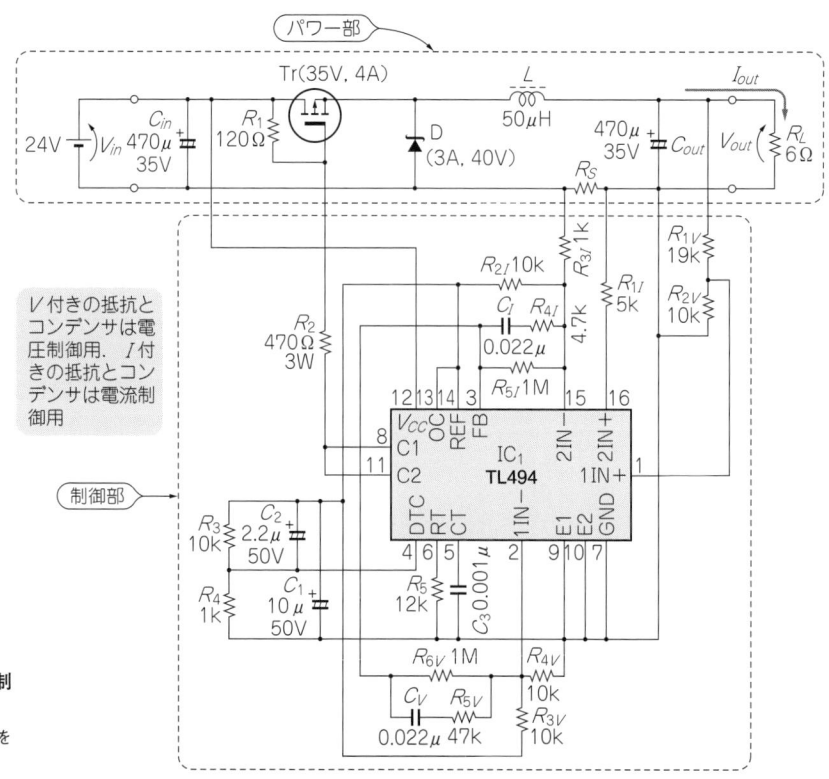

図1 例題回路…定電圧・定電流制御のステップダウン・コンバータ
この回路の電圧制御ループの伝達関数を求める。TL494は定番の電源制御IC.

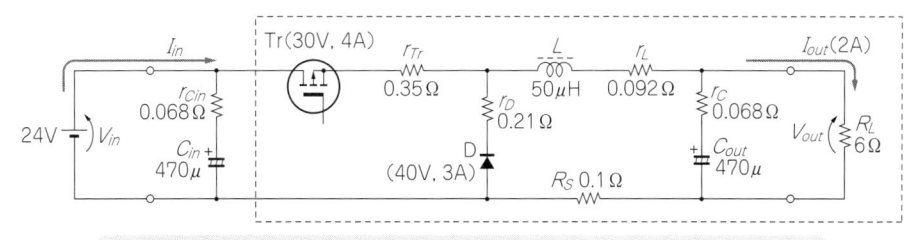

パワー部を構成する部品の損失を考慮した等価回路．
パワー部の特性を検討する場合は，図の波線で示す範囲とする．入力電源が出力インピーダンス0Ωの理想的なものとすると，入力コンデンサC_{in}は動作には影響しない

図2　パワー部の伝達関数を求める

定電圧制御ステップダウン・コンバータの伝達関数

図1に示すDC-DCコンバータの定電圧制御部に注目すると，次の二つのブロックに分けることができます．
(1) パワー部（スイッチング・トランジスタ，整流平滑回路など）
(2) 制御部（電圧検出，エラー・アンプ，PWM回路）
各伝達関数を求めて合成すると全体の伝達関数が求まります．

■ STEP1…定常時のパワー部の伝達関数

図2に示すのは，内部抵抗を含めたパワー部の等価回路です．部品の内部抵抗は出力特性に影響するので，できるだけ実回路に近づけます．パワー部はトランジスタから負荷までです．入力コンデンサは入力電源に含められるので無視します．

パワー部の入力電圧（V_{in}）と出力電圧（V_{out}）の関係，つまり伝達関数（G_{PV}）は次の通りです．

$$G_{PV}(s) = \frac{V_{out}(s)}{V_{in}(s)}$$

$$= \frac{\dfrac{D_S \alpha r_C}{L}\left(s + \dfrac{1}{C_{out} r_C}\right)}{s^2 + \left(\dfrac{r}{L} + \dfrac{\alpha}{C_{out} R_L}\right)s + \dfrac{\alpha}{LC_{out}}\left(\alpha + \dfrac{r}{R_L}\right)}$$
･････････････(1)

$r = D_S r_{Tr} + D_S' r_D + r_L + \alpha r_C + R_S$ ････････(2)

$\alpha = \dfrac{R_L}{r_C + R_L}$ ････････････････(3)

R_Sは電流検出抵抗，rは電源内の抵抗の総和です．αはコンデンサの内部抵抗と負荷抵抗で決まる値で，内部抵抗が小さい場合は$\alpha \approx 1$です．D_SはON時のデューティ比，D_S'はOFF時のデューティ比です．

● 関数の考察1…出力電圧はデューティ比でコントロールされている

式(1)は入力電圧と出力電圧の比です．分子の係数にはデューティ比（D_S）が含まれているので，図2のパワー部は入力電圧にデューティ比を掛けて，出力電圧を制御していると見なすことができます．

● 関数の考察2…2次遅れである

分母が2次式なので，パワー部の入出力の位相は2次で遅れます．

1次遅れは位相遅れが90°漸近します．2次遅れの回路は，位相が180°遅れます．パワー部と制御部の位相の和（一巡伝達関数）が180°以上遅れると，位相余裕が取れないので不安定になります．

安定化するには，パワー部と制御部の位相の和が180°以上にならないように制御部の定数を調整する必要があります．調整するために，ディジタルでは差分方程式の係数を利用します．

パワー部と制御部の伝達関数から一巡伝達関数のボード線図を描けば，電源回路が安定か不安定を判定できます．

● 関数の考察3…発振の起きやすい周波数ポイントを確認する

パワー部の出力フィルタは，チョーク・コイル（L）とコンデンサ（C_{out}）でできており，LとC_{out}の値で決まる周波数で，ゲインや位相が大きく遅れる場合があります．このLC回路に広範囲の周波数成分が含まれている方形波（PWM信号など）が加わると発振することがあります．この周波数を固有周波数，または共振周波数と呼びます．

式(1)から，固有周波数f_nは，分母の0次係数を適用して次のようになります．

$$f_n = \sqrt{\frac{\alpha}{LC_{out}}\left(\alpha + \frac{r}{R_L}\right)} \,[\text{rad/s}]$$

$$= \frac{1}{2\pi}\sqrt{\frac{\alpha}{LC_{out}}\left(1 + \frac{D_S r_{Tr} + D_S' r_D + r_L}{R_L}\right)} \,[\text{Hz}]$$
･････････････(4)

多くの参考書には固有周波数f_nは次のよう表されます．

$f_n = 1/(LC_{out})$

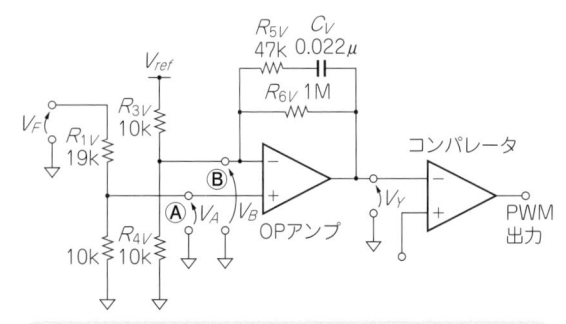

OPアンプの+端子に入力電圧(V_F)を抵抗分割して入力する．OPアンプの-端子に基準電圧(V_{ref})を抵抗分割して入力し，出力から帰還するインピーダンスを接続する．広範囲の入力電圧に対応できる．フィードバック制御が正常に行われているときは，点Bの電圧V_Bが点Aの電圧V_Aと等しくなるように制御される．R_{5V}，C_V，R_{6V}の帰還インピーダンスを変更することで制御特性を調整できる

図3 制御部の伝達関数を求める

実際には，式(4)のように内部抵抗と負荷抵抗の影響を受けます．

● 関数の考察4…定常状態でのゲイン

式(1)にラプラス演算の最終値の定理を適用すると，次式のように，定常状態の伝達関数のゲインが求まります．定常状態とは，変化が収束した安定状態のことです．

$$G_{PV}(s) = \frac{V_{out}(s)}{V_{in}(s)} = \lim_{s \to 0} G_{PV}(s) = \frac{D_S R_L}{r + \alpha R_L}$$

$$= \frac{D_S R_L}{D_S r_{Tr} + D_S' r_D + r_L + R_S + R_L} \quad \cdots\cdots (5)$$

$$r = D_S r_{Tr} + D_S' r_D + r_L + \alpha r_C + R_S$$

■ STEP2…定常時の制御部の伝達関数

図3に制御部の基本回路を示します．エラー・アンプとPWMパルスに変換するコンパレータの伝達関数を掛けると制御部の伝達関数が完成します．

まず，出力電圧V_Yと入力電圧V_Fの関係を式で表します．

● エラー・アンプの伝達関数

図3のエラー・アンプ部の伝達関数を求めます．

(1) 点Bにキルヒホッフの法則を適用して式を整理

点Bに流入する電流の総和を0 Aとすると次式が成り立ちます．

$$\frac{V_{ref} - V_B}{R_{3V}} - \frac{V_B}{R_{4V}} + \frac{V_Y - V_B}{\dfrac{1 + j\omega C_V (R_{5V} + R_{6V})}{R_{6V}(1 + j\omega C_V R_{5V})}} = 0 \quad \cdots\cdots (6)$$

ただし，V_B：点Bの電位 [V]，V_{ref}：基準電圧 [V]，V_Y：OPアンプの出力電圧 [V]

各項は，各電圧源から抵抗やコンデンサを介して点Bに電流が流れ込んでいることを表しています．

式(6)を基準電圧(V_{ref})，点Bの電圧(V_B)，出力電圧(V_Y)の項にまとめて変形すると次のようになります．

$$\frac{1}{R_{3V}} V_{ref} - \left\{ \frac{R_{3V} + R_{4V}}{R_{3V} R_{4V}} + \frac{1 + j\omega C_V (R_{5V} + R_{6V})}{R_{6V}(1 + j\omega C_V R_{5V})} \right\} V_B + \frac{1 + j\omega C_V (R_{5V} + R_{6V}) V_Y}{R_{6V}(1 + j\omega C_V R_{5V})} = 0 \quad \cdots\cdots (7)$$

この式から，OPアンプの出力電圧(V_Y)は，点Bの電圧(V_B)と基準電圧(V_{ref})の両方の影響を受けることが分かります．

(2) 点Aの電圧(V_A)と点Bの電圧(V_B)は等しい

エラー・アンプを構成するOPアンプのオープン・ループ・ゲイン特性が理想的なら，点Bの電圧は点Aと同じ，つまり$V_B = V_A$となるように制御されます．

図4に示すのは，定番制御IC TL494に内蔵されたエラー・アンプ用OPアンプのオープン・ループ・ゲインの周波数特性です．最大ゲインは80 dB，帯域幅は1 MHzと十分大きいので，この特性は理想的と見なすことができます．

(3) 式(7)のV_BをV_Fで表して整理する

OPアンプの+端子に入力する電圧(V_A)は，出力電圧をフィードバックした電圧(V_F)をR_{1V}とR_{2V}の抵抗で分割した電圧です．つまり次式が成り立ちます．

$$V_A = \frac{R_{2V}}{R_{1V} + R_{2V}} V_F (= V_B) \quad \cdots\cdots (8)$$

$V_A = V_B$なので，式(7)のV_Bに式(8)を代入できます．すると式(7)は入力電圧(V_F)の関数になります．

入力電圧(V_F)と出力電圧(V_Y)の伝達関数(G_{CV})と，基準電圧(V_{ref})と出力電圧(V_Y)の伝達関数(G_{RV})とに分けて整理し，jをラプラス演算子sに置き換えると次式が得られます．

$$G_{CV}(s) = \frac{V_Y(s)}{V_F(s)} = K_C \frac{s + a_V}{s + b_V} \quad \cdots\cdots (9)$$

$$K_C = \frac{R_{2V}(R_{34} + R_{56})}{(R_{1V} + R_{2V}) R_{34}}$$

$$a_V = \frac{(R_{34} + R_{6V})/(R_{5V} + R_{6V})}{C_V (R_{34} + R_{56})}$$

$$b_V = \frac{1}{C_V (R_{5V} + R_{6V})}$$

$$G_{RV}(s) = \frac{V_Y(s)}{V_{ref}(s)} = K_{RV} \frac{s + c_V}{s + d_V} \quad \cdots\cdots (10)$$

$$K_{RV} = \frac{R_{56}}{R_{3V}} \quad c_V = \frac{1}{C_V R_{5V}}$$

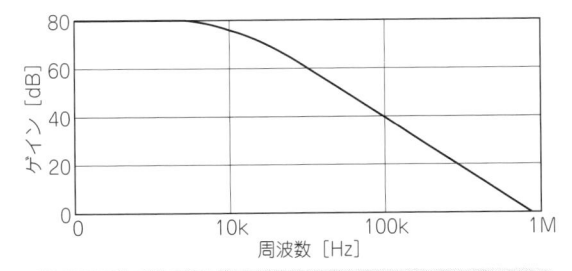

図4 TL494に内蔵されたエラー・アンプ用OPアンプのオープン・ループ・ゲインの周波数特性

一般的な電源回路では，制御に有効な帯域幅は10kHz程度で十分．また，ゲイン30dB以下で使う．したがってTL494のOPアンプの周波性特性は理想的と考えることができる

図3の点Bの電圧が点Aと同じ($V_B = V_A$)であると仮定するのに十分大きいゲインをもっている．

$$d_V = \frac{1}{C_V(R_{5V} + R_{6V})}$$

ただし，R_{34}：R_{3V}とR_{4V}の並列抵抗，R_{56}：R_{5V}とR_{6V}の並列抵抗

*

式(9)と式(10)のa_V, b_V, c_V, d_Vの項は複雑ですが，それぞれが極と零点を1個ずつもつ簡素な伝達関数です．基準電圧(V_{ref})は変動しないと仮定すると，式(10)の基準電圧対出力電圧の伝達関数は考慮しなくてよくなります．したがって，式(9)が電源回路のフィードバック制御で使うエラー・アンプの伝達関数になります．

● PWM生成回路の伝達関数

図5のように，エラー・アンプの出力と三角波の電圧レベルをコンパレータで比較して，PWMパルスを生成します．TL494の場合，エラー・アンプの出力が0Vのとき，PWMパルスは最大の0.97に，3Vになるとパルスは最小の0になります．したがってPWMゲインは次の定数です．

$$W_K = 0.97/3$$

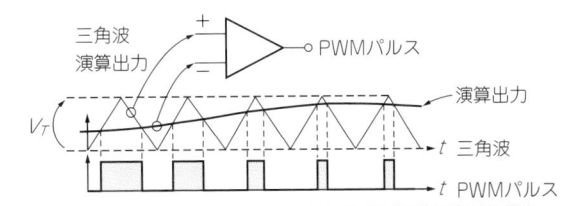

図5 PWM信号生成回路の動作

演算出力と三角波をコンパレータに入力して電圧レベルを比較すると，PWMパルスが得られる．パルス幅は演算出力に比例する．三角波の振幅(ピーク・ツー・ピーク)をV_TとするとPWMゲインW_Kは次のようになる．

$$W_K = \frac{1}{V_T}$$

● 制御部全体の伝達関数

制御部全体の伝達関数は，式(9)のエラー・アンプの伝達関数$G_{CV}(s)$とPWMゲインW_Kの積です．このように，PWMゲインは制御系全体に直接影響を与えるので，三角波の振幅とエラー・アンプの出力との関係を確認しておく必要があります．

■ STEP3…ループ全体の伝達関数

● パワー部と制御部をつないでループを振動させる

上記で求めた伝達関数は，パワー部と制御部(エラー・アンプ)の定常状態の伝達関数です．図6(a)のように，定常状態の制御部の伝達関数$G_{CV}(s)$とパワー部の伝達関数G_{PV}を単純につなぐだけでは，フィードバック・ループの伝達関数は得られません．

図6(b)に示すように，$G_{CV}(s)$とG_{PV}をつなぐときに，PWMのデューティ変動D_Sを加えます．電源回路のループ特性を測定するとき，ループ途中に振幅の小さい信号源を注入して周波数をスイープし，その信号源の入出力特性をプロットしますが，これを数式上で行うイメージです．

● パワー部の伝達関数にデューティ変動を織り込む

図6(b)のように表現するためには，パワー部と制御部との接続部，つまりパワー部の入力部の関数にデューティ比の変動(D_S)を織り込まなければなりません．

図7に示すように，降圧型DC-DCコンバータの出力電圧(V_{out})は，トランジスタ(Tr)と整流ダイオード(D)が生成するPWMパルスのデューティ比でコントロールされています．したがって図7(a)のV_{in}, Tr, Dは，入力電源V_{in}をデューティ比(D_S)とV_{in}の積で置き換えることができます．図7(b)に寄生抵抗を加

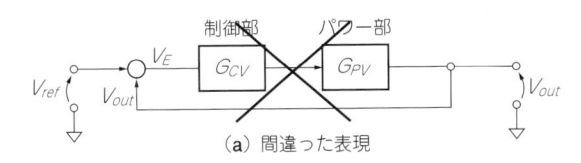

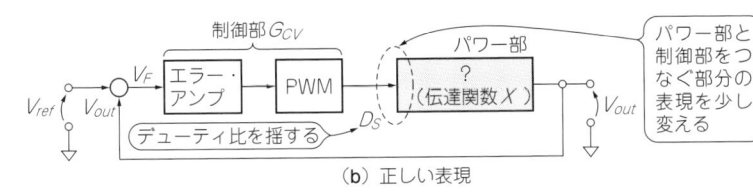

図6 パワー部と制御部の伝達関数をつなぐ前にパワー部の入力部にPWMのデューティ比変動(D_S)を織り込む必要がある

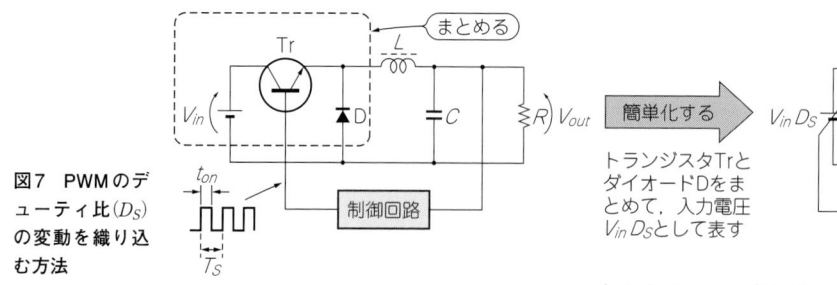

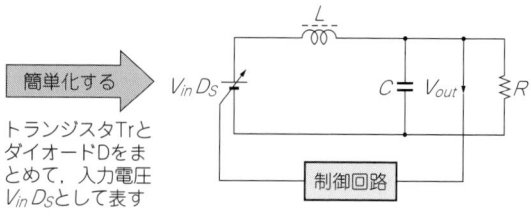

図7 PWMのデューティ比(D_S)の変動を織り込む方法

トランジスタTrとダイオードDをまとめて,入力電圧 $V_{in}D_S$として表す

図8 図7(b)に寄生抵抗などを加える

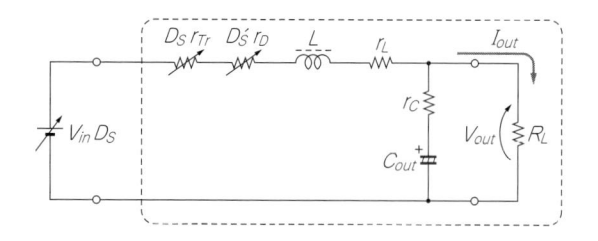

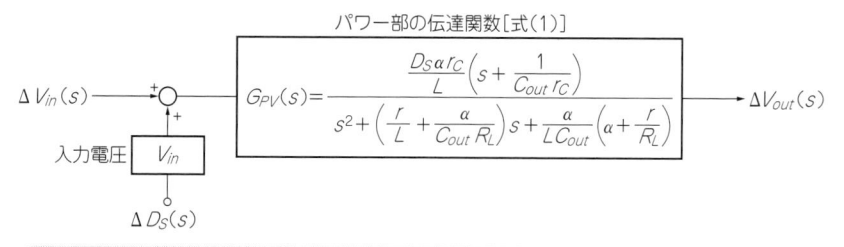

コンバータを瞬時電圧/電流ではなく平均電圧/平均電流で表すとこのようになる.トランジスタとダイオードの内部抵抗はそれぞれ導通している期間だけ影響する.入力はD_Sで変化する電源($V_{in}D_S$)として表せる

えると図8のように表せます.

以上の関係は入力電圧(V_{in}),デューティ比(D_S),出力電圧(V_{out})に,低周波微小変動 ΔV_{in},ΔD_S,ΔV_{out}が発生したとすると伝達関数で表現でき,パワー部は図9のようにシンプルに表せます.

● パワー部と制御部をつなぐ

図9と制御部をつなぐと,図10のようなループ回路が完成します.エラー・アンプの伝達関数[$G_{CV}(s)$]の後段にPWMコンパレータ(ゲインW_K)が接続されており,さらにパワー部につながります.

図10から,入力電圧と変動と出力電圧変動の伝達関数$G_{Cdv}(s)$を求めると,次のようになります.この式はColumn(p.140)の式(E)と同じです.

$$G_{Cdv}(s) = \frac{\Delta V_{out}(s)}{\Delta V_{in}(s)}$$
$$= \frac{G_{PV}(s)}{1 + G_{CV}(s)W_K V_{in} G_{PV}(s)} \quad \cdots\cdots(11)$$

パワー部の伝達関数[式(1)]

$$G_{PV}(s) = \frac{\frac{D_S \alpha r_C}{L}\left(s + \frac{1}{C_{out} r_C}\right)}{s^2 + \left(\frac{r}{L} + \frac{\alpha}{C_{out} R_L}\right)s + \frac{\alpha}{LC_{out}}\left(\alpha + \frac{r_L}{R_L}\right)}$$

図9 低周波微小変動 ΔV_{in},ΔD_S,ΔV_{out}が発生しているときのパワー部の関数表現

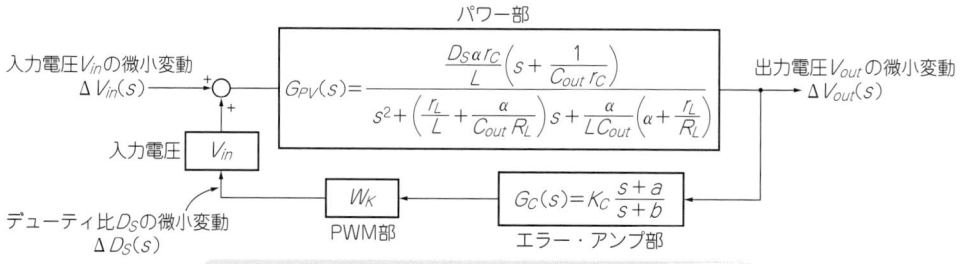

パワー部の伝達関数は内部損失も含めて表現されている.入力電圧変動 $\Delta V_{in}(s)$が発生するとパワー部を通して出力に変動が現れる.デューティ比が変動するのは入力電圧が変動するのと等価なので,入力電圧 V_{in}を変動させる回路として表せる.
その結果,デューティ比で変動した電圧がパワー部に加わり出力が変動する

$$G_C(s) = K_C \frac{s+a}{s+b}$$

図9にエラー・アンプとPWMを加えるとDC-DCコンバータのブロック図が完成する.この図から入力電圧の変動と出力電圧の変動を関係づける伝達関数が求まる

図10 パワー部と制御部をつないで低周波微小変動 ΔV_{in},ΔD_S,ΔV_{out}が発生させる

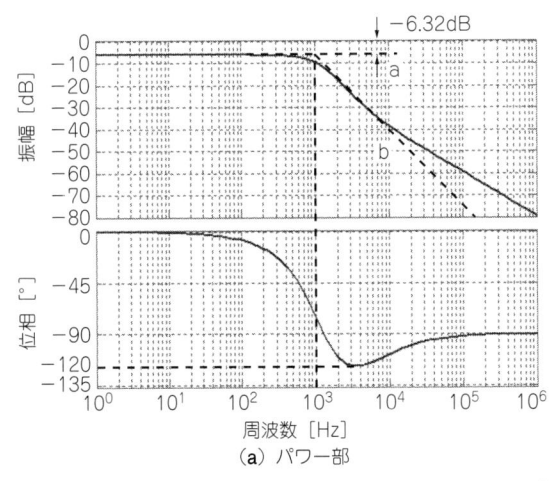

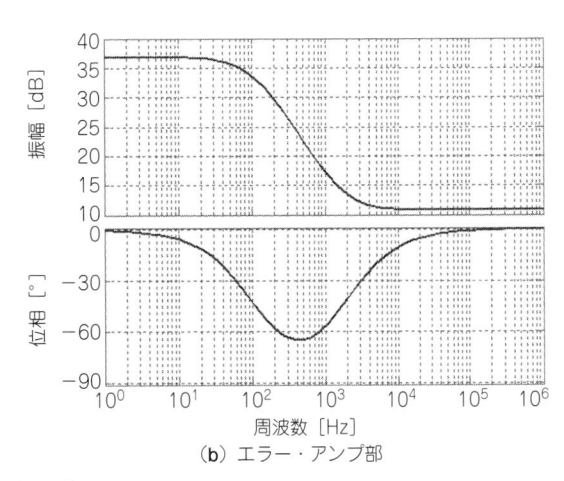

図11 計算で求めた図1の電源回路のパワー部とエラー・アンプ部のボード線図
ゲインと位相の周波数特性を表している.

電源回路の閉ループの安定性を調べるときは，次の関数（一巡伝達関数）に実際の値を代入してボード線図を描きます．

$$G_{OV}(s) = G_{CV}(s) W_K V_{in} G_{PV}(s) \quad \cdots\cdots\cdots (12)$$

伝達関数を使って安定性を調べてみる

制御系の安定度を調べる直観的で分かりやすい方法は，前述の一巡伝達関数をグラフに描き（ボード線図），発振に至るゲインと位相との差分（ゲイン余裕と位相余裕）を求めるやり方です．この方法は，さまざまなアナログ回路の安定度確認用として従来から利用されています．

● 例題回路

図1に示す降圧型DC-DCコンバータの伝達関数を求め，ボード線図を描いて安定度を確認してみます．パワー部の回路は図2を，制御部の回路は図3と図5を参照してください．

● パワー部のボード線図

パワー部の伝達関数 式(1)に図2の定数を代入すると次のようになります．

$$G_{PV}(s) = \frac{V_{out}(s)}{V_{in}(s)} = \frac{676.2s + 2.116 \times 10^7}{s^2 + 9969s + 4.38 \times 10^7} \quad \cdots\cdots (13)$$

この伝達関数のボード線図を描くと図11(a)のようになります．固有周波数は，式(4)から次のようになります．

$f_n = 1.053$ kHz

定常状態でのゲインは式(5)から次のように求まります．

$G_P = 0.483 = -6.32$ dB

図11(a)から，一定ゲインを示している部分に接線aを引くと，その値は式(5)で求めたG_Pと一致します．次に，ゲインが降下している部分に接線bを引くと，だいたい40 dB/decで降下しています．そこで，接線aと接線bの交点から垂直に引いた線cの周波数は約1 kHzとなり，式(4)で求めた固有周波数とだいたい一致します．

ボード線図から位相遅れの最大値は120°と求められ，180°を超えていないことから，パワー部自体は安定であるといえます．

● エラー・アンプ部のボード線図

エラー・アンプ部の伝達関数 式(9)に図3の定数を代入すると次式が得られます．

$$G_{CV}(s) = \frac{3.441s + 3009}{s + 43.41} \quad \cdots\cdots\cdots (14)$$

ボード線図を描くと図11(b)のようになります．

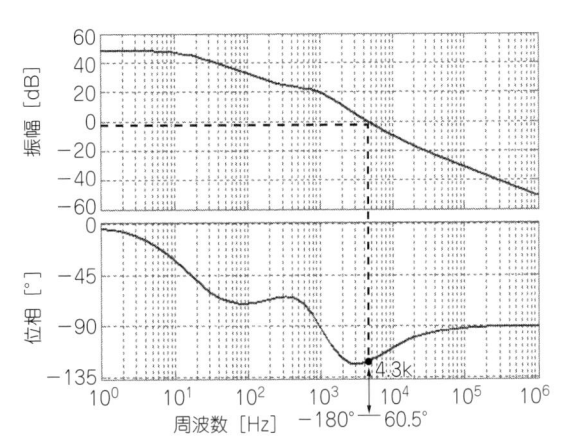

図12 図1の電源回路の一巡伝達関数のボード線図

● 一巡伝達関数のボード線図と安定・不安定の検討

式(12)の一巡伝達関数のように，複数の関数を掛け合わせたときの関数のゲインは，各関数のゲインを掛け合わて求めます．また位相は，各関数の位相を足し合わせて求めます．式(12)に含まれているPWMゲイン(W_K)と入力電圧(V_{in})は定数なので，ゲインにW_KとV_{in}を掛け合わせます．位相の遅れはないのでそのままにします．

図12に一巡伝達関数のボード線図を示します．図1の降圧型DC-DCコンバータの電圧制御ループの位相余裕は60.5°で安定であると判断できます．ゲインが0 dBとなる帯域幅は4.34 kHzです．

(初出：「トランジスタ技術」2011年2月号)

エラー・アンプのゲインが大きいことはフィードバック制御の前提条件　　Column

図Aに示すDC-DCコンバータのブロック図を利用して説明します．

フィードバック制御の基本は，目標電圧に出力電圧を一致させることです．つまり，目標電圧(V_{ref})から出力電圧(V_{out})を差し引いて誤差電圧(V_E)を求め，この誤差電圧(V_E)が0 Vになれば，結果的に出力電圧(V_{out})は目標電圧(V_{ref})に一致します．

V_Eは，V_{ref}からV_{out}を引いて求めます．V_Eはエラー・アンプに入力して増幅度(G_C)で増幅します．エラー・アンプの出力はPWMに入力してパルスに変換します．PWMの増幅度はW_Kです．PWMパルスは，増幅度(G_P)のコンバータに与えてV_{out}を出力します．

● 伝達関数を求める

V_Eは，エラー・アンプを通過すると，G_C倍に増幅($V_E G_C$)されて出力されます．これがPWMを通過すると，$V_E G_C W_K$になります．PWMの出力がコンバータに入力されると，G_P倍された電圧が出力されます．

このように回路を通過するたびに増幅度倍され，V_{out}はV_Eを増幅した結果になります．つまり次のようになります．

$$V_{out} = V_E G_C W_K G_P \cdots\cdots (A)$$

V_EはV_{ref}からV_{out}を差し引いたものなので次のようになります．

$$V_E = V_{ref} - V_{out} \cdots\cdots (B)$$

式(A)に式(B)を代入してV_Eを消去すると次式が得られます．

$$V_{out} = (V_{ref} - V_{out}) G_C W_K G_P \cdots\cdots (C)$$

式(C)のかっこ内を展開して，V_{out}とV_{ref}の式にまとめると次式が得られます．

$$V_{out}(1 + G_C W_K G_P) = V_{ref} G_C W_K G_P \cdots\cdots (D)$$

式(D)を目標電圧V_{ref}と出力電圧V_{out}の比に書き直すと次式になります．

$$\frac{V_{out}}{V_{ref}} = \frac{G_C W_K G_P}{1 + G_C W_K G_P} \cdots\cdots (E)$$

この式は目標値と出力電圧の関係を表しています．ここで式(E)の分母が式(F)の関係になる場合を考えると，分母の1は無視できます．

$$1 \ll G_C W_K G_P \cdots\cdots (F)$$

この結果，分母と分子は同じになります．したがって，V_{ref}とV_{out}の比が1になり($V_{ref} = V_{out}$)，目標値と出力電圧が一致します．

目標値と出力電圧が一致するには「$G_C W_K G_P$が常に1より十分大きい」という条件が満たされていなければなりません．実際の電源では，この条件を満足して電圧の安定化が行われています．

G_C，W_K，G_Pの中のW_KとG_Pは固定値なので，式(F)を満足するためにはG_Cが十分大きい増幅度をもつ必要がありますが，実際の電源でもそのようなG_Cをエラー・アンプとして実装しています．

$G_C W_K G_P$は一巡伝達関数と呼ばれており，制御の安定性を検討するためによく利用されます．

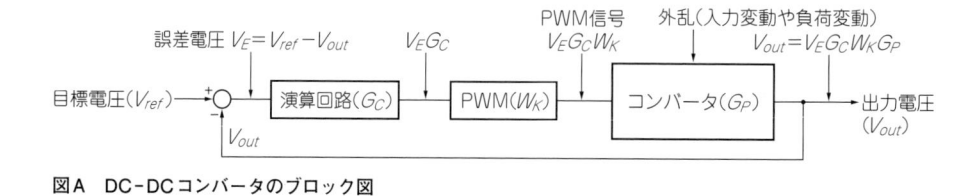

図A　DC-DCコンバータのブロック図

索 引

【数字】

1次応答 ････････････････････････････････ 41
1次遅れ ･･･････････････････････････････ 41
2次遅れ ･･････････････････････････････ 135
3相ブリッジ回路 ･･････････････････････ 57
3相モータ ･････････････････････････････ 57
3端子レギュレータ ･･･････････････････ 12
78K0 ････････････････････････････････････ 16
78KR ････････････････････････････････････ 16

【アルファベット】

ACLK ････････････････････････････････ 104
ADM4073T ･････････････････････････････ 31
A-Dコンバータ ････････････ 16, 88, 112, 122
Alligator ･･････････････････････････････ 18
CA ･･･････････････････････････････････ 80
Cコンパイラ ･････････････････････････ 34
DC-DCコンバータ ･･････････････････ 124
DCブラシレス・モータ ･････････････ 57
DSC ･･････････････････････････････････ 94
dsPIC30 ･････････････････････････････ 18
dsPIC33FJ16GS502 ････････････ 23, 26, 95
dsPIC33GS ･････････････････････････ 18
D級アンプ ･･･････････････････････････ 68
F28x ････････････････････････････････ 18
Fcy ･････････････････････････････････ 104
IIRフィルタ ･････････････････････････ 74
ISR ････････････････････････････････ 114
LCフィルタ ･･･････････････････････ 132
LED照明 ････････････････････････････ 47
main関数 ･･･････････････････････････ 97
MAX3232 ･･････････････････････････ 31
MPPT ･･････････････････････････････ 87
NJM082M ･････････････････････････ 31
NJM317DL1 ･･･････････････････････ 31
NJM7812DL1 A ･･････････････････ 30
NJM79L05UA ･･･････････････････ 30
NJW4800 ･･････････････････････ 23, 28
ON/OFF制御 ･･････････････････････ 37
Piccolo ･･･････････････････････････ 18
PID制御 ･･････････････････････････ 43
PI演算 ･･･････････････････････････ 50
PI制御 ･･･････････････････････ 125, 126
PWM制御 ･･･････････････････････ 10
PWM制御出力 ･･･････････････････ 109
PWM生成回路の伝達関数 ･･････ 137
PWMトリガ ･････････････････････ 114
R8C ･･････････････････････････････ 16
RX600 ･･･････････････････････････ 18
SH2 A ･･････････････････････････ 18
TL494 ･･････････････････････････ 86
TL7660 ･････････････････････････ 31
U相 ･･･････････････････････････ 57
V相 ･･･････････････････････････ 57
V850E ･･････････････････････････ 18
V結線 ･････････････････････････ 58
W相 ･･･････････････････････････ 57
Watchウインドウ ･･････････････ 100

【あ・ア行】

アトミックなアクセス ･････････････ 118
アナログ信号 ･････････････････････ 88
アライン・モード ･････････････････ 108
安定化 ･････････････････････････ 124
安定性 ･････････････････････････ 139
位相余裕 ･･････････････････････ 126
一巡伝達関数 ････････････････ 139, 140
インバータ ･･････････････････････ 10
ウォッチドッグ・タイマ ･････････････ 96
エッジ・アライン・モード ･･･････････ 70
エラー・アンプ ･･････････････････ 126, 136
温度ドリフト ････････････････････ 121

【か・カ行】

過電流保護回路 ･････････････････ 40
技術資料 ･･････････････････････ 35
輝度調整 ･･････････････････････ 51
共振周波数 ････････････････････ 135
グラフィック・イコライザ ･･････････ 73
クロック ･･･････････････････ 102, 123
経年変化 ･･････････････････････ 121
ゲイン余裕 ････････････････････ 126
降圧型DC-DCコンバータ ･････････ 14
高速PWM ･････････････････････ 102
誤差 ･･････････････････････････ 44

誤差増幅回路	91
誤差電圧	16, 140
こたつ	36
固有周波数	135
コンバータ	14
コンパイル	98
コンフィグレーション・ビット	96

【さ・サ行】

サーミスタ	19, 37
最大電力点追従	87
差動アンプ	31
差分方程式	93
サンプル＆ホールド	113
充電	83
出力電圧	16, 140
水温制御	37
スイッチング・ノイズ	110
スイッチング周期	15
スイッチング周波数	15, 132
ステップ応答法	44
制御部の伝達関数	136
正弦波	65
正弦波データ・テーブル	63
積分要素	44
センタ・アライン・モード	70
双1次変換	92
ソフトウェア開発	27
ソフトウェア制御	124

【た・タ行】

ダイナミック・レンジ	71
タイムベース	107
太陽光パネル	79
ダブル・ラッチ	109
中性点	59
ディジタル・エラー・アンプ	130
ディジタル制御電源	119
低電圧誤動作防止回路	29
定電圧定電流電源	55
定電流制御	49
手計算	134
デバッガ	27
デバッガ・モード	98
デューティ比	135
デューティ変動	137
電圧変換回路	11
伝達関数	92, 135
特殊イベント・トリガ	114

トリクル充電	82

【な・ナ行】

鉛蓄電池	80
ニクロム線	38
入力変動	125

【は・ハ行】

ハーフ・ブリッジ・ドライバ	28
ハイ・サイド	28
発振	43, 125
パルス・バイ・パルス	40
パワー・アンプ	28
パワー部の伝達関数	135
ハンチング	43
ヒータ	36
ひずみ率	77
微分要素	44
比例要素	43
ピン・ペア	106
フィードバック制御	11, 36, 134
負荷変動	125
負電源	31
部品点数	120
プログラマ	27
プロジェクト	98
分解能	122
ペリフェラル	95
変換時間	122
放電	83
ボード線図	139

【ま・マ行】

モータ	56
目標値	16
目標電圧	140

【や・ヤ行】

優先度	115

【ら・ラ行】

離散化	92
リマッパブル・ピン	110
リミット・サイクル	75
リンギング	45
ループ全体の伝達関数	137
ロー・サイド	28

【わ・ワ行】

ワークスペース	98
ワインディング	45
割り込み	90, 114
割り込み禁止	118

■ 執筆担当一覧
- Introduction…浜田 智

第1部
- 第1章…田本貞治
- 第2章…笠原政史
- 第3章…笠原政史

第2部
- 第4章…田本貞治
- 第5章…田本貞治
- 第6章…笠原政史
- 第7章…田本貞治
- Appendix A…田本貞治
- Appendix B…田本貞治

第3部
- 第8章…笠原政史
- 第9章…笠原政史
- 第10章…笠原政史

第4部
- 第11章…田本貞治
- 第12章…笠原政史
- 第13章…田本貞治

● 本書記載の社名，製品名について ── 本書に記載されている社名および製品名は，一般に開発メーカーの登録商標または商標です．なお，本文中では ™，®，© の各表示を明記していません．
● 本書掲載記事の利用についてのご注意 ── 本書掲載記事は著作権法により保護され，また産業財産権が確立されている場合があります．したがって，記事として掲載された技術情報をもとに製品化をするには，著作権者および産業財産権者の許可が必要です．また，掲載された技術情報を利用することにより発生した損害などに関して，CQ出版社および著作権者ならびに産業財産権者は責任を負いかねますのでご承知ください．
● 本書に関するご質問について ── 文章，数式などの記述上の不明点についてのご質問は，必ず往復はがきか返信用封筒を同封した封書でお願いいたします．勝手ながら，電話でのお問い合わせには応じかねます．ご質問は著者に回送し直接回答していただきますので，多少時間がかかります．また，本書の記載範囲を越えるご質問には応じられませんので，ご了承ください．
● 本書の複製等について ── 本書のコピー，スキャン，デジタル化等の無断複製は著作権法上での例外を除き禁じられています．本書を代行業者等の第三者に依頼してスキャンやデジタル化することは，たとえ個人や家庭内の利用でも認められておりません．

R 〈日本複製権センター委託出版物〉
本書の全部または一部を無断で複写複製(コピー)することは，著作権法上での例外を除き，禁じられています．本書からの複製を希望される場合は，日本複製権センター(TEL：03-3401-2382)にご連絡ください．

はじめてのディジタル・パワー制御

編　集	トランジスタ技術SPECIAL編集部	2012年7月1日発行
発行人	寺前 裕司	©CQ出版株式会社 2012
		（無断転載を禁じます）
発行所	CQ出版株式会社	
	〒170-8461 東京都豊島区巣鴨1-14-2	定価は裏表紙に表示してあります
		乱丁，落丁本はお取り替えします
電　話	編集部 03(5395)2148	
	販売部 03(5395)2141	編集担当者　鈴木 邦夫
		DTP・印刷・製本　三晃印刷株式会社
振　替	00100-7-10665	Printed in Japan